教育部职业教育与成人教育司推荐教材

"十二五"全国高校数控与机电一体化专业教学用书

U0602743

数控编程与操作项目教程

SHUKONG BIANCHENG
YU CAOZUO XIANGMU
JIAOCHENG

主　编／李东君　温上樵

副主编／李　立　罗建华　于　淼

主　审／吴素珍

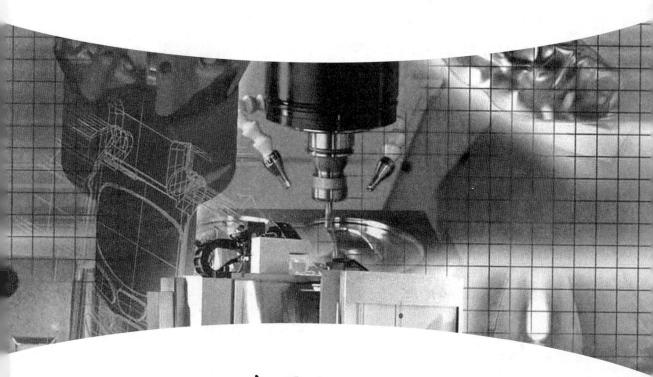

海洋出版社

2013年·北京

内 容 简 介

本书以培养学生数控编程与操作能力为核心，依据国家相关职业标准规定的知识与技能要求，按岗位能力需要的原则，以分析工艺、拟定工艺路线、编写加工程序、仿真加工验证、检测工件、实际机床实训的教学流程，突出强化训练学生的综合技能。

本书共分为21章，综合介绍了数控车削编程与操作、数控铣削编程与操作、加工中心编程与操作、数控电火花线加工技术和UG/CAM自动编程的内容。包括数控车削加工工艺、数控车床的坐标系与运动方向、数控车床的基本编程指令、FANUC系统固定循环与子程序、FANUC系统数控车床操作及数控车削编程综合实训；数控铣削加工工艺、数控铣床的坐标系与运动方向、数控铣床的基本编程指令、FANUC固定循环与子程序、数控铣床操作及铣削编程综合实训；数控加工中心的概述、加工中心基本指令、FANUC系统宏程序应用及加工中心编程综合实训；数控电火花线切割和成型加工技术工；UG/CAM简介、平面铣削加工和型腔加工。

本书可作为高职高专、五年制高职、成人专科、电大专科、技师学院等相关院校数控、模具、机电一体化及相关专业的教学用书，也可作为从事机械加工制造的工程技术人员的参考书及培训用书。

图书在版编目(CIP)数据

数控编程与操作项目教程/李东君等主编.-- 北京：海洋出版社，2013.6
ISBN 978-7-5027-8557-4

Ⅰ.①数…Ⅱ.①李…Ⅲ.①数控机床－程序设计－高等职业教育－教材②数控机床－操作－高等职业教育－教材 Ⅳ.①TG659

中国版本图书馆 CIP 数据核字(2013)第 091098 号

总 策 划：刘斌		发 行 部：(010) 62174379（传真）(010) 62132549	
责 任 编 辑：刘斌		（010) 62100075（邮购）(010) 62173651	
责 任 校 对：肖新民		网 址：http://www.oceanpress.com.cn/	
责 任 印 制：赵麟苏		承 印：北京旺都印务有限公司印刷	
排 版：海洋计算机图书输出中心 晓阳		版 次：2013 年 6 月第 1 版	
出 版 发 行：海洋出版社		2013 年 6 月第 1 次印刷	
		开 本：787mm×1092mm 1/16	
地 址：北京市海淀区大慧寺路 8 号（707 房间）		印 张：19.5	
100081		字 数：474 千字	
经 销：新华书店		印 数：1~4000 册	
技术支持：010-62100059		定 价：39.00 元	

本书如有印、装质量问题可与发行部调换

前　言

本书的编写以高职高专人才培养目标为依据，结合教育部关于数控等相关专业紧缺型人才培养要求，注重教材的基础性、实践性、科学性、先进性和通用性。本书融理论教学、技能操作、企业项目为一体，参照数控操作工国家职业资格标准和对应职业岗位核心能力培养，设置了 5 个项目，共 21 章，进行由浅入深的项目任务学习和训练，最后完成综合零件的工艺设计、程序编制和加工操作，较好的符合了企业对数控加工一线人员的职业素质需要。

本书具有以下突出特点：以项目引领，工作过程为导向，典型工作任务为驱动，工作任务优选企业典型案例统领整个教学内容；本书内容强化职业技能和综合技能培养，方便教师在教学中"教中做"、学生在"做中学"，在玩中掌握知识技能。

本书参考学时为 172 学时，建议采用理实一体教学模式，6 周完成，各项目参考学时如下表。

项目设计	任务设计	建议学时	课内实训学时	总学时（172）
项目 1 数控车削编程操作	第 1 章 数控车削加工工艺	8		8
	第 2 章 数控车床的坐标系与运动方向	6		6
	第 3 章 数控车床的基本编程指令	4	2	6
	第 4 章 FANUC 系统固定循环与子程序	2	2	4
	第 5 章 FANUC 系统数控车床操作		4	4
	第 6 章 数控车削编程综合实训		6	6
项目 2 数控铣削编程与操作	第 7 章 数控铣削加工工艺	12		12
	第 8 章 数控铣床的坐标系与运动方向	4		4
	第 9 章 数控铣床的基本编程指令	6	6	12
	第 10 章 FANUC 固定循环与子程序	12	12	24
	第 11 章 数控铣床操作		24	24
	第 12 章 铣削编程综合实训		8	8
项目 3 加工中心编程与操作	第 13 章 数控加工中心的概述	4		4
	第 14 章 加工中心基本指令	4	2	6
	第 15 章 FANUC 系统宏程序应用	2	2	4
	第 16 章 加工中心编程综合实训		4	4
项目 4 数控电火花加工技术	第 17 章 数控电火花线切割加工技术	4	2	6
	第 18 章 数控电火花成型加工技术	2	2	4
项目 5 UG/CAM 自动编程	第 19 章 UG/CAM 简介	2	4	6
	第 20 章 平面铣削加工	2	8	10
	第 21 章 型腔加工	2	8	10

本书由南京交通职业技术学院李东君、南京信息职业技术学院温上樵担任主编，河南工学院吴素珍担任主审，萍乡高等专科学校李立、咸阳职业技术学院罗建华、河南经济贸易技师学院于淼担任副主编，河南工学院吴素珍参编，另外在编写过程中参考和借鉴了诸多同行的相关资料、文献，在此一并表示诚挚感谢！

限于编者水平经验有限，难免有错误疏漏之处，敬请读者不吝赐教，以便修正，日臻完善。

编　者

目　录

项目 1　数控车削编程与操作

项目 2　数控铣削编程与操作

项目 3 加工中心编程与操作

项目 4 数控电火花线加工技术

项目 5　UG/CAM 自动编程

项目 1

数控车削编程与操作

第 1 章　数控车削加工工艺

知识目标

☑ 了解数控机床加工的过程及数控编程时工艺处理的主要内容。

☑ 建立数控编程的基本概念。

☑ 掌握数控编程中工艺处理的主要内容。

☑ 掌握数控编程的基本内容与主要步骤。

☑ 掌握数控加工工艺文件的编制方法。

☑ 掌握加工程序的基本组成、程序的基本结构和类型。

能力目标

☑ 掌握数控编程的基本内容与步骤，加工程序的基本结构及格式，加工方法的选择，刀具的合理选择，加工路线的确定。

☑ 能够判别数控机床的坐标系和运动方向，确定刀点与换刀点，正确选择切削参数。

1.1　数控编程概述

目前我国企业急需大批能熟练掌握数控机床编程、操作、维修的工程技术人员。为此，国家制定了数控技能型紧缺人才的培养培训方案，技能型紧缺人才的培养就是要把提高学生的职业能力放在突出的位置，加强生产实习、实训等实践性教学环节，使学生成为企业生产一线迫切需要的高素质劳动者。

1.1.1　数控机床加工过程

如图 1-1 所示，利用数控机床完成零件数控加工的过程包括下列主要步骤。

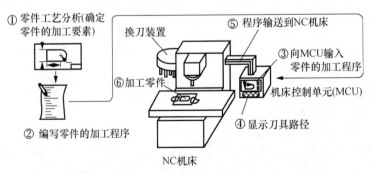

图 1-1　数控机床加工过程

（1）根据零件加工图样进行工艺分析，确定加工方案、工艺参数和位移数据。

（2）用规定的程序代码和格式编写零件加工程序单；或用自动编程软件（CAD/CAM、UG）

进行工作,直接生成零件的加工程序文件。

(3)程序的输入或传输。手工编写的程序,可以通过数控机床的操作面板输入程序;由编程软件生成的程序,通过计算机的串行通信接口直接传输到数控机床的数控单位(MCU)。

(4)将输入/传输带数控单元的加工程序,进行试运行、刀具路径模拟等。

(5)通过对机床的正确操作,运行程序,完成零件加工。

由此可见,编程是数控加工的重要步骤。在使用数控机床对零件进行加工时,首先,需要对零件进行加工工艺分析,以确定加工方法、加工工艺路线;其次,要正确选择数控机床刀具和装卡方法;然后按照加工工艺要求,根据所用数控机床规定的指令代码及程序格式,将刀具的运动轨迹、位移量、切削参数(主轴转速、进给量、吃刀深度等)以及辅助功能(换刀、主轴正转/反转、切削液开/关等)编写成加工程序单,传送或输入到数控装置中,从而指挥机床加工零件。

1.1.2 数控编程的内容与方法

如图 1-2 所示为数控程序的编制过程。

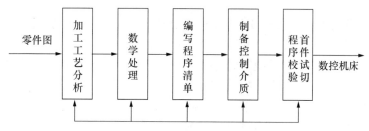

图 1-2 数控编程内容及步骤

(1)分析零件图纸。编程人员首先要根据零件图纸,对零件的材料、形状、尺寸、精度及毛坯形状和热处理要求等进行加工分析。合理选择加工方案,确定加工顺序、加工路线、装卡方式、刀具及切削参数等;同时还要考虑所用数控机床的指令功能,充分发挥机床的效能;加工路线要短,正确选择对刀点、换刀点,以减少换刀次数。

(2)确定工艺过程。确定零件的加工方法(如采用的工夹具、装夹定位方法等)和加工路线(如对刀点、走刀路线),并确定加工用量等工艺参数(如切削进给速度、主轴转速、切削宽度和深度等)。

(3)数值计算。根据零件图纸和确定的加工路线,算出数控机床需要输入的数据,如零件轮廓相邻几何元素的交点和切点,用直线或圆弧逼近零件轮廓时相邻几何元素的交点和切点等的计算。

(4)编写程序单。根据加工路线计算出的数据和已确定的加工用量,结合数控系统的程序段格式编写零件加工程序单。此外,还应填写相关工艺文件,如数控加工工序卡片、数控刀具卡片、工件安装和零点设定卡片等。

(5)制备控制介质。按程序单将程序内容记录在控制介质(如穿孔纸带)上,作为数控装置的输入信息。通过程序的手工输入或通信传输送入数控系统。

(6)程序调试和检验。可通过模拟软件来模拟实际加工过程,或将程序送到机床数控装置后进行空运行,或通过首件加工等多种方式来检验所编制出的程序,发现错误则应及时修正,直至程序能正确执行为止。

1.1.3 程序编制方法

数控程序的编制方法有手工编程和自动编程两种。

（1）手工编程。从零件图样分析及工艺处理、数值计算、书写程序单、制穿孔纸带直至程序的校验等各个步骤，均由人工完成，则属手工编程。对于点位加工或几何形状不太复杂的零件来说，编程计算较简单，程序量也不大，通过手工编程即可实现。对于形状复杂或轮廓不是由直线、圆弧组成的非圆曲线零件，或者是空间曲面零件，即使由简单几何元素组成，但程序量很大，因而计算相当烦琐，手工编程困难且易出错，此类零件则必须采用自动编程的方法。

（2）自动编程。编程工作的大部分或全部由计算机完成的过程称为自动编程。编程人员只需根据零件图纸和工艺要求，用规定的语言编写一个源程序或者将图形信息输入到计算机中，由计算机自动进行处理，计算出刀具中心的轨迹，编写出加工程序清单，并自动制成所需控制介质。由于走刀轨迹可由计算机自动绘出，所以可方便地对编程错误作及时修正。

1.2 数控机床的分类

从机械本体的表面上看，很多数控机床和普通机床一样，看不出有多大的差别。但事实上它们有着本质上的不同。数控机床的驱动坐标工作台的电机已经由传统的三相交流电机改为步进电机或交流直流伺服电机；由于电机的速度容易控制，所以传统的齿轮变速机构已经很少采用了。部分机床取消了坐标工作台的机械式手摇调节机构，取而代之的是按键式的脉冲触发控制器或手摇脉冲发生器。坐标读数也已经是精确的数字显示方式，而且加工轨迹及进度也能非常直观地通过显示器显示出来。采用数控机床控制加工已经相当安全方便了。

1. 按加工工艺方法分类

按传统的加工工艺方法来分，有数控车床、数控钻床、数控镗床、数控铣床、数控磨床、数控齿轮加工机床、数控冲床、数控折弯机、数控电加工机床、数控激光与火焰切割机和加工中心等。其中，现代数控铣床基本上都兼有钻镗加工功能。当某数控机床具有自动换刀功能时，即可称之为"加工中心"。

2. 按加工控制路线分类

按加工控制路线来分，有点位控制数控机床、直线控制数控机床和轮廓控制数控机床。

（1）点位控制数控机床。点位控制只要求刀具从一点向另一点移动，而不管其中间行走轨迹的控制方式。在从点到点的移动过程中，只做快速空程的定位运动，因此不能用于加工过程的控制。属于点位控制的典型机床有数控钻床、数控镗床和数控冲床等。这类机床的数控功能主要用于控制加工部位的相对位置精度，而其加工切削过程还得靠手工控制机械运动来进行，点位控制的运动轨迹如图 1-3 所示。

（2）直线控制数控机床。直线控制数控机床可控制刀具相对于工作台以适当的进给速度，沿着平行于某一坐标轴方向或与坐标轴成 45°的斜线方向做直线轨迹的加工。这种方式是一次同时只有某一轴在运动，或让两轴以相同的速度同时运动以形成 45°的斜线，所以其控制难度不大，系统结构比较简单。一般情况下，将点位与直线控制方式结合起来，组成点位直线控制系统而用于机床上。这种形式的典型机床有车阶梯轴的数控车床、数控镗铣床和简单加工中心等，直线控制的运动轨迹如图 1-4 所示。

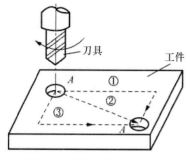

图1-3　点位控制的运动轨迹

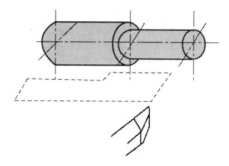

图1-4　直线控制的运动轨迹

（3）轮廓控制数控机床。轮廓控制数控机床又称连续控制机床。其控制特点是能够对两个或两个以上的运动坐标的位移和速度同时进行控制。可控制刀具相对于工件做连续轨迹的运动，能加工任意斜率的直线、任意大小的圆弧，配以自动编程计算，可加工任意形状的曲线和曲面。典型的轮廓控制数控机床有数控铣床、功能完善的数控车床、数控磨床和数控电加工机床等，轮廓控制的运动轨迹如图1-5所示。

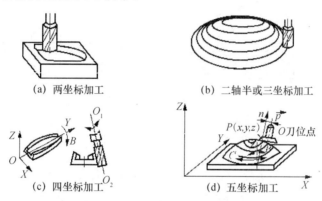

(a)　两坐标加工　　　　　　　　(b)　二轴半或三坐标加工

(c)　四坐标加工　　　　　　　　(d)　五坐标加工

图1-5　轮廓控制的运动轨迹

3. 按机床所用进给伺服系统的分类

按机床所用进给伺服系统来分，有开环伺服系统、闭环伺服系统和半闭环伺服系统。

数控机床的进给伺服系统由伺服电路、伺服驱动装置、机械传动机构和执行部件组成。它的作用是接受数控系统发出的进给速度和位移指令信号，由伺服驱动电路作一定的转换和放大后，经伺服驱动装置（直流/交流伺服电机，电液动脉冲马达和功率步进电机等）和机械传动机构、驱动机床的工作台等执行部件实现工件进给和快速运动。

（1）开环伺服系统。开环伺服系统的伺服驱动装置主要是步进电机、功率步进电机和电液脉冲马达等。由数控系统送出的进给指令脉冲，通过环形分配器，按步进电机的通电方式进行分配，并经功率放大后送给步进电机的各相绕组，使之按规定的方式通电或断电，从而驱动步进电机旋转。再经同步齿形带、滚珠丝杠螺母副驱动执行部件。每给一次脉冲信号，步进电机就转过一定的角度，工作台就走过一个脉冲当量的距离。数控装置按程序加工要求控制指令脉冲的数量、频率和通电顺序，达到控制执行部件运动的位移量、速度和运动方向的目的。由于它没有检测和反馈系统，故称之为开环。其特点是没有位置检测装置，指令信号是单向的，结构简单，维护方便，成本较低。缺点是加工精度不高，如果采取螺距误差补偿和传动间隙补偿等措施，定位精度可稍有提高，其原理如图1-6所示。

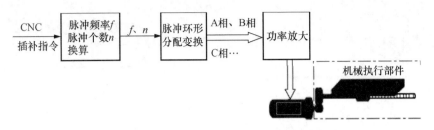

图 1-6　开环伺服系统的原理

（2）半闭环伺服系统。半闭环伺服系统具有检测和反馈系统，测量元件（脉冲编码器、旋转变压器和圆感应同步器等）装在丝杠或伺服电机的轴端部，通过测量元件检测丝杠或电机的回转角。间接测出机床运动部件的位移，经反馈回路送回控制系统和伺服系统，并与控制指令值相比较。如果二者存在偏差，则将此差值信号进行放大，继续控制电机带动移动部件向着减小偏差的方向移动，直至偏差为零。由于只对中间环节进行反馈控制，丝杠和螺母副部分还在控制环节之外，故称半闭环。丝杠螺母副的机械误差需要在数控装置中用间隙补偿和螺距误差补偿来减小，其原理如图 1-7 所示。

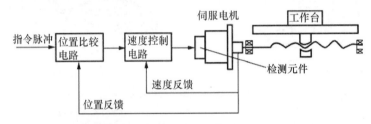

图 1-7　半闭环伺服系统的原理

（3）闭环伺服系统。闭环伺服系统的工作原理和半闭环伺服系统相同，但带有位置检测装置测量元件（直线感应同步器、长光栅等）装在工作台上，可直接测出工作台的实际位置。该系统将所有部分都包含在控制环之内，可消除机械系统引起的误差，精度高于半闭环伺服系统，但系统结构较复杂，控制稳定性较难保证，成本高，调试维修困难其原理如图 1-8 所示。

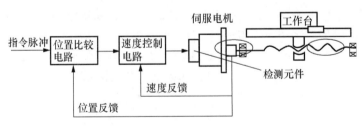

图 1-8　闭环伺服系统的原理

4. 按所用数控装置的分类

按所用数控装置来分，有 NC（Numerical Control，数字控制）硬线数控机床和 CNC（Computer Numerical Control，计算机数字控制）软线数控机床。

（1）NC 硬线数控机床。它是 20 世纪 50-60 年代采用的技术，其计算控制多采用逻辑电路板等专用硬件的形式。当改变功能时，需要改变硬件电路，因此通用性差，制造维护难，成本高。

（2）CNC 软线数控机床。它是伴随着计算机技术而发展起来的，其计算控制的大部分功能都是通过小型或微型计算机的系统控制软件来实现的。不同功能的机床其系统软件不同。当需要扩充功能时，只需改变系统软件即可。

1.3 数控车床组成

数控机床一般由控制介质、输入装置、数控系统、伺服系统、检查装置、辅助控制装置和机床本体等组成。其结构组成如图 1-9 所示。

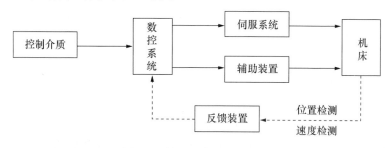

图 1-9 数控车床的结构组成

1. 控制介质

控制介质是指以指令的形式记载各种加工信息的物质，如零件加工的工艺过程、工艺参数和刀具运动等，将这些信息输入到数控装置，控制数控机床对零件切削加工。如穿孔纸带、磁带、磁盘、磁泡存储器等。目前，国际上通用的是美国电子工业协会（Electricity Industry Association，EIA）代码和国际标准化组织 ISO（International Organization for Standardization）代码。我国规定以 ISO 代码作为标准代码。

2. 输入装置

数控系统是数字控制系统的简称，英文名称为 Numerical Control System，根据计算机存储器中存储的控制程序，执行部分或全部数值控制功能，并配有接口电路和伺服驱动装置的专用计算机系统。通过利用数字、文字和符号组成的数字指令来实现一台或多台机械设备动作控制，它所控制的通常是位置、角度、速度等机械量和开关量。

3. 数控装置

数控装置是数控机床的核心，主要是将输入的数据信号进行处理、运算、判断，并发出执行命令分配给伺服系统，伺服系统根据命令信号发出执行信号给各个驱动电机，电机带动工作台动作。

4. 驱动装置与检查装置

测量反馈系统由检测元件和相应的电路组成，其作用是检测机床的实际位置，速度等信息，并将其反馈给数控装置与指令信息进行比较和校正，构成系统的闭环控制。

5. 辅助控制装置

对于数控机床来说，一般意义上的辅助装置指的是除主轴之外（因为主轴也是用 M 代码来控制的）用 M 代码来控制的装置。主要有自动换刀装置（Automatic Tool Changer，ATC）、加工中心的自动交换工作台机构 APC（Automatic exchange of bench body）、冷却系统（外冷、内冷、气吹，冷却液处理系统等）、排屑系统、夹具系统、数控车床的自动送料系统等。

6. 机床本体

机床本体指的是数控机床机械机构实体，包括床身、主轴、进给机构等机械部件。由于数控机床是高精度和高生产率的自动化机床，它与传统的普通机床相比，应具有更好的刚性和抗振性，相对运动摩擦系数要小，传动部件之间的间隙要小，而且传动和变速系统要便于实现自动化控制。

1.4 数控车削工艺

在数控编程时，首先要进行工艺分析，然后制定一套完整、合理的数控加工工艺，目的是能够指导生产出符合设计要求的零件，并且生产效率高、成本低。

1. 数控加工工艺分析的主要内容

（1）选择适合在数控机床加工的零件，确定工序内容。

（2）分析被加工零件的图纸，明确加工内容及技术要求。在此基础上，确定零件的加工方案，制定数控加工工艺路线。如划分工序、安排加工顺序、与传统加工工序的衔接等。

（3）加工工序的设计，如选取零件的定位基准，划分工步，确定装夹与定位方案，选取刀辅具，确定切削用量等。

（4）数控加工程序的调整。选取对刀点和换刀点，确定刀具补偿等。

（5）分配数控加工中的允差。

（6）处理数控机床上的部分工艺指令。

总之，数控加工工艺内容繁多，但有些内容与普通机床加工工艺非常相似，因此本章仅对编程中的工艺分析进行讨论，关于编程中工艺指令的处理在其他相关章节讨论。

2. 数控机床的合理选用

合理选择机床的原则如下。

（1）要保证被加工零件的技术要求以加工出合格的产品；

（2）要利于提高生产率；

（3）尽可能降低生产成本（加工费用）。

3. 加工方法的选择与加工方案的确定

（1）加工方法的选择。加工方法的选择应以满足加工精度和表面粗糙度的要求为原则。由于获得同一级加工精度及表面粗糙度的加工方法一般有很多，因此在实际选择时，要结合零件的形状、尺寸和热处理要求等全面考虑。

（2）加工方案的确定原则。确定加工方案时，首先应根据主要表面的精度和表面粗糙度的要求，初步确定为达到这些要求所需要的加工方法。例如，对于孔径不大的、IT7级精度的孔，最终的加工方法选择精铰孔时，则精铰孔前通常要经过钻孔、扩孔和粗铰孔等加工。

4. 工序与工步的划分

（1）工序划分的原则

数控加工通常按下列原则划分工序。

① 基面先行原则。用作精基准的表面应优先加工出来，因为定位基准的表面越精确，装夹误差就越小。

② 先粗后精原则。各个表面的加工顺序按照粗加工→半精加工→精加工→光整加工的顺序依次进行，逐步提高表面的加工精度，并减小表面粗糙度。

③ 先主后次原则。零件的主要工作表面、装配基面应先加工，这样可及早发现毛培中主要表面可能出现的缺陷。次要表面可穿插进行，放在主要加工表面加工到一定程度后、最终精加工之前进行。

④ 先面后孔原则。一方面，用加工过的平面定位，稳定可靠；另一方面，在加工过的平面上加工孔比较容易，并能提高孔的加工精度，特别是钻孔时的轴线不易偏斜。

（2）工序划分方法

在数控加工中，一般工序划分有以下几种方式。

（1）按刀具集中工序的方法加工零件。即在一次装夹中，尽可能用同一把刀具加工出可能加工的所有部位，然后再换另一把刀具加工其他部位。在专用数控机床和加工中心中常用这种方法。

（2）按定位方式的不同来划分工序。加工内轮廓时，以外形面定位；加工外轮廓时，以内形面定位。

（3）按先粗后精的原则划分工序。通常在一次装夹中，不允许将零件某一部分表面加工完毕后，再加工零件其他表面。在如图 1-10 所示的零件中，应先切除整个零件的大部分余量，再将其表面精车一遍，以保证加工精度和表面粗糙度的要求。

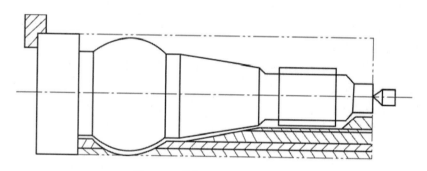

图 1-10　按粗、精加工划分工序

（3）工步划分

工步划分的原则是：①先粗后精原则或统一表面按粗加工、半精加工、精加工依次完成；②先面后孔原则；③按刀具划分工步，以减少换刀次数，提高加工效率。

总之，工序与工步的划分要根据零件的结构特点、技术要求等情况综合考虑。

5. 确定定位与夹具的选择

（1）安装定位的基本原则

在数控机床上加工零件时，安装定位的基本原则与普通机床相同，也要合理选择定位基准和夹紧方案。为了提高数控机床的效率，在确定定位基准和夹紧方案时应注意以下几点。

① 力求设计基准、工艺基准和编程计算的基准统一。

② 尽量减少装夹次数，尽可能在一次装夹定位后，加工出全部待加工表面。

③ 避免采用占机人工调整式加工方案，以充分发挥数控机床的效能。

（2）夹具的选择原则

数控加工的特点对夹具提出了两个基本要求，一是保证夹具的坐标方向与机床的坐标方向相对固定；二是要能协调零件与机床坐标系的尺寸。除此之外，需重点考虑以下几点。

① 单件小批量生产时优先选用组合夹具、可调夹具和其他通用夹具，以缩短生产准备时间，节省生产费用。

② 在成批生产时才考虑采用专用夹具，并力求结构简单。

③ 零件的装卸要快速、方便、可靠，以缩短机床的停顿时间。

④ 夹具上的零部件应不妨碍机床对零件各表面的加工，即夹具要敞开，其定位、夹紧机构元件不能影响加工中走刀。

⑤ 为提高数控加工的效率，批量加大的零件加工可以采用多工位、气动或液压夹具。

此外，为了提高数控加工的效率，在成批生产中还可以采用多位、多件夹具。例如，在数控铣床或立式加工中心的工作台上，可以安装组合夹具。

6. 加工路线的确定

（1）加工路线确定的原则

在数控加工中，刀具刀位点相对于工件运动的轨迹称为加工路线。确定加工路线是编写程序前的重要步骤，加工路线的确定应遵循以下原则。

① 加工路线应保证被加工零件的精度和表面粗糙度，且效率较高。

② 使数值计算简单，以减少编程工作量。

③ 应使加工路线最短，这样既可以减少程序段，又可以减少空刀的时间。

此外，在确定加工路线时，还要考虑工件的加工余量和机床、刀具的刚度等情况，确定是一次走刀还是多次走刀来完成加工，以及在铣削加工中是采用顺铣还是逆铣等。

（2）辅助程序段的设计

在数控车床上车螺纹时，沿螺距方向的 Z 向进给应和车床主轴的旋转保持严格的速比关系，因此应避免在进给机构加速或减速的过程中切削。为此要有引入距离 δ_1 和超越距离 δ_2。一般为 2～5mm，如图 1-11 所示。若螺纹收尾处没有退刀槽时，收尾处的形状与数控系统有关，一般按 45°退刀收尾。

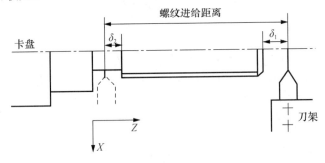

图 1-11　螺纹加工的引入、引出距离

7. 刀具的选择

刀具是数控加工工艺中重要内容之一，它不仅影响机床的加工效率，而且直接影响加工质量。数控加工对刀具的要求很高，除了要求精度高、强度大、刚度好、耐用度高以外，还要求尺寸稳定，安装调整方便。这就要求采用新型优质材料制造数控加工刀具，并合理选择刀具结构几何参数。

（1）刀具材料

常见刀片材料有高速钢、硬质合金、涂层硬质合金、陶瓷、立方氮化硼和金刚石等，其中应用最多的是硬质合金和涂层硬质合金刀片。选择刀片材质主要依据被加工工件的材料类型（钢 P、不锈钢 M、铸铁 K、有色金属 N、优质合金 S、卒硬材料 H），如图 1-12 所示。

（2）数控车刀的类型与刀片选择

为减少换刀时间和方便对刀，在数控车削加工时，应尽量采用机夹可转位式车刀。刀片形状、几何尺寸的选择，主要依据被加工工件的表面形状、切削方法、刀具寿命和刀片的转位次数等因素。

图 1-12　可转位式刀片

8. 切削用量的确定

（1）切削用量的选择原则

切削用量包括主转速（切削速度）、背吃刀量、进给量。切削用量的大小对切削力、切削功率、刀具磨损、加工质量和加工成本均有显著影响。粗、精加工时切削用量的选择原则如下。

① 粗加工时切削用量的选择原则：首先选取尽可能大的背吃刀量；其次选取尽可能大的进给量；最后确定最佳的切削速度。

② 精加工时切削用量的选择原则：首先根据粗加工后的余量确定背吃刀量；其次根据已加工表面的粗糙度要求，选取较小的进给量；最后在保证刀具耐用度的前提下，尽可能选取较高的切削速度。

（2）切削用量的选择方法

① 背吃刀量 a_p（mm）的选择。根据加工余量确定，在机床允许的情况下尽可能大。在工艺系统刚性不足或毛坯余量很大，或余量不均匀时，粗加工要分几次进给，并且应当把第一、二次进给的背吃刀量取值尽量大一些。

② 进给量（进给速度）f（mm/min 或 mm/r）的选择。进给量（进给速度）是数控机床切削用量中的重要参数，根据零件的表面粗糙度、加工精度要求、刀具及工件材料等因素，参考切削用量（刀具）手册选取。

③ 切削速度 V_c（m/min）的选择。根据已经选定的背吃刀量、进给量及刀具耐用度选择切削速度。可用经验公式计算，也可根据生产实践经验在机床说明书允许的切削速度范围内查表选取或者按刀具手册选用。

切削速度 V_c 确定后，按下式计算出机床主轴转速 n：

$$n = \frac{1\,000v}{\pi D}$$

式中：n——转速，r/min；

　　　　v——切削速度，m/min；

　　　　D——工件直径，mm。

9. 对刀点与换刀点的确定

（1）对刀点的选择

在编程时，对刀点的选择原则是：①便于用文字处理和简化程序编制；②在机床上找正容易，加工中便于检查；③引起的加工误差小。

对刀点可选择在工件上，也可选择在工件外面。但必须与零件的定位基准有一定的尺寸关系，这样才能确定机床坐标系与工件坐标系的关系。

选择换刀点时要注意防止刀具与工件发生干涉现象。如图 1-13 所示为车削加工中的试切对刀法示意图。

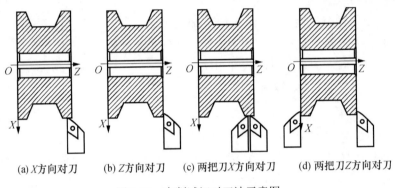

(a) X方向对刀　　(b) Z方向对刀　　(c) 两把刀X方向对刀　　(d) 两把刀Z方向对刀

图 1-13　车削试切对刀法示意图

（2）刀位点的概念

数控加工的刀具轨迹是刀位点的轨迹，因此，要掌握不同刀具刀位点的位置。如图 1-14 所示。

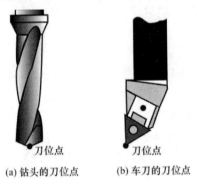

(a) 钻头的刀位点　　(b) 车刀的刀位点

图 1-14　刀位点

1.5　习　　题

一、选择题

1. 下列叙述中，（　　）不属于数控编程的基本步骤。

　　A. 分析图样，确定加工工艺过程　　　B. 数值计算

　　C. 编写零件加工程序单　　　　　　　D. 确定机床坐标系

2. 程序校验与首件试切的作用（　　）。

　　A. 检查机床是否正常

  B. 提高加工质量

  C. 检测参数是否正确

  D. 检测程序是否正确及零件的加工精度是否满足图纸要求

 3. 下列叙述中，（   ）不属于确定加工路线时应遵循的原则。

  A. 加工路线应保证被加工零件的精度和表面粗糙度

  B. 使数值计算简单，以减少编程工作量

  C. 应使加工路线最短，这样既可以减少程序段，又可以减少空刀时间

  D. 对于既有铣面又有镗孔的零件，可先铣面后镗孔

 4. 制订加工方案的一般原则为先粗后精、先近后远、先内后外，程序段最少，（   ）及特殊情况特殊处理。

  A. 走刀路线最短   B. 将复杂轮廓简化成单轮廓

  C. 将手工编程改成自动编程   D. 将空间曲线转化为平面曲线

 5. 切削用量的选择原则是：粗加工时，一般（   ），最后确定一个合适的切削速度。

  A. 应首先选择尽可能大的背吃刀量 a_p，其次选择较大的进给量 f

  B. 应首先选择尽可能小的背吃刀量 a_p，其次选择较大的进给量 f

  C. 应首先选择尽可能大的背吃刀量 a_p，其次选择较小的进给量 f

  D. 应首先选择尽可能小的背吃刀量 a_p，其次选择较小的进给量 f

二、判断题

1. 对刀点与换刀点通常为同一个点。 （   ）

2. 国际标准化组织 ISO 规定，任何数控机床的指令代码必须严格遵守统一格式。（   ）

3. 数控机床既可以按装夹顺序划分工序，又可以按粗、精加工划分工序。 （   ）

4. 数控机床目前主要采用机夹式刀具。 （   ）

5. 数控机床旋转轴之一的 B 轴是绕 Z 轴旋转的轴。 （   ）

三、简答题

1. 数控机床由哪几部分组成？各有什么作用？

2. 何谓开环、闭环、半闭环控制数控机床？各有什么特点？

3. 数控机床的组成与工作原理是什么？

4. 什么叫做点位控制、直线控制、轮廓控制数控机床？各有何特点？

5. 简述数控编程的基本步骤。

6. 数控车床编程有哪些特点？

第 2 章　数控车床的坐标系与运动方向

知识目标

- ☑ 掌握机床坐标系、编程坐标系、加工坐标系的概念。
- ☑ 数控机床坐标系的作用以及坐标系确定原则。
- ☑ 坐标轴运动方向的确定。
- ☑ 机床坐标系与工件坐标系的关系。
- ☑ 工件与运动机床坐标系的关系。

能力目标

- ☑ 能正确使用数控机床坐标系和运动方向命名规则。
- ☑ 会使用数控机床坐标系和判别运动方向。

规定数控机床坐标轴及运动方向，是为了准确地描述机床运动，简化程序的编制，并使所编程序具有互换性。目前，国际标准化组织已经统一了标准坐标系，我国机械工业部也颁布了《数字控制机床坐标和运动方向的命名》（JB/T 3051—1999）的标准，对数控机床的坐标和运动方向作了规定。

2.1　数控机床坐标系和运动方向

在数控编程时，为了描述机床的运动，一般需简化程序编制，并使所编程序具有互换性。数控机床的坐标系和运动方向均已标准化，我国规定以 ISO 代码作为标准代码。

（1）坐标和运动方向命名的原则。永远假定刀具相对于静止的工件坐标而运动，刀具远离工件的方向为该轴的正方向。

（2）标准坐标（机床坐标）系的规定。在数控机床上，机床的动作是由数控装置来控制的，为了确定机床上的成形运动和辅助运动，必须先确定机床上运动的方向和运动的距离，这就需要一个坐标系才能实现，这个坐标系就称为机床坐标系。

标准的机床坐标系是一个右手笛卡儿直角坐标系，如图 2-1 所示。图中规定了 X、Y、Z 三个直角坐标轴的方向，这个坐标系的各个坐标轴与机床的主要导轨相平行，它与安装在机床上并且按机床的主要直线导轨找正的工作相关。根据右手螺旋方法，可以很方便地确定出 A、B、C 三个旋转坐标的方向。

（3）运动方向的确定。

① Z 坐标的运动。Z 坐标的运动由传递切削力

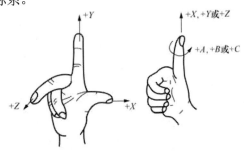

图 2-1　右手笛卡儿直角坐标系

的主轴决定，与主轴线平行的坐标轴即为 Z 坐标。对于车床、磨床等机床，主轴带动零件旋转；对于铣床、钻床、镗床等机床，主轴带动刀具旋转，如图 2-2 所示，如果没有主轴（如牛头刨床），Z 轴垂直于工件装卡面。

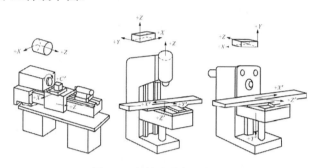

图 2-2　数控车床的坐标系

Z 坐标的正方向为增大工件与刀具之间距离的方向。如在钻床加工中，钻入工件的方向为 Z 坐标的负方向，退出方向为 Z 坐标的正方向。

② X 坐标的运动。X 坐标为水平的且平行于工件的装卡面，这是在刀具或工件定位平面内运动的主要坐标。对于工件旋转的机床（如车床、磨床等），X 坐标的方向是在工件的径向上，且平行于横滑座。刀具离开工件旋转中心的方向为 X 轴正方向，如图 2-2 所示。对于刀具旋转的机床（如铣床、镗床、钻床等），X 运动的正方向指向右，如图 2-2 所示。

③ Y 坐标的运动。Y 坐标轴垂直于 X、Z 坐标轴，Y 运动的正方向根据 X 坐标和 Z 坐标的正方向，按右手直角坐标系来判断，如图 2-3、图 2-4 所示。

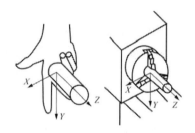

图 2-3　数控卧式车床坐标系

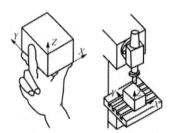

图 2-4　数控立式铣床坐标系

④ 旋转运动 A、B 和 C，A，B 和 C 相应的表示其轴线平行于 X、Y 和 Z 坐标的旋转运动。A、B 和 C 的正方向，相应的表示在 X、Y 和 Z 坐标正方向上按照右旋螺旋前进的方向，如图 2-5、图 2-6 所示。

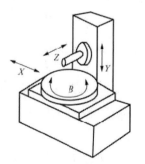

图 2-5　四轴联动的数控机床坐标系

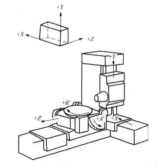

图 2-6　五轴联动的加工中心坐标系

2.2 机床坐标系和工件坐标系

2.2.1 机床坐标系与机床原点、机床参考点

（1）机床坐标系。机床坐标系是机床上固有的坐标系，是用来确定工件坐标系的基本坐标系，也是确定刀具（刀架）或工件（工作台）位置的参考系，它建立在机床原点上，如图2-7、图2-8所示。

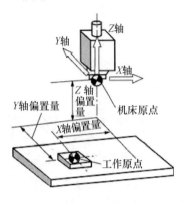

图2-7 立式数控机床坐标系

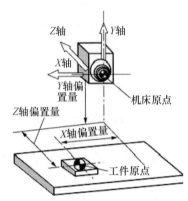

图2-8 卧式数控机床坐标系

（2）机床原点。现代数控机床都有一个基准位置，称为机床原点，如图2-9所示，是机床制造商设置在机床上的一个物理位置，其作用是使机床与控制系统同步，建立测量机床运动坐标的起始点。

机床坐标系原点是指在机床上设置的一个固定点及机床原点。它在机床装配、调试时就已确定下来，是数控机床进行加工运动的基准参考点。一般取在机床运动方向的最远点。

通常车床的机床原点多在主轴法兰盘接触面的中心及主轴前断面的中心上。主轴即为 Z 轴，主轴法兰盘接触面的水平面则为 X 轴。+X 轴和+Z 轴的方向指向加工空间。

（3）机床参考点。机床参考点是用于对机床运动进行检测和控制的固定位置点。

机床参考点的位置是由机床制造厂家在每个进给轴上用限位开关精确调整好的，坐标值已输入数控系统中，因此参考点对机床原点的坐标是一个已知数。

通常在数控铣床上机床原点和机床参考点是重合的，而在数控车床上机床参考点是离机床原点最远的极限点。如图2-9所示为数控车床的参考点与机床原点。

数控机床开机时，必须先确定机床原点，而确定机床原点的运动就是刀架返回参考点的操作，这样通过确认参考点，就确定了机床原点。只有机床参考点被确认后，刀具（或工作台）移动才有基准。

2.2.2 工件坐标系与工件坐标系原点

工件坐标系是编程人员在编程时使用的，编程人员选择工件上的某一已知点为原点（也称工件原点、程序原点），建立一个新的坐标系，称为工件坐标系，如图2-10所示。工件坐标系一旦建立便一直有效，直到被新的工件坐标系所取代。

工件坐标系的原点是人为设定的，设定的依据是要尽量满足编程简单、尺寸换算少及引起的误差小等条件。一般情况下，程序原点应选在尺寸标注的基准或定位基准上。对称零件

或以同心圆为主的零件，编程原点应选在对称中心线或圆心上，Z 轴的程序原点通常选在工件的表面。

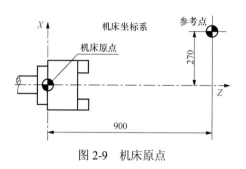

图 2-9　机床原点

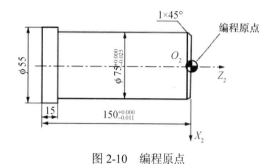

图 2-10　编程原点

2.3　习　　题

一、选择题

1. 数控编程时，应首先设定（　　　）。

   A. 机床原点　　　　B. 工件坐标系　　　　C. 机床坐标系　　　　D. 固定参考点

2. 根据加工零件图样选定的编制零件程序的原点是（　　　）。

   A. 机床原点　　　　B. 编辑程序　　　　C. 加工原点　　　　D. 刀具原点

3. CNC 的含义是（　　　）。

   A. 数字控制　　　　　　　　　　　　B. 计算机数字控制

   C. 网络控制　　　　　　　　　　　　D. 微机数字控制

4. 数控机床的标准坐标系是以（　　　）来确定的。

   A. 右手直角笛卡儿坐标系　　　　　　B. 绝对坐标系

   C. 相对坐标系　　　　　　　　　　　D. 混合坐标系

5. 数控车床是一种（　　　）联动的数控机床。

   A. 三轴　　　　　　B. 二轴　　　　　　C. 四轴　　　　　　D. 五轴

二、判断题

1. 数控机床开机后，必须先进行返回参考点操作。　（　　　）

2. 开机后，为了使机床达到热平衡状态必须让机床运转 3 分钟。　（　　　）

三、简答题

1. 说明机床坐标系与编程坐标系之间的关系。

2. 简述机床坐标系和工件坐标系的概念以及主要区别。

第 3 章　数控车床的基本编程指令

知识目标

☑ 掌握刀具功能、进给功能、主轴功能和常用的辅助功能的指令格式及编程方法。
☑ 掌握与坐标系相关指令的编程方法以及尺寸指令的编程格式及方法。
☑ 掌握 G00、G01、G02/G03 基本运动控制指令的编程格式与编程方法。
☑ 掌握暂停指令的编程格式及用法。
☑ 理解刀具补偿的建立、执行和取消的过程以及刀具补偿功能的概念。
☑ 掌握刀具半径补偿编程格式和编程方法。

能力目标

☑ 掌握功能指令的编程格式与方法，运动控制指令的编程格式、编程方法及注意事项，刀具半径补偿编程方法。
☑ 掌握不同数控系统之间的指令与编程格式差别，圆弧插补、圆心坐标向量 I、J、K 的计算，刀具补偿的建立、执行和取消的过程。

车削加工是机械加工的主要方法之一。从加工角度来讲，数控加工的内容包括端面车削、外形面车削、内形面车削（镗孔）、圆弧加工、螺纹加工、切槽与切断加工等。

3.1　基本编程指令

数控系统是数控机床的核心。数控机床根据功能和性能要求，配置不同的数控系统。数控系统包括以下 5 种功能。

（1）准备功能。准备功能是数控机床做好某种操作准备指令，用地址 G 和数字表示，ISO 标准中规定准备功能有 G00～G99 共 100 种，见表 3-1。

G 代码分为模态代码和非模态代码。非模态代码只在本程序段有效，模态代码可在连续多个程序段中有效，直到被相同组别的代码取代。

准备功能包括数控轴的基本移动、程序暂停、平面选择、坐标设定、刀具补偿、基准点返回等。

表 3-1　FANUC 0i-MA 的 G 代码

G 代码	功　　能	G 代码	功　　能
G00	点定位	G01	直线插补
G02	顺时针圆弧插补	G03	逆时针圆弧插补
G04	暂停	G17	XY 平面选择
G18	XZ 平面选择	G19	YZ 平面选择

续表

G 代码	功　能	G 代码	功　能
G27	返回参考点检测	G28	返回参考点
G29	从参考点返回	G33	螺纹切削
G40	取消刀具半径补偿	G41	刀具半径补偿（左）
G42	刀具半径补偿（右）	G43	刀具长度正补偿
G44	刀具长度负补偿	G49	取消刀具长度补偿
G50	刀具偏置	G54～G59	选择工件坐标系
G70	精车循环	G71	外径粗车固定循环
G72	端面粗车固定循环	G73	固定形状粗车循环
G81～G89	固定循环	G90	绝对编程
G91	增量编程	G92	工件坐标系的设定
G94	每分钟进给	G95	每转进给
G96	恒线速度	G97	每分钟转速
G98	返回到初始点	G99	返回到 R 点

（2）辅助功能。辅助功能字由地址符 M 及随后的 1～3 位数字组成（多为 2 位），所以也称为 M 功能或 M 指令，包括 M00～M99 共 100 种。常用的辅助功能有程序停止、主轴正/反转、冷却液开/关、换刀等，见表 3-2。

表 3-2　FANUC 0i-MA 的 M 代码

M 代码	功　能	M 代码	功　能
M00	程序停止	M01	选择停止
M02	程序结束	M03	主轴正转
M04	主轴反转	M05	主轴停止
M06	换刀	M07	1 号冷却液开
M08	2 号冷却液开	M09	冷却液关
M30	程序结束	M98	调用子程序
M99	返回子程序		

① M00 与 M01 的区别。M00 实际上是一个暂停指令，当执行有 M00 指令的程序段后，主轴的转动、进给、切削液都将停止。它与单程序段停止相同，模态信息全部被保存，以便进行某一手动操作，如换刀、测量工件的尺寸等。当按下"循环启动"键后，继续执行后面的程序。

M01 与 M00 的功能基本相似，但只有在按下"选择停止"键后，M01 才有效，否则机床继续执行后面的程序。要想继续执行程序，需再按"循环启动"键。

② M02 与 M30 的区别。M02 指令编在程序的最后一条，表示执行完程序内所有指令，主轴停止、进给停止、切削液关闭，机床处于复位状态。

使用 M30 时，除表示执行 M02 的内容之外，程序指针还返回到程序的第一条语句，准备下一个工件的加工。

（3）刀具功能。刀具功能由地址 T 和数字组成。刀具功能的数字是指定的刀号，数字的位数由所用的系统决定。不同的数控系统，刀具功能的编程格式有所不同。

编程格式：T××××

FANUC 数控车系统采用 T××××（T2+2）编程格式，前两位用于选择刀具号，后两位用于选择刀具补偿号（存放刀具几何及磨损补偿参数的寄存器编号）。

⭐注 意　(1) 编程时刀具的编号不得大于刀架的工位号。

(2) 是采用 T2+2，还是采用 T、D 格式编程取决于数控系统。

（4）进给功能。字母 F 表示刀具中心运动时的进给速度，进给功能用 F 代码直接指令各轴的进给速度。由地址 F 和数字组成。进给速度可以是直线进给，单位为 mm/min；也可以是旋转进给，单位为 mm/r。

① 直线进给编程格式：G94（G98）　F××

其中 F 的单位为 mm/min。

例如，G94（G98）　F150；进给速度为 150 mm/min。

② 旋转进给编程格式：G95（G99）　F××

其中 F 的单位为 mm/r。

例如，G95（G99）　F0.3；进给速度为 0.3 mm/r。

⭐注 意　(1) 进给率的单位是直线进给率 mm/min（或 inches/min），还是旋转进给率 mm/r（或 inches/r），取决于工艺条件。

(2) 直线进给/旋转进给的选择指令，因数控系统不同而有差别。上电默认值由机床参数设定，二者均可。

(3) 当编写程序时，第一次遇到直线（G01）或圆弧（G02/G03）插补指令时，必须编写进给率 F，如果没有编写 F 功能，CNC 采用 F0。当工作在快速定位（G00）方式时，机床将以本身设定的快速进给率移动，与编写的 F 指令无关。

(4) F 功能为模态指令，实际进给率可以通过 CNC 操作面板上的进给倍率旋钮进行调整，控制范围为 0%～120%（150%）。

（5）主轴转速功能。数控机床的主轴功能由 S 指令控制，主轴转速功能由 S 地址码和数字组成。由于数控机床的配置与档次不同，其主轴的最大转速范围相差甚远。数控机床的主轴可以实现恒速控制，也可以实现恒速度切削控制。

数控系统的基本编程指令的编程格式如下。

① 主轴最高速度限定（G50）。

编程格式：G50（G92）×××

G50 除有坐标系功能外，还有主轴最高速度设定的功能，即用 S 指定的数值设定主轴每分钟转速。

例如，G50（G92）S2000；表示把主轴最高转速限定为 2 000 r/min。

② 恒线速度控制。

编程格式：G97 S×××M03 或 G97 S×××M04

其中，G97 为恒转速控制模式指定；通常情况下，数控系统的默认模式为 G97。

例如，程序段 G97 S320 M03 表示主轴以 320 r/min 的转速正转。G97 S1800 M04 表示主轴以 1 800 r/min 的转速反转。

★**注意** (1) 有些简易数控机床用机械手柄设定主轴转速,在程序中可以不设定主轴转速。

(2) 数控机床上电默认值通常为恒速转速状态。因此,程序若只进行恒转速控制,G97 可以不写。

③ 主轴转速控制。

编程格式:G96 S×××M03 或 G96 S×××M04

其中,G96 为恒线速度控制模式设定,为模态代码。S×××指定切削时的线速度,单位为 m/min。

当采用恒线速度切削时,根据 $n = \dfrac{1000v}{\pi D}$ 可知,若线速度不变,工件直径 D 越小,主轴转速越大,为了防止主轴转速超过额定转速而飞车,必须限制主轴最高转速。

例如,G96 S150 M03 表示主轴恒线速度控制,线速度为 150 m/min。

★**注意** (1) 有些简易数控机床不是变频主轴,采用机械变速装置,不能实现恒线速度控制。

(2) 最高转速限定用 G50/G92 指令与数控系统有关。SIMENS 数控系统采用的编程格式:G96 S×××LIMS = ×××。

(3) G96、G97 均为模态指令,要注意方式的转换。

3.2 基本编程指令案例

3.2.1 绝对值编程与增量值编程

FANUC 系统数控车床编程可采用绝对值编程、增量值编程和二者混合编程。

(1)绝对值编程。绝对值编程是根据预先设定的编程原点计算出绝对值坐标尺寸进行编程的一种方法。首先找出编程原点的位置,并用地址 X、Y、Z 进行编程。

(2)增量值编程。增量值编程是根据与前一个位置坐标值增量来表示位置的一种编程方法,即程序中的终点坐标是相对于起点坐标而言的。采用增量值编程时,用 U、W 代替 X、Z。U、W 的正负由行程方向来确定,行程方向与机床坐标方向相同时为正,反之为负。

(3)混合编程。设定工件坐标系后,绝对值编程与增量值编程混合起来进行编程的方式叫混合编程。

例如,如图 3-1 所示,应用以上 3 种不同方法编程时的程序如下。

绝对值编程:G01 X100 Z50

增量值编程:G01 U60 W-100

混合编程:G01 X100 W-100 或 G01 U60 Z50

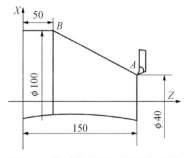

图 3-1 绝对值编程与增量值编程

3.2.2 平面坐标选择

指令 G17、G18、G19 用于平面选择。G17 选择 XY 平面，G18 选择 XZ 平面，G19 选择 YZ 平面，如图 3-2 所示。数控车床的刀架在 XZ 平面运动，因此，默认值为在 XZ 平面。

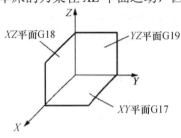

图 3-2　平面坐标选择

3.2.3　工件坐标系设定

在数控编程时，必须先建立工件坐标系。通常情况下，数控车床的工件坐标系的原点设置在工件的左端面或右端面，如图 3-3 所示。

建立工件坐标系有以下几种方法。

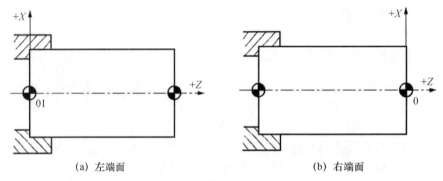

(a)　左端端面　　　　　　　　(b)　右端面

图 3-3　数控车床的工件坐标系位置

（1）以刀具当前位置建立工件坐标系。

① 编程格式：G50（G92）X__Z__

其中，X、Z 为刀位点在工件坐标系中的初始位置。

② 应用实例。建立如图 3-4 所示的零件工件坐标系。

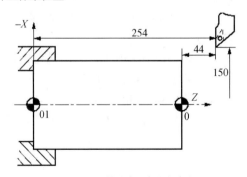

图 3-4　工件坐标系设定实例

若选工件左端面 01 点为坐标原点时，坐标系设定的编程为：G50 X150 Z254；

若选工件右端面 0 点为坐标原点时，坐标系设定的编程为：G50 X150 Z44；

（2）利用坐标系偏置指令建立工件坐标系。有的数控系统直接采用零点偏置指令（G54～G59）建立工件坐标系，工件坐标系与机床参考点的偏移值，通过对刀确定，然后输入 G54～G59 相应的寄存器中，当程序执行到 G54～G59 某一指令时，数控系统找到相应寄存器的值，实现参考点到工件坐标系的偏移。

3.2.4 快速移动指令 G00

数控机床在非切削状态下，运动轴的移动通常由移动指令 G00 实现，如图 3-5 所示。在该指令下，移动部件（工作台、刀架等）按照机床设定速度快速运动，以减少非切削的辅助时间，提高机床的有效切削效率。

（1）编程格式。G00 X（U）__Z（W）__

式中，X、Z 为刀具移动的目标点坐标。

如图 3-6 所示，刀具从起点 A 移动到 B 点，程序如下：

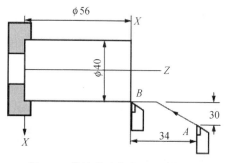

图 3-5 快速移动指令 G00 的应用

G00 X40 Z56（或 U−60 W−34）；

（2）注意事项。

① G00 指令可以进行单轴控制，也可以进行多轴控制。在多轴控制时，由于编程的轴数、每根轴的实际运动长度、每根轴的快移速度等原因，使得刀具在两点间实际路径并不一定是直线。因此，使用 G00 指令时，要注意刀具是否与工件和夹具发生干涉。

② 使用 G00 指令时，进给速度不需要编程，由机床参数指令。G00 是模态指令，具有续效功能。

3.2.5 直线插补指令 G01

直线插补指令 G01 命令刀具在两坐标点间以插补联动方式，按指令的进给速度做任意直线运动，如图 3-6 所示。该指令是模态（续效）指令。

（1）直线插补指令 G01 的编程格式。G01 X（U）__（W）__F__

式中，X、Z 为刀具移动的目标点坐标；F 为进给速度。

（2）注意事项。F 指令也是模态指令，F 的单位由直线进给率或旋转进给指令确定。

（3）编程实例。车削零件的轮廓如图 3-7 所示，工件坐标系原点在右端面，P 点为起刀点，应用直线插补指令 G01 编写零件的加工程序。

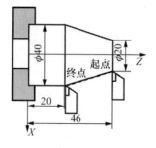

图 3-6 直线插补指令 G01

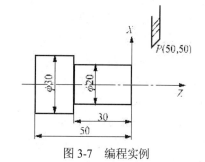

图 3-7 编程实例

O0001

G50　X50　Z50；工作坐标系设定

M03　S800　T0101；机床正转，选 1 号刀，1 号刀补，主轴转速为 800 r/min

G00　X20　　Z2　M07 刀具快速移动到 X20、Z2，打开冷却液

G01　Z-30　　F0.5；以径向进刀，进给量为 0.5 mm/r

　　X30；把刀具提到 X30 处

　　Z-50；加工 Z-50

G00 X50　Z50　　M09；退刀，关冷却液

M05；主轴停止

M30；程序结束

3.2.6　圆弧插补指令 G02/G03

圆弧插补指令分为顺时针圆弧插补指令（G02）和逆时针圆弧插补指令（G03）。数控车床是两坐标的机床，只有 X 轴和 Z 轴，因此，圆弧插补方向的顺逆判断：沿圆弧所在平面（XZ 平面）的垂直坐标轴（Y 轴）的正方向向负方向看去，顺时针方向为 G02，逆时针方向为 G03，如图 3-8 所示。数控车床顺逆圆弧判断如图 3-9 所示。

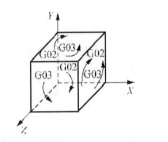

图 3-8　不同坐标平面的圆弧顺逆方向

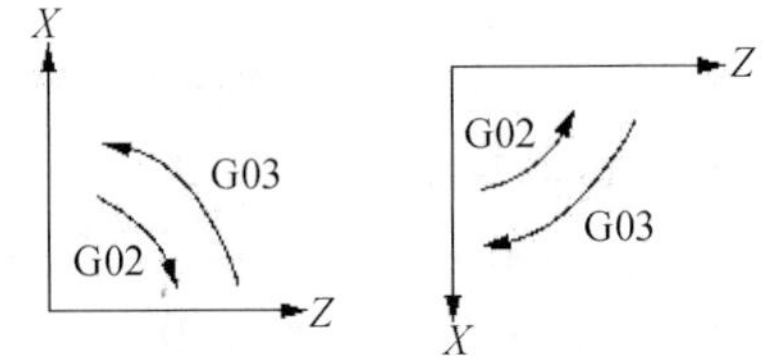

（a）刀架在外侧时　　（b）刀架在内侧时

图 3-9　圆弧的顺逆方向与刀架位置的关系

（1）圆弧插补指令的编程格式。圆弧插补指令的编程格式有以下两种。

① 圆心坐标编程格式。G02/G03 X（U）＿（W）＿ I＿K＿F＿；

式中，X、Z——圆弧终点坐标值；

　　　U、W——终点相对始点的距离；

　　　I、K——圆心相对于圆弧起点在 X 轴和 Z 轴上的坐标增量；

　　　F——沿圆弧切线方向的进给率或进给速度。

② 半径编程格式。G02/G03 X（U）＿（W）＿ R＿F＿；

式中，X、Z——圆弧终点坐标值；

　　　U、W——终点相对始点的距离，与绝对编程和增量编程无关；

　　　R——圆弧半径值；

　　　F——沿圆弧切线方向的进给率或进给速度。

（2）注意事项。

① 规定圆心角&≤180°时，用"+R"表示图中的圆弧；&>180°时，用"-R"表示图中的圆弧。

② 整圆编程只能用圆心坐标编程格式。

③ 程序段中同时给出 I、K 和 R 值，以 R 值优先，I、K 无效。

（3）编程实例。车削零件的轮廓如图 3-10 所示，工件坐标系原点在右端面，编写零件的轮廓精加工程序。

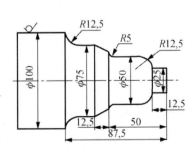

图 3-10　编程实例

O0908

G50　X150　Z100：工作坐标系设定

M03　S800　T0101：机床正转，选 1 号刀，1 号寄存器，主轴转速为 800 r/min

G00　　X25　　Z2.0　　M08；刀具快速移动到 X25、Z2，打开冷却液

G01　　Z-12.5　F2.0；加工外圆，进给量为 2.0 mm/r

G03　　X50.0　Z-25　R12.5　F0.5；加工 ϕ12.5 的圆弧，进给量为 0.5 mm/r

G01　　Z-45；加工外圆 Z-45

G02　　X60　Z-50 R5；加工 ϕ5 的圆弧

G01　　X75　Z-62.5；车削圆锥面

Z-75；加工 Z-75

G02　　X100　Z-87.5　R12.5；加工 ϕ12.5 的圆弧

G01　　X110；提刀到 X110

G00　　X160　Z32.5　M09；退刀，关冷却液

M05；主轴停止

M30；程序结束

3.2.7　暂停指令 G04

G04 指令可使刀具作暂短的无进给光整加工，一般用于切槽、忽孔等场合。

（1）编程格式。G04 X＿＿；或 G04 P＿＿；

式中，X、P 为暂停时间。

X 后面为带小数点的数，单位为 s。如 G04 X5，表示前面的程序执行完后，要经过 5 s 的暂停，下面的程序段才执行。

P 后面数值为整数，单位为 ms。如 G04 P1000，表示暂停 1 s。

（2）注意事项。

① 该指令为非模态代码，只在本程序段有效。

② 注意暂停的时间单位，与数控系统的格式有关。

③ SIEMENS 数控系统采用 G04 F××（暂停时间为 s）或 G04 S××（主轴暂停次数）格式编程。

3.2.8　回参考点检验 G27、自动返回参考点 G28、从参考点返回 G29

（1）回参考点检验 G27。

G27X（U）＿＿＿Z（W）＿＿＿；

该指令用于检查 X 轴与 Z 轴是否正确返回参考点。但执行 G27 指令的前提是机床在通电后必须返回过一次参考点。如果定位结果后检测到开关信号发令正确，参考点的指示灯亮，说明滑板正确回到了参考点的位置；如果检测到的信号不正确，系统报警。

（2）自动返回参考点 G28。

G28 X（U）＿＿＿Z（W）＿＿＿；

执行该指令时，刀具先快速移动到指令中的 X（U）、Z（W）中间点的坐标位置，然后自动回参考点。到达参考点后，相应的坐标指示灯亮。

⭐注意 使用 G27、G28 指令时，必须预先取消补偿量值（T0000），否则会发生不正确的动作。

（3）从参考点返回 G29。

G29 X（U）___ Z（W）___；

执行该指令后各轴由中间点移动到指令中的位置处定位。其中，X（U）、Z（W）为返回目标的绝对坐标或相对 G28 中间点的增量坐标值。如图 3-11 所示。

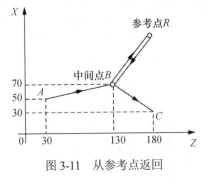

G28 U40 W100；	A-B-R
T0202；	换刀
G29 U-80 W50；	R-B-C

图 3-11 从参考点返回

3.2.9 刀具半径补偿

无论是车削还是铣削，在对轮廓加工时用刀具半径补偿功能编程，可以使其具有通用性，即当刀具尺寸（车刀的圆弧半径、铣刀的半径）因更换、磨损等原因发生变化时，不需要重新编程，只要修改刀具半径补偿即可，从而简化了编程。

刀具半径补偿指令及其编程。

（1）刀具半径补偿指令。G41 为刀具半径左补偿，即刀具沿工件进给方向左侧偏置；G42 为刀具半径右补偿，即刀具沿工件进给方向右侧偏置；G40 为刀具半径补偿取消，G40 必须和 G41 或 G42 成对使用。

（2）刀具半径补偿的过程。刀具半径补偿（以下简称刀补）的过程分为 3 步。

① 刀补的建立。刀具中心从与编程轨迹重合过渡到与编程轨迹离一个偏置量的过程。

② 刀具进行。执行有 G41、G42 指令的程序段后，刀具中心始终与编程轨迹相距一个偏置量。

③ 刀具的取消。刀具离开工件，刀具中心轨迹要过渡到与编程重合的过程。

（3）刀具半径补偿的编程方法。

G00（G01）G41/G42 X___ Z___ D___；刀具半径补偿的建立

G00（G01）G40 X___ Z___；刀具半径补偿的取消

（4）注意事项。

① 刀具半径补偿的建立与取消，只有在移动指令 G00 或 G01 下才能生效。

② 刀具半径补偿的建立与取消，应在辅助程序段中进行，不能在轮廓加工的程序段上编程。

③ 刀具半径的补偿值存储在指定的寄存器中，当刀具半径补偿值发生变化时，只需要修改寄存器中的值，而不需要修改程序。因此，利用刀具半径补偿功能编写的轮廓加工程序，与刀具半径无关。

（5）应用实例。

在如图 3-12 所示的装卡条件下，加工零件的右端尺寸均已在图中标注，工件坐标系原点设在右端面，选择 93°右偏轮廓车刀，采用 V 形刀片，刀尖圆弧半径 R0.4，3 号工位，主轴采用 V_c=540 m/min 的恒线速度控制，进给速度为 0.1 mm/r，起刀点在

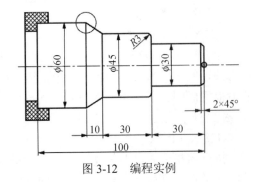

图 3-12 编程实例

（150,100），利用刀具半径补偿指令，编写零件的精加工程序。

    O0003

    G50   X150   Z100；工件坐标系设定

    G96 S540 M03 T0101；恒线速度控制，到起刀点位置，选1号刀，1号寄存器

    G00 G42   X0 Z1 M08；快速移动到X0、Z1这个点，同时建立右刀补，打开冷却液

    G01   Z0   F0.1；以切削速度进给

    X26；加工端面

    X30   Z-2；加工 $C2$ 倒角

    Z-30；加工 $X30$ 外圆

    X39；把刀具提到X39处

    G03   X45   Z-33   I0   K-3；加工 $R3$ 圆弧

    G01   Z-60；加工 $\phi45$ 外圆

    X60   Z-70；加工锥度

    G40   G00   X150   Z100   M09；退刀，取消刀补，关冷却液

    M05；主轴停止

    M30；程序结束

3.2.10　基本螺纹车削指令 G32

（1）编程格式。格式：G32 X（U）___Z（W）___F___；

其中，X、Z所示螺纹加工终点坐标值；F为螺纹加工时的切削速度，单位为 mm/r。

（2）注意事项。

① F为螺纹的螺距（导程），单位形式为 mm/r（转）。

② 螺纹切削应注意在两端设置足够的升速进刀段 δ_1 和降速退刀段 δ_2，以剔除两端因变速而出现的非标准螺距的螺纹段。同理，在螺纹切削过程中，进给速度修调功能和进给暂停功能无效；若此时按进给暂停键，刀具将在螺纹段加工完后才停止运动。

③ 有的机床具有主轴恒线速控制（G96）和恒转速控制（G97）的指令功能。那么，对于端面螺纹和锥面螺纹的加工来说，若恒线速控制有效，则主轴转速将是变化的，这样加工出的螺纹螺距也将是变化的。所以，在螺纹加工过程中，就不应该使用恒线速控制功能。从粗加工到精加工，主轴转速必须保持一常数；否则，螺距将发生变化。

④ 对锥螺纹的F指令值，当锥度角 α 在45°以下时，螺距以 Z 轴方向的值指令；45°～90°时，以 X 轴方向的值指令。

⑤ 牙型较深，螺距较大时，可分数次进给，每次进给的背吃刀量用螺纹深度减去精加工背吃刀量所得之差按递减规律分配，常用螺纹切削的进给次数与背吃刀量见表3-3、表3-4。

表 3-3　常用公制螺纹切削的进给次数与背吃刀量（双边）

单位：mm

牙深		0.649	0.974	1.299	1.624	1.949	2.273	2.598
背吃刀量和切削次数	1 次	0.7	0.8	0.9	1.0	1.2	1.5	1.5
	2 次	0.4	0.6	0.6	0.7	0.7	0.7	0.8
	3 次	0.2	0.4	0.6	0.6	0.6	0.6	0.6
	4 次		0.16	0.4	0.4	0.4	0.6	0.6
	5 次			0.1	0.4	0.4	0.4	
	6 次				0.15	0.4	0.4	0.4
	7 次					0.2	0.2	0.4
	8 次						0.15	0.3
	9 次							0.2

表 3-4　常用公制螺纹切削的进给次数与背吃刀量（双边）

单位：mm

牙数/（牙/英寸）[①]		24	18	16	14	12	10	8
牙深		0.678	0.904	1.016	1.162	1.355	1.626	2.033
背吃刀量和切削次数	1 次	0.8	0.8	0.8	0.8	0.9	1.0	1.2
	2 次	0.4	0.6	0.6	0.6	0.6	0.7	0.7
	3 次	0.16	0.3	0.5	0.5	0.6	0.6	0.6
	4 次		0.11	0.14	0.3	0.4	0.4	0.5
	5 次				0.13	0.21	0.4	0.5
	6 次						0.16	0.4
	7 次							0.17

（3）应用实例。

如图 3-13 所示为圆柱螺纹切削，螺纹导程为 1.0 mm。其车削程序编写如下。

O0012

G50 X70.0 Z25.0；工作坐标系设定

S160　M03　　T0101；选 1 号刀，1 号寄存器，机床正转，主轴转速为 160r/min

G90　G00　X40.0　Z2.0 M08；刀具快速移动到 X40、Z2 这个点，打开冷却液

　　X29.3；螺纹第一刀车削循环 X29.3

G32　Z-46.0 F1.0；

G00　X40.0；

Z2.0；

X28.9；螺纹第二刀车削循环 X28.9

图 3-13　圆柱螺纹车削编程图例

——————

① 1 英寸=2.54 厘米。

G32 Z–46.0；

G00 X40.0；

Z2.0；

X28.7；螺纹第三刀车削循环 X28.7

G32　Z–46.0；

G00　X40.0；

Z2.0；

X70.0 Z25.0　M09；退刀，关冷却液

M05；主轴停止

M30；程序结束

3.3　课堂实训

编制如图 3-14 所示零件的加工程序，其中毛坯直径为 30 mm，材料是 45 钢。精车余量 X 轴方向为 0.6 mm（直径值），切槽刀宽为 3 mm。

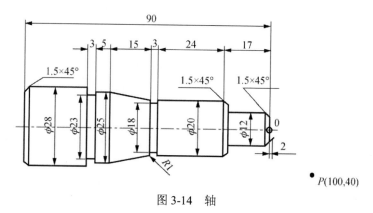

图 3-14　轴

（1）数控车削工艺

① 确定加工工艺。因零件尺寸有较多的加工面且尺寸变化较大，因此采用循环指令来加工零件的外轮廓。ϕ28 采用单一循环指令加工一次；ϕ25 采用单一固定循环指令加工一次；ϕ20 采用单一固定循环指令加工两次；ϕ15 采用单一固定循环指令加工三次；预留精车余量 X 轴方向 0.6mm。

加工路线是：从右到左对零件依次加工，具体加工路线是车右端面→（用循环指令分别依次车 ϕ28→ϕ25→ϕ20→ϕ12）圆柱面→精车零件外轮廓→车退刀槽→最后切断。

② 选择刀具。选择 90°车刀加工端面、圆柱面，刀号 T01，刀补号 01。切槽刀加工沟槽和切断，刀位点为左刀尖，刀号 T03，刀补号 03。

③ 选择切削用量。车削端面时，主轴转速为 800 r/min，进给量为 0.2 mm/r；循环粗加工时，恒线速度为 200 m/min，进给量为 0.2 mm/r；精加工时，恒线速度为 300 m/min，进给量为 0.1 mm/r；车槽和切断时，主轴转速为 300 r/min，进给量为 0.1 mm/r。

④ 设置编程原点及换刀点。确定 O 点为工件坐标系原点，T 点为换刀点，也是编程起点。E 点为程序循环起点。

（2）数控车削程序

O0089

G50 X100　Z40；

M03 S800 T0101 M08；

G00 X31 Z0；

G01 X0 F0.2；

G00 Z2；

G01 G92 X32 F2.0 S200；

G90 X28.6 Z-94 F0.02；

G90 X25.6 Z-67；

G90 X 22.6 Z-44；

X20.6；

G90 X17.6 Z-15.5；

X14.6；

X12.6；

G00 X5 Z2；

G96 G01 X12 Z-2 F0.1 S300；

X17；

X20 W-1.5；

W-25；

X18 W-2；

G03 X20 W-1 R1；

G01 X25 W-15；

W-8；

X28；

Z-94；

G00 X30；

X100 Z40 M05 M09；

T0100；

M03 S300 T0303；

G00 X21 Z-44 M08；

G01 X18 F0.1；

G04 X0.2；

G00 X29；

W-23；

G01 X23；

G04 X0.2；

G00 X29；

Z-93；

G01　X0；

X100　Z40　M05　M09；

M30；

3.4 习　题

一、选择题

1. G96 S150 表示切削点线速度控制在（　　　）。

　　A. 150 m/min　　　　B. 150 r/min　　　　C. 150 mm/min　　　　D. 150 mm/r

2. 程序结束，并返回到起始位置的指令是（　　　）。

　　A. M00　　　　　　　B. M01　　　　　　　C. M02　　　　　　　D. M03

3. 下列辅助功能代码中，用于控制换刀的代码是（　　　）。

　　A. M05

　　B. M06

　　C. M08

　　D. M09

4. 当执行 M02 指令时，机床（　　　）。

　　A. 进给停止、冷却液关闭、主轴不停

　　B. 主轴停止、进给停止、冷却液关闭，但程序可以继续执行

　　C. 主轴停止、进给停止、冷却液未关闭、程序返回至开始状态

　　D. 主轴停止、进给停止、冷却液关闭、程序结束

5. 程序段 G71 G01 G41 X0 Y0 D01 F150 中的 D01 的含义是（　　　）。

　　A. 刀具编号　　　　　　　　　　　　B. 刀具补偿偏置寄存器的编号

　　C. 直接指示刀具补偿的数值　　　　　D. 刀具方位的编号

6. 具有刀具半径补偿功能的数控系统，可以利用刀具半径补偿功能，简化编程计算；对于大多数数控系统，只有在（　　　）移动指令下，才能实现刀具半径补偿的建立和取消。

　　A. G40、G41 和 G42　　　　　　　　B. G43、G44 和 G80

　　C. G43、G44 和 G49　　　　　　　　D. G00 或 G01

7. 对于 FANUC 系统，（　　　）指令不能取消长度补偿。

　　A. G49　　　　　　B. G44 H00　　　　　　C. G43 H00　　　　　　D. G41

二、判断题

1. 恒线速控制的原理是当工件的直径越大，进给速度越慢。　（　　　）

2. 有些车削数控系统，选择刀具和刀具补偿号只用 T 指令；而铣削数控系统，通常用 T 指令指定刀具，用 D、H 代码指定刀具补偿号。　（　　　）

3. 用 M02 和 M03 作为程序结束语句的效果是相同的。　（　　　）

4. 对于没有刀具半径补偿功能的数控系统，编程时不需要计算刀具中心的运动轨迹，可按零件轮廓编程。　（　　　）

5. 螺纹指令 G32 X41.0 W-43.0F1.5 是以 1.5 mm/min 的速度加工螺纹。　（　　　）

6. 绝对编程和增量编程不能在同一程序中混合使用。　（　　　）

7. 数控车床的刀具补偿功能有刀尖半径补偿与刀具位置补偿。　（　　　）

8. 车床的进给方式分每分钟进给和每转进给两种，一般可用 G94 和 G95 区分。　（　　　）

三、简答题

1. 指令 M00 和 M01 有什么相同点？区别是什么？

2. 在 M 功能代码中，与主轴相关的代码有哪些？

3. 若某一程序没有指定 T 功能，该程序能够正常使用吗？为什么？

4. 简述刀具补偿的作用。

5. 刀具半径补偿的建立与取消，通常在什么移动指令下生效？

四、数控编程

1. 补充完成如图 3-15 所示工件的车削加工程序（编程原点设在工件右端面）。

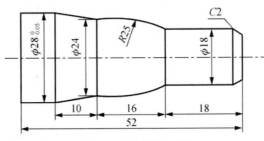

图 3-15　编程题 1 图

2. 试编出如图 3-16 所示车削零件的精车、切槽、车螺纹的带换刀的加工程序，假设毛坯已车成图中点划线所示。

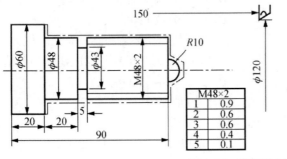

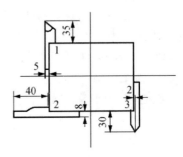

M48×2	
1	0.9
2	0.6
3	0.6
4	0.4
5	0.1

图 3-16　编程题 2 图

第 4 章　FANUC 系统固定循环与子程序

知识目标

☑ 了解车削固定循环指令类型。

☑ 了解单一固定循环的动作步序及其编程方法。

☑ 了解子程序的格式，理解子程序嵌套概念，掌握子程序的调用与返回指令的格式和编程方法。

☑ 掌握车削固定循环 G71、G72、G73 指令的应用场合和编程方法。

能力目标

☑ 能使用车削复合固定循环指令的编程方法。

☑ 会正确使用固定循环编程并合理设置参数。

对数控车床而言，非一刀加工完成的轮廓表面、加工余量较大的表面，采用固定循环编程，可以缩短程序段的长度，减少程序所占内存。各类典型数控系统固定循环的形式和使用方法（主要是编程方法）相差甚大，本章主要介绍 FANUC 数控系统的车削固定循环。

FANUC 0i-TA 车削数控系统分为简单固定循环、复合固定循环和钻孔固定循环 3 类。

4.1　简单固定循环

简单固定循环有 3 种，即外径/内径切削固定循环（G90）、螺纹切削固定循环（G92）、端面车削固定循环（G94）。

1. 外径/内径切削固定循环（G90）。

（1）指令的动作。外径粗车固定循环的动作步序如图 4-1 所示。道具从循环起点开始按矩形路径运动，最后又回到循环起点，途中道具路径中 R 为快速移动，F 为以工作进给速度运动，其加工顺序按 "切入→切削→退刀→返回" 4 个动作进行。

（2）编程格式。

简单外径粗车固定循环的编程格式：G90 X（U）____Z（W）____F____；

锥面车削固定循环如图 4-2 所示。

编程格式：

G90 X（U）____Z（W）____R____F____；

式中，X、Z——圆柱、圆锥面切削终点坐标值；

U、W——切削终点相对循环起点的增量值；

R——圆锥切削始点与切削终点的半径差值，加工外锥时，从小端向大端加工，R 为负值；反之为正值。

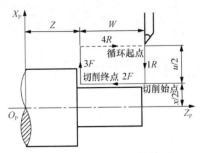

图 4-1　外径/内径切削循环

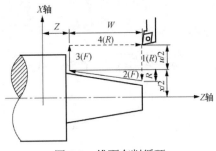

图 4-2　锥面车削循环

（3）　应用实例。利用单一形状固定循环指令，为如图 4-3 所示零件。编写粗加工程序。

  O0005

  G92 X70 Z50；建立工件坐标系

  G00　X40　Z3　S400　M03；刀具快速移动到 X40、Z3，主轴转速为 400 r/min，机床正转

  G90 X30 Z-30 R-5.5　F10；第一次循环车削圆锥面

  G90 X27；第二次循环车削圆锥面

  G90 X24；第三次循环车削圆锥面

  G00 X70 Z50；返回退刀点

  M05；主轴停止

  M30；程序结束

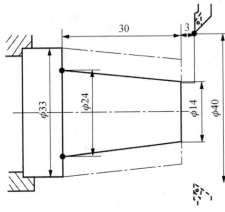

图 4-3　锥面车削循环应用实例

2. 螺纹切削固定循环（G92）。

（1）指令的动作。该指令可车削圆柱螺纹和锥螺纹，刀具从循环起点开始按梯形循环，最后又回到循环起点。如图 4-4 所示，图中刀具路径中 R 为快速移动，F 为工作进给速度运动。

（2）编程格式。

圆柱螺纹车削固定循环的编程格式为：G92 X（U）＿＿＿Z（W）＿＿＿F＿＿＿；

锥螺纹车削固定循环如图 4-5 所示。其编程格式为：

G92 X（U）＿＿＿Z（W）＿＿＿R＿＿＿F＿＿＿；

式中，X、Z——螺纹终点坐标值；

  U、W——螺纹终点相对循环起点的增量值；

  R——锥螺纹切削始点与切削终点的半径差值；F 螺距。

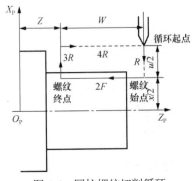

图 4-4　圆柱螺纹切削循环

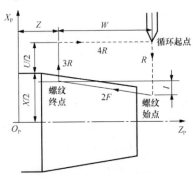

图 4-5　锥螺纹切削循环

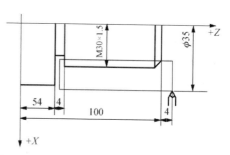

（3）应用实例。利用端面车削固定循环指令，为如图 4-6 所示零件编写粗加工程序。

O1234

G50 X100 Z150；建立工件坐标系

M03　S560　T0303　M07；机床正转，转速为 560r/min，3 号刀具，3 号寄存器

G00　X35　Z104；刀具快速移动 X35、Z104，冷却液开

G92 X29.8 Z56　F1.5；螺纹切削循环第一刀

X29.3；螺纹切削循环第二刀

X28.8；螺纹切削循环第三刀

X28.5；螺纹切削循环第四刀

X28.15；螺纹切削循环第五刀

X28.15；螺纹切削循环最后一刀精车

G00 X100 Z150 M09；返回退刀点，冷却液关

M05；主轴停止

M30；程序结束

图 4-6　圆柱螺纹车削循环应用实例

3. 端面车削固定循环（G94）。

（1）指令的动作特征。端面车削固定循环的动作步序如图 4-7 所示，道具从循环起点开始按矩形循环，最后又回到循环起点，图中刀具路径中 R 为快速移动，F 为工作进给速度运动。

（2）编程格式。

端面车削固定循环的编程格式为：G94 X（U）____Z（W）____F____；

锥面车削固定循环如图 4-8 所示。其编程格式为：

G94 X（U）____Z（W）____K（或 R）____F____；

式中，X、Z——圆柱、圆锥面切削终点坐标值；

　　U、W——切削终点相对循环起点的增量值；

　　K（或 R）——端面切削始点与切削终点在 Z 方向的坐标增量，注意 R 的正负号。

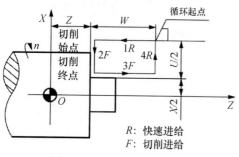

图 4-7　端面车削固定循环

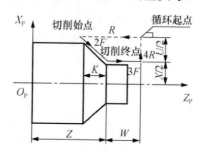

图 4-8　带锥度的端面车削固定循环

（3）应用实例。利用端面车削固定循环指令为如图 4-9 所示零件编写粗加工程序。

……

...
G94 X20 Z16 F50；
Z13；
Z10；
...

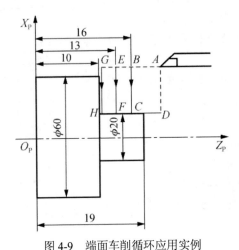

图 4-9　端面车削循环应用实例

4.2　复合固定循环

1. 复合固定循环

在复合固定循环中，对零件的轮廓定义之后，即可完成从粗加工到精加工的全过程，使程序得到进一步简化。

（1）外圆粗切循环

① 指令的动作特征。外圆粗切循环是一种复合固定循环。适用于外圆柱面需多次走刀才能完成的粗加工，如图 4-10 所示。

② 编程格式。FANUC 数控系统版本不同，粗车固定循环指令 G71 有两种编程格式。

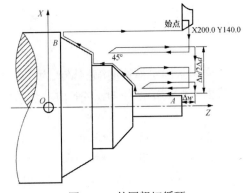

图 4-10　外圆粗切循环

编程格式 1：G71 P（ns）　Q（nf）　U（△u）　W（△w）　D（△d）　F__S__T__；
编程格式 2：
G71 D（△d）　R（e）；
G71 P（ns）　Q（nf）　U（△u）　W（△w）　F__S__T__；
式中，△——背吃刀量；
　　　e——退刀量；
　　　ns——精加工轮廓程序段中开始程序段的段号；
　　　nf——精加工轮廓程序段中结束程序段的段号；
　　　△u——X 轴向精加工余量；
　　　△w——Z 轴向精加工余量；

f、s、t——F、S、T 代码。

★注意　（1）ns→nf 程序段中的 F、S、T 功能，即使被指定也对粗车循环无效。

（2）零件轮廓必须符合 X 轴、Z 轴方向同时单调增大或单调减少；

（3）X 轴、Z 轴方向非单调时，ns→nf 程序段中第一条指令必须在 X、Z 向同时运动。

（3）应用实例。按如图 4-11 所示尺寸编写外圆粗切循环加工程序。

O1235

G50　X200　Z140　T0101；建立工件坐标系，选择 1 号刀具，1 号刀具补偿

M03　S1500　M08；主轴正转，转速为 1 500 r/mm，打开冷却液

G00　X120　Z10；刀具快速移动到循环起点

G71 U2 R0.5；粗车量 2 mm，退刀量 0.5 mm

G71 P60　Q120 U0.5 W0.3 F0.5；精车余量 0.5 mm，Z0.3 mm，进给量 0.5 mm

G00 X40；

G01 Z-30 F0.15；

X60 Z-60；

Z-80；

X100 Z-90；

Z-110；

Z-130；

G00 X125；

X200　Z140　M09；返回退刀点，冷却液关

M05；主轴停止

M30；程序结束

（2）端面粗车复合循环（G72）

① 指令的动作特征。端面粗切循环是一种复合固定循环。端面粗切循环适于 Z 向余量小、X 向余量大的棒料粗加工，如图 4-12 所示。

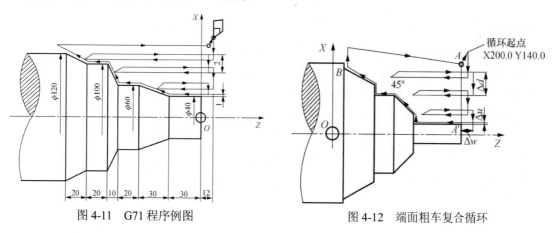

图 4-11　G71 程序例图　　　　　图 4-12　端面粗车复合循环

② 编程格式。编程格式 1：G72 P（ns）　Q（nf）　U（△u）　W（△w）　D（△d）　F__ S__ T__；

编程格式 2：

G72 D（△d） R（e）；

G72 P（ns） Q（nf） U（△u） W（△w） F_S_T_；

式中， △d——背吃刀量；

  e——退刀量；

 ns——精加工轮廓程序段中开始程序段的段号；

 nf——精加工轮廓程序段中结束程序段的段号；

△x——X轴向精加工余量；

△z——Z轴向精加工余量。

★注意 （1）ns→nf程序段中的F、S、T功能，即使被指定也对粗车循环无效。

  （2）零件轮廓必须符合X轴、Z轴方向同时单调增大或单调减少。

③ 应用实例。按如图4-13所示尺寸编写端面粗切循加工程序。

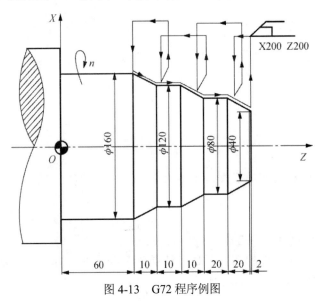

图4-13 G72程序例图

O1255

G50 X200 Z200 T0101；建立工件坐标系，选择1号刀具，1号刀具补偿

M03 S800 M08；主轴正转，转速为800 r/min，打开冷却液

G00 X176 Z2；刀具快速移动到循环起点

G72 U3 R0.5；切削深度3 mm，退刀量0.5 mm

G72 P70 Q120 U2 W0.5 F0.3；端面粗车固定循环

G00 X160 Z60；

G01 X120 Z70 F0.15

Z80；

X80 Z90；

Z110；

X36 Z132；

G00 X200 Z200；返回退刀点

M05；主轴停止

M09；冷却液关

M30；程序结束

（3）封闭切削循环（G73）。

① 指令的动作特征。封闭切削循环是一种复合固定循环，如图 4-14 所示。封闭切削循环适于对铸、锻毛坯切削，对零件轮廓的单调性则没有要求。

② 编程格式。编程格式 1：G73 P（ns） Q（nf） I（Δi） K（Δk） U（Δu） W（Δw） D（Δd） F__S__T__；

编程格式 2：

G73 U（Δi） W（Δk）；

G73 P（ns） Q（nf） U（Δu） W（Δw） D（Δd） F__S__T__；

式中，i——X 轴向总退刀量（半径值）；

　　　k——Z 轴向总退刀量；

　　　d——重复加工次数；

　　　ns——精加工轮廓程序段中开始程序段的段号；

　　　nf——精加工轮廓程序段中结束程序段的段号；

　　　Δu——X 轴向精加工余量（直径值）；

　　　Δw——Z 轴向精加工余量；

　　　f、s、t——F、S、T 代码。

③ 应用实例。

按如图 4-15 所示尺寸编写封闭切削循环加工程序。

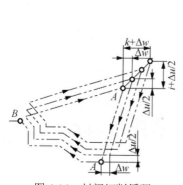

图 4-14　封闭切削循环

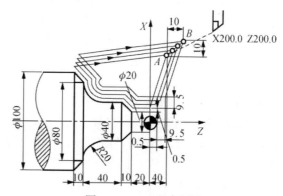

图 4-15　G73 程序例图

O0234

G50 X200 Z200 T0101；建立工件坐标系，选择 1 号刀具，1 号刀具补偿

　M03　S2000　M08；主轴正转，转速为 2 000 r/min，打开冷却液

G00 X140　Z40；刀具快速移动到循环起点

G73 U9.5 W9.5 R3；

G73 P70 Q130 U1 W0.5 F0.3；固定形状粗车循环

G00 X20　Z2；

G01 Z-20 F0.15；

X40 Z-30；

Z-50；

G02 X80 Z-70 R20；

G01 X100 Z-80；

X105；

G00　X200 Z200；*返回退刀点*

M05；*主轴停止*

M09；*冷却液关*

M30；*程序结束*

（4）　精加工循环（G70）。由 G71、G72、G73 完成粗加工后，可以用 G70 进行精加工。在精加工时，G71、G72、G73 程序段中的 F、S、T 指令无效，只有在 ns～nf 程序段中的 F、S、T 才有效。

编程格式：G70 P（ns）　Q（nf）；

式中，ns——精加工轮廓程序段中开始程序段的段号；

　　　nf——精加工轮廓程序段中结束程序段的段号。

例如，在 G71、G72、G73 程序应用例中的 nf 程序段后再加上"G70 Pns Qnf"程序段，并在 ns～nf 程序段中加上精加工适用的 F、S、T，就可以完成从粗加工到精加工的全过程。

2. 子程序

（1）子程序的概念。在某些被加工的零件中，常常会出现几何形状完全相同的加工轨迹。在程序编制中将有固定顺序和重复模式的程序段作为子程序存放，可使程序简单化。在主程序执行过程中如果需要某一个子程序，可以通过一定格式的子程序调用指令来调用该子程序，执行完后返回到主程序，继续执行后面的程序段。

子程序的格式与主程序相同，子程序的名称为 0 × × × ×（或：× × × ×，p× × × ×，O× × × ×），由数控系统定义。

（2）子程序的调用格式。

常用的子程序调用格式有以下几种。

① M98P× × × × × × ×；

P 后面的前 3 位为重复调用次数，省略时为调用一次；后 4 位为子程序号。返回：M99 或 M99 P× × × ×。

② M98 P× × × × L× × × ×；

P 后面的 4 位为子程序号；L 后面的 4 位为重复调用次数，省略时为调用一次。

（3）子程序的嵌套。为了进一步简化程序，可以让子程序调用另一个子程序，称为子程序的嵌套。子程序的嵌套不是无限次的，子程序结束后，如果用 P 指定顺序号，不返回到上一级子程序调出的下一个程序段，而返回到用 P 指定的顺序号 n 程序段，但这种情况只用于存储器工作方式，如图 4-16 所示是典型子程序的嵌套及执行顺序。

3. 循环编程与子程序案例

当某个工件出现多个相同尺寸沟槽时，可以应用子程序进行加工。

如图 4-17 所示，毛坯直径为 ϕ31 mm，材料是塑料棒，长为 70 mm。1 号刀是外圆车刀，刀号 T01；2 号刀是切槽刀，槽宽 2 mm，刀位点为左刀尖，刀号是 T02。试编写加工程序。

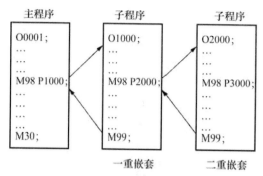

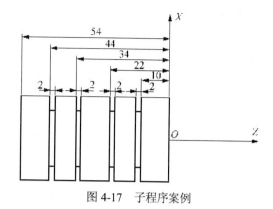

图 4-16 子程序的执行过程

图 4-17 子程序案例

O0100
G50　X100　Z100；
M03 S800 T01　M08；
G00 X35 Z0；
G01 X0 F0.2；
G00　　Z2；
X30；
G01 Z-56 F0.5；
G00　X60；
Z100 M05 M09；
TO2 M03　S560 M08；
G00 X32　Z0；
M98 P100 L2；
G00 Z-56；
G01 X0 F0.15；
G04　P3000；
G00　X60 Z100 M09；
M05；
M30；

P100
G00 W-12；
G01 U-12 F0.2；
G04 P3000；
G00 U12；
W-10；
G01 U-12；
G04 P3000；

G00 U12；

M99；

4.3　课堂实训

编制如图 4-18 所示的轴承套的加工程序，其中材料为灰铸铁。坯件外圆柱面各部分尺寸的加工余量均为 4 mm，通孔 ϕ16 mm，外圆柱 ϕ45 mm 已加工。

（1）数控车削工艺

① 确定加工工艺。选择90°车刀加工端面、圆柱面、选择主切削宽 2 mm 槽刀车外圆柱沟槽，选平底孔镗刀镗孔，选内沟槽刀车内沟槽，槽刀宽 2 mm。

具体加工路线是：车端面→车 ϕ30 外圆柱面（分粗精加工，粗加工余量 3 mm，精加工

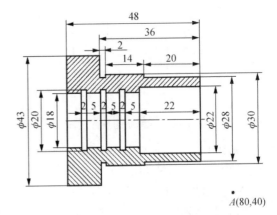

图 4-18　轴承套

余量 1 mm）→车 ϕ28 外圆柱面→车外圆柱槽→车 ϕ18 圆柱面→车 ϕ22 圆柱孔（分粗精加工，粗加工余量 3 mm，精加工余量 1 mm）→车内沟槽。

② 选择刀具。选择 90°车刀加工端面、圆柱面，刀号 T01，刀补号 01。选择槽刀车外圆柱沟槽，刀号 T02，刀补号 02。选择镗刀镗孔，刀号 T03，刀补号 03。选择内沟槽车刀内沟槽，刀号 T04，刀补号 04。

③ 选择切削用量。车外圆柱面时，进给量 0.15 mm/r，主轴转速 800 r/min；车外圆柱沟槽时，进给量 0.1 mm/r，主轴转速 400 r/min；镗孔时，进给量 0.15 mm/r，主轴转速 800 r/min；车内沟槽时，主轴转速 400 r/min，进给量 0.15 mm/r。

④ 设置编程原点及换刀点。确定 O 点为工作坐标系原点，A 点为换刀点，也是编程起点。

（2）数控车削程序

O2367

G50　X80　Z30；

M03　S800　T0101；

G00　X47　Z0；

G01　X10　F0.15；

G00　X50　Z4；

G96　Z2　F2.0；

G90　X43　Z-48；

　　　X30　Z-36；

G90　X28　Z-20；

G00　X80　Z40　M05；

M03　S400　T0202；

G00　X46　Z-36；

GO1　X28　F0.1；

```
GO4   X2.0；
G00   X46；
G00   X80   Z40   M05；
M03   S800   T0303；
G00   X18   Z2；
G01 Z-50   F0.15；
G00 X16；
Z2；
X21；
G01        Z-22；
G00 X20 Z2；
X22；
G01 Z-22；
G00 X20；
Z2；
G00   X80   Z40 M05；
M03   S400 T0404；
G00   X16   Z2；
M98   P50   L3；
G00   Z2；
G00   X80   Z40   M05
M02
P50
N010   G00   W-7；
N020   G01   U4 F0.15；
N030   G04   X2.0；
N040   G00   U-4；
N050 M99；
```

4.3 习 题

一、选择题

1. 有些零件需要在不同的位置上重复加工同样的轮廓形状，可采用（　　）。
   A. 比例缩放加工功能　　　　　B. 子程序调用
   C. 旋转功能　　　　　　　　　D. 镜像加工功能
2. 采用固定循环加工功能，可以（　　）。
   A. 加快切削速度，提高加工质量　　B. 缩短程序段的长度，减少程序所占内存
   C. 减少换刀次数，提高切削速度　　D. 减少吃刀深度，保证加工指令
3. 在 FANUC 数控系统中，指令 M98 P51020 表示的含义为（　　）。

A. 返回主程序为 1 020 程序段

B. 返回子程序为 1 020 程序段

C. 调用程序号为 1 020 的子程序，连续调用 5 次

D. 重复循环 1 020 次

二、判断题

1. 要调用子程序，必须在主程序中用 M98 指令编程，而在子程序结束时用 M99 返回主程序。（　　）

2. FANUC 粗车固定循环指令 G71 中粗车深度的地址码是 RXX。（　　）

3. 需要多次进给，每次进给一个 Q 量，然后将刀具回退到 R 点平面的孔加工固定循环指令是 G73。（　　）

4. 一个主程序调用另一个主程序称为主程序嵌套。（　　）

5. 数控加工程序的顺序段号必须顺序排列。（　　）

6. 使用 G71 粗加工时，在 ns～nf 程序段中的 F、S、T 是有效的。（　　）

三、综合题

1. 加工如图 4-19 所示工件，左侧已加工完毕，现二次装夹 $\phi42$ 外圆加工右侧，部分程序已给出，请依据图纸和技术要求编写程序。

（1）粗加工。93°外圆车刀，工位号 T01，主轴转速为 500 r/min，进给速度 140 mm/min，精车单边余量 0.3 mm，吃刀深度 1.5 mm。

（2）精加工。93°轮廓精车车刀，工位号 T02，主轴转速为 700 r/min，进给速度 120 mm/min。

（3）切槽。刀宽 4 mm，工位号 T03，主轴转速为 300 r/min，进给速度 120 mm/min。

（4）螺纹加工。工位号 T04，主轴转速为 200 r/min，采用螺纹循环指令编程，牙型深度为 1.3 mm，分 5 次进刀，分别为 0.9 mm、0.6 mm、0.6 mm、0.4 mm 和 0.1 mm（直径值）。

（5）工件坐标系原点在右端面，换刀点在（50,80）处。

2. 加工如图 4-20 所示零件，毛坯为 $\phi70\times150$ mm，编写加工程序。

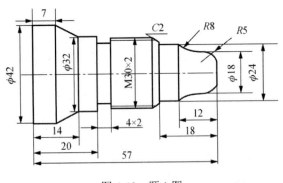

图 4-19　题 1 图

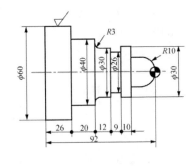

图 4-20　题 2 图

3. 加工如图 4-21 所示的零件，毛坯为 $\phi45\times60$ mm，用粗加工 G73 和精加工 G70，编写加工程序。

4. 加工以下零件并编写加工程序，如图 4-22 所示。

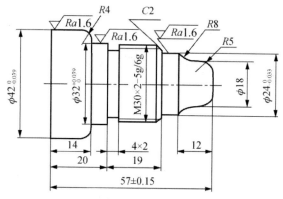

图 4-21　题 3 图

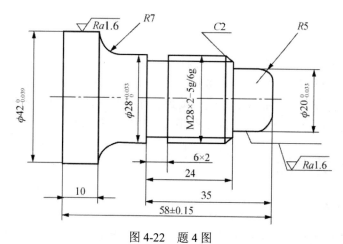

图 4-22　题 4 图

第 5 章　FANUC 系统数控车床操作

知识目标

☑ 了解数控车床的文明生产和职业素质；

☑ 掌握 FANUC 系统数控车床基本操作。

能力目标

☑ 能正确、熟练地操作数控车床。

数控机床是一种自动化程度较高、结构较复杂的先进加工设备，为了充分发挥机床的优越性，提高生产效率，管好、用好、修好数控机床，技术人员的素质及文明生产显得尤为重要。操作人员除了要熟悉掌握数控机床的性能，做到熟练操作以外，还必须养成文明生产的良好工作习惯和严谨的工作作风，具有良好的职业素质、责任心和合作精神。

5.1　安全文明操作

5.1.1　文明生产

（1）严格遵守数控机床的安全操作规程。未经专业培训不得擅自操作机床。

（2）严格遵守上下班、交接班制度。

（3）做到用好、管好机床，具有较强的工作责任心。

（4）保持数控机床周围的环境整洁。

（5）操作人员应穿戴好工作服、工作鞋，不得穿、戴有危险性的服饰品。

5.1.2　安全操作规程

为了正确合理地使用数控机床，减少其故障的发生率，操作人员必须熟悉数控机床的性能、操作方法，而且必须经机床管理人员同意方可操作机床。

1. 开机前的注意事项

（1）机床通电前，先检查电压、气压、油压是否符合工作要求。

（2）检查机床可动部分是否处于可正常工作状态。

（3）检查工作台是否有越位、超极限状态。

（4）检查电气元件是否牢固，是否有接线脱落。

（5）检查机床接地线是否和车间地线可靠连接（初次开机特别重要）。

（6）已完成开机前的准备工作后方可合上电源总开关。

2. 开机过程注意事项

（1）严格按机床说明书中的开机顺序进行操作。

（2）一般情况下开机后必须先进行回机床参考点操作，建立机床坐标系。

（3）开机后让机床空运转 15 min 以上，使机床达到平衡状态。

（4）关机以后必须等待 5 min 以上才可以进行再次开机，没有特殊情况不得随意频繁进行开机或关机操作。

3. 调试过程注意事项

（1）编辑、修改、调试程序。若是首件试切必须进行空运行，确保程序正确无误。

（2）按工艺要求安装、调试夹具，并清除各定位面的铁屑和杂物。

（3）按定位要求装夹工件，确保定位正确可靠。不得在加工过程中出现工件松动现象。

（4）安装好所要用的刀具，若是加工中心，则必须使刀具在刀库上的刀位号与程序中的刀号严格一致。

（5）按工件上的编程原点进行对刀，建立工件坐标系。若用多把刀具，则其余各把刀具分别进行长度补偿或刀尖位置补偿。

（6）设置好刀具半径补偿。

（7）确认冷却液输出通畅，流量充足。

（8）再次检查所建立的工件坐标系是否正确。

以上各点准备妥当后方可加工工件。

4. 加工过程注意事项

（1）在加工过程中，不得调整刀具和测量工件尺寸。

（2）在自动加工时，必须自始至终监视运转状态，严禁离开机床，遇到问题及时解决，防止发生不必要的事故。

（3）定时对工件进行检验。确定刀具是否磨损等情况。

（4）关机或交接班时对加工情况、重要数据等做好记录。

（5）机床各轴在关机时远离其参考点，或停在中间位置，使工作台重心稳定。

（6）清除机床，必要时涂防锈漆。

5.1.3 数控机床的维护保养

数控机床的使用寿命和效率高低，不仅取决于机床本身的精度和性能，很大程度上也取决于它的正确使用和维修。正确的使用方法能防止设备非正常磨损，避免突发故障；精心的维护可使设备保持良好的技术状态，延迟老化进程，及时发现和消灭故障，防患于未然，防止恶性事故的发生，从而保障机床安全运行。也就是说，机床的正确操作与精心维护，是贯彻设备管理以预防为主的重要环节。

数控机床因其功能、结构及系统的不同，各具不同的特性。其维护保养的内容和规则也各有特色，具体应根据机床种类、型号及实际使用情况，并参照该机床说明书的要求，制定和建立必要的定期、定级保养制度。下面列举一些常见、通用的日常维护保养要点。

（1）使机床保持良好的润滑状态。定期检查清洗自动润滑系统，添加或更换油脂、油液，使丝杠、导轨等各运动部位始终保持良好的润滑状态，降低机械磨损速度。

（2）定期检查液压、气压系统。对液压系统定期进行油质化检，检查和更换液压油，并定期对各润滑、液压、气压系统的过滤器或过滤网进行清洗或更换，对气压系统还要注意经常放水。

（3）定期检查电动机系统。对直流电动机定期进行电刷和换向器检查、清洗和更换，若换向器表面脏，应用白布沾酒精予以清洗；若表面粗糙，用细金相砂纸予以修整；若电刷长度为10 mm 以下时，应予以更换。

（4）适时对各坐标系轴进行超限位试验。由于切削液等原因使硬件限位开关产生锈蚀，平时又主要靠软件限位起保护作用。因此，要防止限位开关锈蚀后不起作用，防止工作台发生碰撞，严重时会损坏滚珠丝杠，影响其机械精度。试验时只要按下限位开关以确认是否出现超程报警，或检查相应的 I/O 接口信号是否变化。

（5）定期检查电器元件。检查各插头、插座、电缆、各继电器的触点是否接触良好，检查各印刷线路板是否干净。检查主变电器、各电机的绝缘电阻在 1 MΩ 以上。平时尽量少开电气柜门，以保持电气柜内的清洁，定期对电器柜和有关电器的冷却风扇进行卫生清洁，更换其空气过滤网等。电路板上太脏或受湿，可能发生短路现象，因此，必要时对各个电路板、电气元件采用吸尘法进行卫生清扫等。

（6）机床长期不用时的维护。数控机床不宜长期封存不用，购买数控机床以后要充分利用起来，尽量提高机床的利用率，尤其是投入的第一年，更要充分利用，使其容易出现故障的薄弱环节尽早地暴露出来，使故障的隐患尽可能在保修期内得以排除。数控机床如果不使用，反而可能会因为受潮等原因加快电子元件的变质或损坏，如数控机床长期不用时要定期通电，并进行机床功能试验程序的完整运行。要求每 1～3 周通电试运行 1 次，尤其是在环境湿度较大的梅雨季节，应增加通电次数，每次空运行 1 小时左右，以利用机床本身的发热来降低机内的湿度，使电子元件不致受潮。同时，也能及时发现有无电池报警发生，以防系统软件、参数的丢失等。

（7）更换存储器电池。一般数控系统内对 COMOS RAM 存储器器件设有可充电电池维持电路，以保证系统不通电期间保持其存储器的内容。一般情况下，即使电池尚未失效，也应每年更换一次，以确保系统能正常工作。电池的更换应在数控装置通电状态下进行，以防更换时RAM 内信息丢失。

（8）印刷线路板的维护。印刷线路板长期不用易出现故障。因此，对于已购置的备用印刷线路板应定期装到数控装置上运行一段时间，以防损坏。

（9）监视数控装置用的电网电压。数控装置通常允许电网电压在额定值为-15%～+10%的范围内活动，如果超出此范围就会造成系统不能正常工作，甚至会引起数控系统内电子元件的损坏。为此，需要经常监视数控装置用的电网电压。

（10）定期进行机床水平和机械精度检查。机械精度的校正方法有软、硬两种。软方法主要是通过系统参数补偿，如丝杠反向间隙补偿、各坐标系定位精度定点补偿、机床回参考点位置校正等；硬方法一般要在机床大修时进行，如进行导轨修刮、滚珠丝杠螺母预紧、调整反向间隙等。

（11）经常打扫卫生。如果机床周围环境太脏、粉尘太多，均可能影响机床的正常运行；电路板太脏，可能产生短路现象；油水过滤网、安全过滤网等太脏，会导致压力不够、散热不好，从而造成机器故障。所以必须定期进行卫生清扫。

为了更具体地说明日常保养的周期、检查部位和要求，将数控机床的日常保养要求编制成表 5-1，以供参考。

表 5-1 数控机床和日常保养

序号	检查周期	检查部位	检查要求
1	每天	导轨润滑	检查润滑油的油面、油量，及时添加油，润滑油泵能否定时启动、打油及停止，导轨各润滑点在打油时是否有润滑油流出
2	每天	X、Y、Z 及回旋轴导轨	清除导轨面上的切屑、赃物、冷却水剂，检查导轨润滑油是否充分，导轨面上有无滑伤及锈斑，导轨防尘刮板上有无夹带铁屑，如果是安装滚动滑块的导轨，当导轨上出现划伤时应检查滚动滑块
3	每天	压缩空气气源	检查气源供气压力是否正常，含水量是否过大
4	每天	机床进气口的油水自动分离器和自动空气干燥器	及时清理分水器中滤出的水分，加入足够润滑油，空气干燥器是否能自动切换工作，干燥剂是否饱和
5	每天	气液转换器和增压器	检查存油面高度并及时补油
6	每天	主轴箱润滑恒温油箱	恒温油箱正常工作，由主轴箱上油标确定是否有润滑油，调节油箱制冷温度能正常启动，制冷温度不要低于室温太多（相差 2~5℃），否则主轴容易产生空气水分凝聚
7	每天	机床液压系统	油箱、油泵无异常噪声，压力表指示正常压力，油箱工作油面在允许的范围内，回油路上背压不得过高，各管接头无泄漏和明显振动
8	每天	主轴箱液压平衡系统	平衡油路无泄漏，平衡压力指示正常，主轴箱上下快速移动时压力波动不大，油路补油机构动作正常
9	每天	数控系统及输入/输出	如光电阅读机的清洁，机械结构润滑良好，外接快速穿孔机或程序服务器连接正常
10	每天	各种电气装置及散热通风装置	数控柜、机床电气柜进气排气扇工作正常，风道过滤网无堵塞，主轴电机、伺服电机、冷却风道正常，恒温油箱、液压油箱的冷却散热片通风正常
11	每天	各种防护装置	导轨、机床防护罩应动作灵敏而无漏水，刀库防护栏杆、机床工作区防护栏检查门开关应动作正常，恒温油箱、液压油箱的冷却散热片通风正常
12	每周	各电柜进气过滤网	清洗各电柜进气过滤网
13	半年	滚珠丝杠螺母副	清洗丝杠上旧的润滑油脂，涂上新的油脂，清洗螺母两端的防尘网
14	半年	液压油路	清洗溢流阀、减压阀、滤油器、油箱池底，更换或过滤液压液压油，注意加入油箱的新油必须经过过滤并去除水分

序号	检查周期	检查部位	检查要求
15	半年	主轴润滑恒温油箱	清洗过滤器，更换润滑油，检查主轴箱各润滑点是否正常供油
16	每年	检查并更换直流伺服电机碳刷	从碳刷窝内取出碳刷，用酒精清除碳刷窝内和整流子上碳粉，当发现整流子表面有被电弧烧伤时，抛光表面、去毛刺，检查碳刷表面和弹簧有无失去弹性，更换长度过短的碳刷，并饱和后才能正常使用
17	每年	润滑油泵、过滤器等	清理润滑油箱池底，清洗更换滤油器
18	不定期	各轴导轨上镶条，压紧滚轮，丝杠	按机床说明书上规定调整
19	不定期	冷却水箱	检查水箱液面高度，冷却液装置是否工作正常，冷却液是否变质，经常清洗过滤器，疏通防护罩和床身上各回水通道，必要时更换并清理水箱底部
20	不定期	排屑器	检查有无卡位现象
21	不定期	清理废油池	及时取走废油池以免外溢，当发现油池中突然油量增多时，应检查液压管路中漏油点

5.2 数控车床的基本操作

5.2.1 面板说明

面板说明如表 5-2 所示。

表 5-2　FANUC 0i 宝鸡机床厂 SK50（新）车床面板说明

按　　钮	名　　称		功能说明
急停按钮			按下急停按钮，使机床移动立即停止，并且所有的输出（如主轴的转动等）都会关闭
模式选择		回零	进入回零模式，机床必须首先执行回零操作，然后才可以使用
		手动	进入手动模式，连续移动
		手轮 Z	进入手轮 Z 模式
		手轮 X	进入手轮 X 模式
		MDI	进入 MDI 模式，手动输入指令并执行
		自动	进入自动加工模式
		编辑	进入编辑模式，用于直接通过操作面板输入数控程序和编辑程序

按　钮	名　　称	功能说明
	进给倍率	调节数控程序自动运行时的进给速度倍率，调节范围为 0～150%。置光标于旋钮上，单击鼠标左键，旋钮逆时针转动，单击鼠标右键，旋钮顺时针转动
	主轴倍率	将光标移至此旋钮上后，通过单击鼠标左键或右键来调节主轴倍率
	系统开	程序可进行编辑、删除等操作
	系统关	无法对程序进行编辑操作
	主轴正转/停止/反转	主轴正转/停止/反转
	循环启动	程序运行开始，系统处于自动运行或 MDI 模式时按下有效，其余模式下使用无效
	进给保持	程序运行暂停，在程序运行过程中，按下此按钮运行暂停，再按循环启动从暂停的位置开始执行
	手动换刀	手动状态下，单击此按钮旋转刀架
	手轮	将光标移至此旋钮上后，通过单击鼠标左键或右键来转动手轮
	手轮倍率	在手轮方式下的移动量；X1、X10、X100 分别代表移动量为 0.001 mm、0.01 mm、0.1 mm
	快速倍率	在快速方式下，通过此旋钮来调节快速移动的倍率
	+X/-X/-Z/+Z	+X/-X/-Z/+Z 方向移动机床
	手动快速	快速移动机床
	限位释放	超程解除

按　钮	名　　称	功能说明
选择停 选择停	选择停	当此按钮按下时，程序中的"M01"代码有效
	单段按钮	将此按钮按下后，运行程序时每次执行一条数控指令
	跳段	当此按钮按下时，程序中的"/"有效
	冷却液开关	暂不支持

5.2.2　机床准备

1. 激活机床。

单击▇打开电源。检查急停按钮是否松开至◉状态，若未松开，单击急停按钮◉，将其松开。

2. 机床回参考点。

将方式选择旋钮▇◎◎拨到"回零"档。

单击▇按钮，此时 X 轴将回零，相应操作面板上 X 轴的指示灯亮，同时 CRT 上的 X 变为 390.000；单击▇▇按钮，可以将 Z 轴回零，此时操作面板和 CRT 的指示灯如图 5-1 所示。

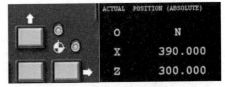

图 5-1　机床回参考点

3. 对刀

编制数控程序采用工件坐标系,对刀的过程就是建立工件坐标系与机床坐标系之间关系的过程。

下面具体说明车床对刀的方法。其中将工件右端面中心点设为工件坐标系原点。

（1）试切法设置 G54～G59。试切法对刀是用所选的刀具试切零件的外圆和右端面，经过测量和计算得到零件端面中心点的坐标值。

① 以卡盘底面中心为机床坐标系原点。刀具参考点在 X 轴方向的距离为 X_T，在 Z 轴方向的距离为 Z_T。

将操作面板中方式选择旋钮切换到"手动"上。单击 MDI 键盘的▇按钮，此时 CRT 界面上显示坐标值，利用▇、▇、▇▇、▇▇，将机床移动到如图 5-2 所示大致位置。

单击▇或▇按钮，使主轴转动，单击▇▇按钮，用所选刀具切削工件外圆，如图 5-3 所示。单击 MDI 键盘上的按钮▇，使 CRT 界面显示坐标值，按软键 ALL，如图 5-4 所示，读出 CRT 界面上显示的 MACHINE 的 X 的坐标（MACHINE 中显示的是相对于刀具参考点的坐标），记为 X1（应为负值）。

图 5-2　刀具参考点

单击▇▇将刀具退至如图 5-5 所示位置，单击▇按钮，试切工件右端面，如图 5-6 所示。记下 CRT 界面上显示的 MACHINE 的 Z 坐标（MACHINE 中显示的是相对于刀具参考点的坐标），记为 Z_1。

单击█中的 Stop 按钮，使主轴停止转动，单击菜单"测量/坐标测量"，如图 5-7 所示，单击试切外圆时所切削部位，选中的线段由红色变为橙色。记下右面对话框中对应的 X 值（即工件直径）。把坐标值 X1 减去"测量"中读出的直径值，再加上机床坐标系原点到刀具参考点在 X 方向的距离 X_T 的结果记为 X。

把 Z1 加上机床坐标系原点到刀具参考点在 Z 方向的距离 Z_T 记为 Z。

（X，Z）即为工件坐标系原点在机床坐标系中的坐标值。

图 5-3　车外圆

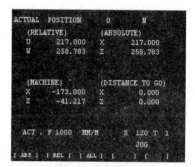

图 5-4　测量结果

图 5-5　X 坐标轴不变退回

图 5-6　车端面

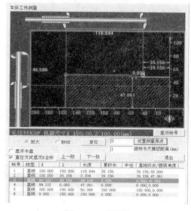

图 5-7　测量

② 以刀具参考点为机床坐标系原点。将操作面板中旋钮█切换到 JOG 上。单击 MDI 键盘的█按钮，此时 CRT 界面上显示坐标值，利用█、█、█、█，将机床移动到如图 5-2 所示大致位置。

单击█或█按钮，使主轴转动。单击按钮，用所选刀具切削工件外圆，记下此时 MACHINE 中的 X 坐标，记为 X1。

单击█，将刀具退至位置，单击█按钮，切削工件端面，记下此时 MACHINE 中的 Z 坐标值，记为 Z_1。

单击█中的 Stop 按钮，使主轴停止转动，单击菜单"测量/坐标测量"，单击外圆切削部位，选中的线段由红色变为橙色。记下右面对话框中对应的 X 的值（即直径），记为 X2。

把坐标值 X_1 减去"测量"中读取的直径值的结果记为 X。

把坐标值 Z_1 减去端面的 Z 轴坐标的结果记为 Z。

（X，Z）即为工件坐标系原点在机床坐标系中的坐标值。

（2）设置刀具偏移值。在数控车床操作中经常通过设置刀具偏移的方法对刀。但是，在使用这个方法时不能使用 G54～G59 设置工件坐标系。G54～G59 的各个参数均设为 0。

设置刀具偏移的方法如下：

① 先用所选刀具切削工件外圆，然后保持 X 轴方向不移动，沿 Z 轴退出，再单击█中的 Stop 按钮，使主轴停止转动，单击菜单"测量/坐标测量"，得到试切后的工件直径，记为 X1。

单击 MDI 键盘上的█键，进入形状补偿参数设定界面，将光标移到与刀位号相对应的位置后输入 MXX1，按█键，系统计算出 X 轴长度补偿值后自动输入到指定参数。

② 试切工件端面，保持 Z 轴方向不移动沿 X 轴退出。把端面在工件坐标系中的 Z 坐标值记为 Z_1（此处以工件端面中心点为工件坐标系原点，则 Z1 为 0）。

单击 MDI 键盘上的█键，进入形状补偿参数设定界面，将光标移到与刀位号相对应的位置后输入 MZZ1，按█键输入，系统计算出 Z 轴长度补偿值后自动输入到指定参数。

（3）设置多把刀具偏移值。车床的刀架上可以同时放置多把刀具，需要对每把刀进行对刀操作。采用试切法或自动设置坐标系法完成对刀后，可通过设置偏置值完成其他刀具的对刀，下面介绍在使用 G54～G59 设置工件坐标系时多把刀具对刀办法。

首先，选择其中一把刀为标准刀具，按照介绍完成对刀。然后按以下步骤操作：

① 按█键，使 CRT 界面显示坐标值。按 PAGE▼键，切换到显示相对坐标系。用选定的标准刀接触工件端面，保持 Z 轴在原位将当前的 Z 轴位置设为相对零点（按█键，再按█，则当前 Z 轴位置设为相对零点）。

② 把需要对刀的刀具转到加工刀具位置，让它接触到同一端面，读出此时的 Z 轴相对坐标值，这个数值就是这把刀具相对标准刀具的 Z 轴长度补偿。把这个数值输入到形状补偿界面中与刀号相对应的参数中。

③ 再用标准刀接触零件外圆，保持 X 轴不移动时将当前 X 轴的位置设为相对零点（按█键，再按█），此时 CRT 界面如图 5-8 所示。

④ 换刀后，将刀具在外圆相同位置接触，此时显示的 X 轴相对值，即为该刀相对于标准刀具的 X 轴长度补偿。把这个数值输入到形状补偿界面中与刀号相对应的参数中（为保证刀尖准确接触，可采用增量进给方式或手轮进给方式）。此时 CRT 界面如图 5-9 所示，所显示的值即为偏置值。

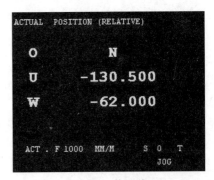

图 5-8 相对零点　　　图 5-9 偏置值

5.2.3 手动加工零件

1. 手动/连续方式

将控制面板上方式选择旋钮[图]切换到"手动"上，单击[图]调节进给倍率。配合移动按钮[图]、[图]、[图]、[图]移动机床。单击[图]按钮，再单击移动按钮[图]、[图]、[图]、[图]可以快速移动机床。

单击[图]按钮，控制主轴的正转、停止、反转。

> ★ **注 意** 刀具切削零件时，主轴需转动。加工过程中刀具与零件发生非正常碰撞后（非正常碰撞，包括车刀的刀柄与零件发生碰撞等），系统弹出警告对话框，同时主轴自动停止转动，调整到适当位置，继续加工时需再次单击[图]或[图]按钮，使主轴重新转动。

2. 手动/手轮方式

在手动/连续加工或在对刀需精确调节主轴位置时，可用手轮方式调节。将控制面板上模式选择旋钮[图]切换到手轮 X/Z 上。

配合手轮[图]和手轮倍率旋钮[图]，使用手轮精确调节机床。其中 X1 为 0.001 mm，X10 为 0.01 mm，X100 为 0.1 mm。

单击[图]按钮，控制主轴的正转、停止、反转。

5.2.4 自动加工方式

1. 自动/连续方式

自动加工流程如下。

（1）检查机床是否机床回零。若未回零，先将机床回零。

（2）导入数控程序或自行编写一段程序。

（3）检查控制面板上方式选择旋钮是否置于"自动"档，若未置于"自动"档，则用单击鼠标左键或右键的方式选择旋钮，将其置于"自动"档，进入自动加工模式。

（4）按[图]按钮，数控程序开始运行。

数控程序在运行过程中可根据需要暂停、停止、急停和重新运行。

数控程序在运行时，单击[图]按钮，程序暂停运行，再次单击[图]，程序从暂停运行开始继续运行。

数控程序在运行时，按下急停按钮[图]，数控程序中断运行，继续运行时，先将急停按钮松开，再按[图]按钮，余下的数控程序从中断运行开始作为一个独立的程序执行。

2. 自动/单段方式

加工流程如下。

（1）检查机床是否机床回零。若未回零，先将机床回零。

（2）导入数控程序或自行编写一段程序。

（3）检查控制面板上方式选择旋钮是否置于"自动"档，若未置于"自动"档，则用单击鼠标左键或右键方式选择旋钮，将其置于"自动"档，进入自动加工模式。

（4）打开单段开关[图]。

（5）按[图]按钮，数控程序开始运行。

> ★ **注 意** 自动/单段方式执行每一行程序均需单击一次[图]按钮打开跳段开关[图]，数控程序中的跳过符号"/"有效。打开选择停开关[图]，"M01"代码有效。

根据需要调节进给速度（F）调节旋钮⬤，来控制数控程序运行的进给速度，调节范围为0～150%。

按RESET键，可使程序重置。

3. 检查运行轨迹

NC 程序导入后，可检查运行轨迹。

将操作面板的方式选择旋钮切换到"自动"档，单击控制面板中⬛按钮，转入检查运行轨迹模式；再单击操作面板上按钮⬛，即可观察数控程序的运行轨迹，此时也可通过"视图"菜单中的动态旋转、动态放缩、动态平移等方式对三维运行轨迹进行全方位的动态观察。

★注意　检查运行轨迹时，暂停运行、停止运行、单段执行等同样有效。

5.3 习　　题

一、填空题

1. 通常导轨润滑的日常保养检查周期是＿＿＿，滚珠丝杠螺母副保养检查周期是＿＿＿＿。

2. 按钮⬛是＿＿＿＿。

3. ⬤是＿＿＿＿＿旋钮。

4. ⬛是＿＿＿＿＿＿开关。

5. 编制数控程序采用＿＿＿＿＿，对刀的过程就是建立＿＿＿＿＿＿与机床坐标系之间关系的过程。

6. CRT 含义为：＿＿＿＿＿。

7. ⬛按钮用来控制数控机床主轴的＿＿＿、＿＿＿与＿＿＿。

二、简答题

1. 简述开机过程注意事项。

2. 简述数控车床加工过程中的注意事项。

3. 介绍数控车床自动加工流程。

第6章 数控车削编程综合实训

知识目标

☑ 掌握数控车床在加工轴类零件的方法。

能力目标

☑ 熟练掌握数控车床在编程时的技巧及用法。

6.1 综合实训（一）

试编写如图 6-1 所示零件的精加工程序及切断，其中材料是 54 钢，槽刀宽为 3mm。

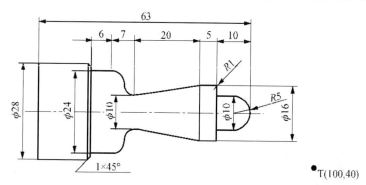

图 6-1 综合实训（一）

1. 分析工艺

（1）确定加工工艺。先精加工，再切断。精加工的具体路线：从右到左对零件依次进行加工，即车 R5 球面→ϕ10 圆柱面→ϕ16 端面→R1 圆弧过渡面→ϕ16 圆柱面→圆锥面→R3 凹圆弧面→R4 凸圆弧面→ϕ24 圆柱面→ϕ28 端面→倒角→ϕ28 圆柱面。

（2）选择刀具。选择 90°车刀加工外轮廓，刀号 T01，刀补号 01。选择切槽刀，刀位点为左刀尖，刀号 T03，刀补号 03。

（3）选择切屑用量。精加工时，恒线速度 300 m/min，进给量 0.1 mm/r；切断时，主轴速 300 r/min，进给量 0.1 mm/r。

（4）设置编程原点及换刀点。确定 O 点为工件坐标系原点，T 点为换刀点，也是编程起点。

2. 编写数控车削程序

O0803
N010 G50 X100 Z40；
N020 M03 S800 T0101 M08；

N030 G00 X10 Z0；

N040 G01 X0 F2.5 S800；

N050 G03 X10 Z-5 10 K-5 F0.1；

N060 G01 Z-10；

N070 X14；

N080 G03 X16 W-1 R1；

N090 G01 W-5；

N100 X10 W-20；

N110 G02 X16 W-3 I6 K0；

N120 G03 X24 W-4 I0 K-4；

N130 G01 W-6；

N140 X26；

N150 X28 W-1；

N160 Z-66；

N170 G00 X30；

N180 X100 Z40 T0100 M05 M09；

N190 M03 S300 T0303；

N200 G00 X29 Z-66 M08；

N210 G01 X0 F0.1；

N220 G00 X100 Z40；

N230 M05 M09；

N240 M30；

6.2 综合实训（二）

编制如图 6-2 所示零件的加工程序，毛坯为 35×120（mm）的圆棒料，材料为 45 钢。

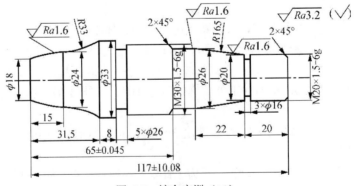

图 6-2 综合实训（二）

1. 分析工艺。

（1）定义刀具

一把 90°正（右）偏刀（机夹刀或硬质合金焊接刀），刀号为 1；宽 3 mm 的硬质合金焊接切槽刀，刀号为 2；60°硬质合金机夹螺纹刀，刀号为 3。

（2）加工工艺

① 根据该零件总长及形状特点，分左、右两段加工。

② 装夹工件，右端伸出 87 mm，找正后夹紧。

③ 手动控制机床，将棒料右端面平掉 1.5 mm，将工件原点设置在工件的右端面与主轴轴线交点处。

④ 调用 1 号刀，利用 G71 循环指令对零件右端进行粗加工。

⑤ 调用 1 号刀，利用 G70 循环指令对零件右端进行精加工。

⑥ 调用 2 号刀，加工 3 mm 宽和 5 mm 宽的退刀槽。

⑦ 调用 3 号刀，加工 M20 与 M30 的两个螺纹。

⑧ 卸下工件，用铜皮将加工过的 33 外圆包住，调头加工零件的左端，伸出 36 mm。

⑨ 手动控制机床，将工件的总长车到位，将工件原点同样设置在工件的右端面与主轴轴线交点处。

⑩ 调用 1 号刀，利用 G71 循环指令对零件左端进行粗加工。

⑪ 调用 1 号刀，利用 G70 循环指令对零件右端进行精加工。

（3）螺纹计算

$d_1 = d - 2 \times 0.62p = 20 - 2 \times 0.62 \times 1.5 = 18.14$。

背吃到量分布为：1 mm、0.5 mm、0.3 mm、0.06 mm。

$d_2 = d - 20 \times .62p = 30 - 20 \times .62 \times 1.5 = 28.14$。

背吃刀量分布为：1 mm、0.5 mm、0.3 mm、0.6 mm。

2. 编写数控车削程序

O8005
N10 G54 G21 G98；
N20 T0101；
N30 M3 S560；
N40 G00 X36 Z3；
N50 G71 U0.5 R1；
N60 G71 P70 Q160 U0.3 W0.1 F100；
N70 G01 X17 F40；
N80 Z0；
N90 X20 Z-1.5；
N100 Z-20；
N110 G02 X26 Z-42 R165；
N120 G01 Z-52 F40；
N130 X30 Z-54；
N140 Z-77.5；
N150 X33；
N160 Z-86；
N170 G70 P70 Q160 S650；

N180 G00 X100；

N190 Z200；

N200 T0100；

N230 T0202；

N240 G00 X21 S350；

N250 Z-20；

N260 G01 X16 F20；

N270 X34 F100；

N280 G00 Z-75 .5；

N290 G01 X26 F20；

N300 X34 F100；

N310 Z-77.5；

N320 X26 F20；

N330 X34 F100；

N340 G0 X100；

N350 Z200；

N360 T0200；

N370 G0 X21 Z3 S400；

N380 G92 X19 Z-17 F1.5；

N390 X18.5；

N400 X18.2；

N410 X18.14；

X420 G0 X31；

N430 Z-50.5；

N400 G92 X29 Z-75 F1.5；

N450 X28.5；

N460 X28.2；

N470 X28.14；

N480 G0 X100；

N490 Z200；

N500 T0300；

N510 M5；

N520 M30；

O

O8006

N10 G54 G21 G98；

N20 T0101；

N30 M30 S500；

N40 G0 X36 Z3；

N50 G71 U0.5 R1；

N60 G71 P70 Q110 U0.3 W0.1 F100；

N70 G1 X18 F40；

N80 Z0；

N90 G3 X24 Z-15 R56；

N100 G2 X33 Z-31.5 R33；

N120 G70 P70 Q110 S650；

N130 G0 X100；

N140 Z200；

N150 T0100；

N160 M5；

N170 M30；

6.3 习　　题

1. 编制如图 6-3 所示零件的加工程序。

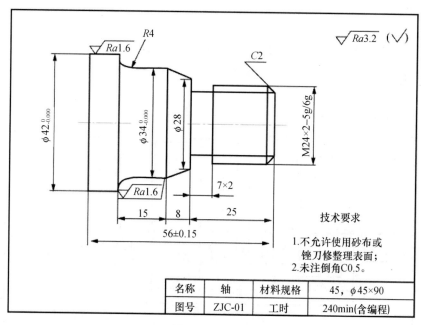

图 6-3　题 1 图

考核目的

（1）熟练掌握数控车削三角形螺纹的基本方法。

（2）掌握车削螺纹时的进刀方法及切削余量的合理分配。

（3）能对三角形螺纹的加工质量进行分析。

2. 编制如图 6-4 所示零件的加工程序。

考核目的

（1）掌握一般轴类零件的程序编制。

（2）能合理采用一定的加工技巧来保证加工精度。

（3）培养学生综合应用的能力。

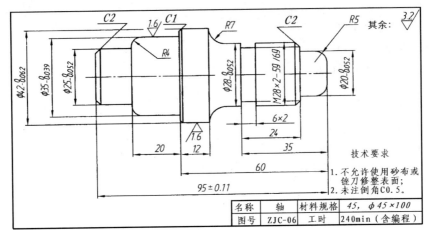

图 6-4　题 2 图

3. 编制如图 6-5 所示零件的加工程序。

考核目的

（1）能根据零件图的要求正确编制外圆沟槽的加工程序。

（2）能用合理的切削方法保证加工精度。

（3）掌握切槽的方法。

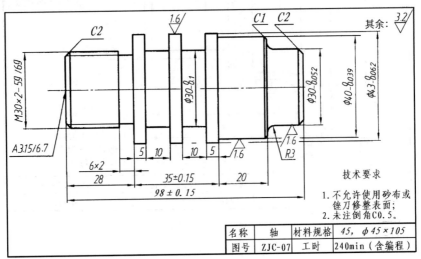

图 6-5　题 3 图

4. 编制如图 6-6 所示零件的加工程序。

考核目的

（1）能根据零件图的要求正确编制切槽子程序。

（2）掌握两顶尖装夹零件进行加工的方法。

（3）能采用合理的方法保证尺寸精度。

（4）能分析质量异常的原因，找出解决问题的途径。

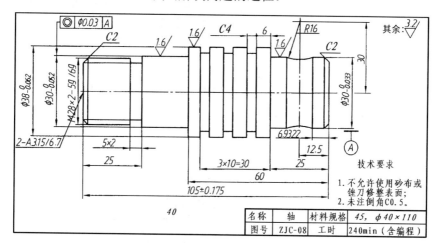

图 6-6　题 4 图

项目 2

数控铣削编程与操作

第 7 章　数控铣削加工工艺

知识目标

☑ 了解数控铣床的分类和基本组成。

☑ 掌握数控铣削的工艺过程。

能力目标

☑ 掌握数控铣削加工工艺制定的一般过程。

☑ 掌握独立编制典型零件的加工工艺。

数控铣床是一种工艺范围较广的数控加工机床，能实现三轴或三轴以上的联动控制，进行铣削、镗削、钻削和螺纹加工。与普通铣床相比，数控铣床的加工精度高，精度稳定性好，适应性强，操作劳动强度低，特别适应于板类、盘类、壳具类、模具类等复杂形状的零件或对精度保持性要求较高的中、小批量零件的加工。为了更好地使用和操作数控铣床，必须了解数控铣床的分类和组成，掌握数控铣削加工工艺制定的一般方法。

7.1　数控铣床的分类

数控铣床按照主轴的布置形式分为立式数控铣床、卧式数控铣床和龙门式数控铣床 3 种。按照可以联动的轴数数控铣床分为两轴联动、三轴联动、四轴联动和五轴联动等不同档次，其中两轴联动数控铣床较少使用，现在应用最广泛的是三轴联动的数控铣床，四轴联动和五轴联动数控铣床一般多应用于军工企业、汽车和航天工业。各类数控铣床的示意图如图 7-1 所示。

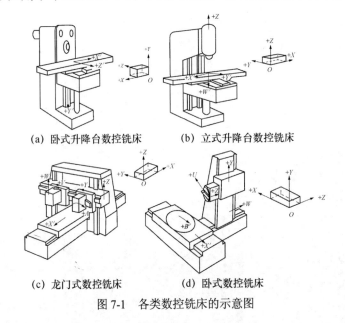

(a) 卧式升降台数控铣床　　　　(b) 立式升降台数控铣床

(c) 龙门式数控铣床　　　　(d) 卧式数控铣床

图 7-1　各类数控铣床的示意图

7.2 数控铣床的组成和特点

1. 数控铣床的组成

数控铣床一般由控制介质、数控装置、伺服系统、机床床身和检测反馈系统 5 部分组成。

（1）控制介质

数控机床工作时，人和数控机床之间建立联系的媒介物称之为控制介质。

（2）数控装置

数控装置是数控机床的中枢，接受控制介质输入的信息，经过处理与运算后去控制机床的动作。

（3）伺服系统

伺服系统的作用是把来自数控装置的运动指令转变成机床移动部件的运动，使工作台和主轴按规定的轨迹移动，加工出符合程序的产品。

（4）机床床身

与传统的机床相比，数控机床具有加工精度高、加工效率高等特点。

（5）检测反馈系统

反馈系统的作用是将机床导轨和主轴移动的位移量、移动速度等参数检测出来，通过模数转换，变成数字信号并反馈到计算机中，计算机根据反馈回来的信息进行判断，并发出相应的指令，纠正所产生的误差。

2. 数控铣床的特点

数控铣床的特点主要有：高柔性、高适应性、高精度、高效率，可以大大减轻操作者的劳动强度。

7.3 数控铣削工艺过程

数控铣削加工艺过程总结如下。

（1）分析数控铣削加工要求。分析毛坯，了解加工条件，对适合数控加工的工件图样进行分析，以明确数控铣削加工内容和加工要求。

（2）确定加工方案。设计各结构的加工方法；合理规划数控加工工序过程。

（3）确定加工设备。确定适合工件加工的数控铣床或加工中心类型、规格、技术参数；确定装夹设备、刀具、量具等加工用具；确定装夹方案、对刀方案。

（4）设计各刀具路线。确定刀具路线数据，确定刀具切削用量等内容。

（5）根据工艺设计内容，填写规定格式的加工程序；根据工艺设计调整机床，对编制好的程序必须经过校验和试切，并验证工艺、改进工艺。

（6）编写数控加工专用技术文件，作为管理数控加工及产品验收的依据。

7.4 课堂实训

1.加工如图 7-2 所示的平面槽型凸轮。

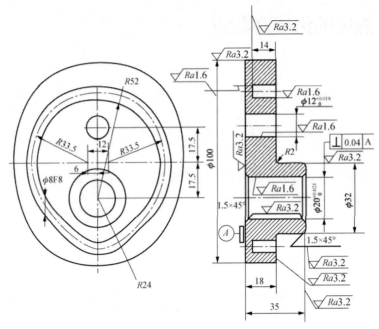

图 7-2　平面槽形凸轮

（1）分析数控铣削加工工艺

数控铣削加工工艺分析是数控铣削加工的一项重要工作，在编制数控程序时，首先应该进行以下工作。

①零件图样分析。

②零件的结构工艺性分析。

③零件毛坯的工艺性分析。

（2）制定数控铣削加工工艺路线

数控加工程序不仅包括零件的工艺规程，还包括切削用量、走刀路线、刀具尺寸和铣床的运动过程等。

①加工方法选择及加工方案的确定。

②加工工艺设计。

③工序的划分。

④加工余量的选择。

确定加工余量的方法有查表修正法、经验估算法、分析计算法。

（3）进给路线的确定。

在数控加工中，刀具刀位点相对于工件运动的轨迹称为加工路线，它是编程的依据，在确定加工路线时要考虑下面几点。

① 保证零件的加工精度和表面质量，且效率要高。

② 尽可能使加工路线最短，减少空行程时间和换刀次数，提高生产率。

③ 尽量使数值点计算方便，缩短编程工作时间。

④ 合理选取刀具的起刀点、切入和切出点及刀具的切入和切出方式，保证刀具切入和切出的平稳性。

⑤ 保证加工过程的安全性，避免刀具与非加工面的干涉。

（4）零件安装与夹具选择

尽量选择通用夹具、组合夹具，应具备足够的强度和刚度，使零件在切削过程中切削平稳，保证零件的加工精度。

（5）对刀点的确定

对刀点，即程序的起点，选择应考虑以下几点：

① 使程序编制简单。

② 尽量与零件的设计基准或定位基准重合。

③ 尽量使加工过程中进刀或退刀的路线最短，并便于换刀。

为了加工方便，一般选取工件编程原点为对刀点。

（6）刀具的选择

数控机床要求刀具具有较高的强度和硬度，且具有耐用度好、排屑性能强等特点。

（7）切削用量的选择

切削用量包括主轴转速、背吃刀量和侧吃刀量。背吃刀量和侧吃刀量在数控加工中通常称为切削深度和切削宽度。如图 7-3 所示。

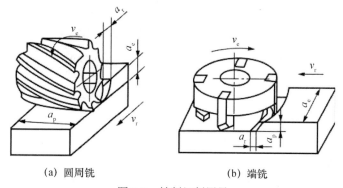

(a) 圆周铣　　　　　　　　(b) 端铣

图 7-3　铣削切削用量

切削用量三者之间有着内在的联系。切削用量的选择方法是：先确定切削深度或切削宽度，其次确定进给出量，最后确定切削速度。

选择切削用量的原则是：粗加工时，一般以提高生产率为主，但也应考虑经济性和加工成本；半精加工和精加工时，应在保证加工质量的前提下，兼顾切削效率、经济性和加工成本。

① 切削深度 a_p。切削深度的选取主要由加工余量和表面质量的要求决定的。

② 进给量。进给量有进给速度 V_f、每转进给量 f 和每齿进给量 f_z 3 种表示方法。

进给速度 V_f 是单位时间内工件与铣刀沿进给方向的相对位移，单位为 mm/min，在数控程序中的代码为 F。

每转进给量 f 是铣刀每转一转，工件与铣刀的相对位移，单位为 mm/r。

每齿进给量 f_z 是铣刀每转过一齿时，工件与铣刀的相对位移，单位为 mm/z。

三者关系为：$V_f=f\cdot n=f_z\cdot z\cdot n$　铣刀转速为 n，铣刀齿数为 z。

③ 主轴转速。主轴转速主要根据允许的切削速度确定。

2.将毛坯为 120 mm×60 mm×10 mm 板材，其中 5 mm 深的外轮廓已粗加工过，周边留 2 mm 余量，要求加工出如图 7-4 所示的外轮廓及 $\phi20$ mm 的孔。工件材料为铝。

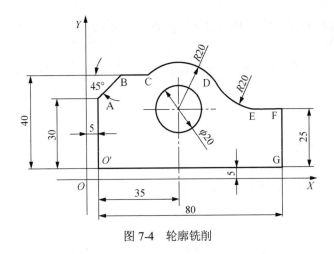

图 7-4   轮廓铣削

（1）确定工艺方案及加工路线：以底面为定位基准，两侧用压板压紧，固定于铣床工作台上。

工步顺序：钻孔 $\phi20$ mm。

按 OABCDEFG 线路铣削轮廓。

（2）选择机床设备。根据零件图样要求，选用经济型数控铣床即可达到要求。

（3）选择刀具。采用 $\phi20$ mm 的钻头，定义为 T02，$\phi5$ mm 的平底立铣刀，定义为 T01，并把该刀具的直径输入刀具参数表中。

（4）确定切削用量。切削用量的具体数值应根据该机床性能、相关的手册并结合实际经验确定。

7.5 习   题

一、填空题

1. 数控铣床按照主轴的布置形式分为_____铣床、_____铣床和_____铣床。

2. 数控铣床一般由_____、_____、_____、机床床身和检测反馈系统 5 部分组成。

3. 数控装置是数控机床的_____，接受_____输入的信息，经过_____和_____后控制机床的动作。

4. 切削用量包括_____、_____、_____ 3 要素。

5. 切削深度的选取主要由_____和_____要求决定。

二、选择题

1. 数控铣床不适合下列（   ）零件加工。

   A. 盘类   B. 回转体类   C. 板类   D. 壳具类

2. （   ）不属于数控铣床的特点。

   A. 高柔性   B. 高适应性   C. 高精度   D. 低效率

3. 常用控制介质是（　　）单位标准穿孔纸带。
   A. 5　　　　　　　　B. 6　　　　　　　　C. 8　　　　　　　　D. 9
4. （　　）不是确定加工余量的方法。
   A. 查表修正法　　　B. 直接估算法　　　C. 经验估算法　　　D. 分析计算法

三、判断题

1. 数控铣床适合加工回转体类零件。（　　）
2. 数控铣床适合加工精度不高，但批量较大的零件。（　　）
3. 目前数控装置的脉冲当量一般为 0.001mm/脉冲。（　　）
4. 数控铣削加工工艺过程一般是先选定数控加工的工艺设备，再分析零件图样，最后明确和细化工步的具体内容。（　　）
5. 确定加工余量的方法有：查表修正法、经验估算法和分析计算法。（　　）

第 8 章　数控铣床坐标系与运动方向

知识目标

☑　了解数控铣床的坐标系的定义。

☑　掌握数控铣床的坐标系的直线轴和旋转轴定义。

能力目标

☑　能够构建各种数控铣床的坐标系。

☑　能够判断各种数控铣床的坐标系中坐标轴正负方向。

数控系统依据工件的加工程序控制机床进行自动切削加工,其本质就是控制刀具和工件的相对运动,那么就需要在机床上建立描述刀具和工件相对位置关系的坐标系统,以便数控系统向机床坐标轴发出控制信号,完成规定的运动。因此,认识数控铣床的坐标系统是数控铣床编程和操作的基础。

8.1　数控铣床坐标系

机床坐标系是为了确定工件在机床上的位置、机床运动部件的特殊位置以及运动范围等而建立的几何坐标系,是机床上固有的坐标系。在机床坐标系下,始终认为工件静止,而刀具是运动的。这就使编程人员在不考虑机床上工件与刀具具体运动的情况下,可以依据零件图样确定机床的加工过程。

标准机床坐标系采用右手直角笛卡儿坐标系,其坐标命名为 X、Y、Z,常称为基本坐标系,如图 8-1 所示。其规定遵循右手定则,伸出右手的大拇指、食指和中指,并互相垂直,则大拇指的指向为 X 坐标的正方向,食指的指向为 Y 坐标的正方向,中指的指向为 Z 坐标的正方向。X、Y、Z 为直线轴,A、B、C 为旋转轴,其规定遵循右手螺旋定则,大拇指方向为直线轴正方向,四指的方向为旋转轴的正方向。

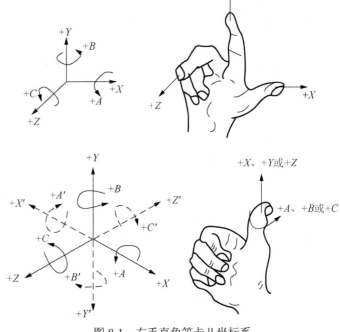

图 8-1　右手直角笛卡儿坐标系

8.2　机床坐标系与机床原点

机床坐标系是机床上固有的坐标系,并设有固定的坐标原点,由制造厂家确定。对某一具体机床来说,这个点是机床上固定的点,即 $X=0$、$Y=0$、$Z=0$ 的点。它在机床装配、调试时就已确定下来,是数控机床进行加工运动的基准参考点。当机床的坐标轴手动回归各自的原点以后,用各坐标轴部件上的基准线和基准面之间的距离便可以确定机床原点的位置。数控铣床原点一般取在 X、Y、Z 坐标的正方向极限位置上,构建的机床坐标系如图 8-2 所示。

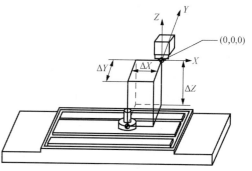

图 8-2　数控铣床的机床坐标系

8.3　机床参考点

机床参考点是由机床制造厂家在每个进给轴上用限位开关精确调整好的,坐标值已输入数控系统中,其固定位置由各轴向的机械挡块确定。如图 8-3 所示。

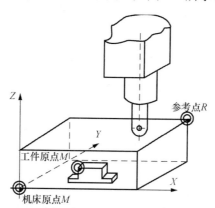

图 8-3　数控铣床参考点与机床原点

8.4　机床坐标系与工件坐标系

工件坐标系是编程人员根据零件图样及加工工艺等建立的坐标系,目的是为了编程方便,此坐标系的原点称为工件原点。如图 8-4 所示。在零件加工之前,将该偏置值预存到数控系统中,加工时工件原点偏置值会自动附加到工件坐标系上,使数控机床实现准确的坐标移动。因此,编程人员可以不考虑工件在机床上的安装位置,直接按图纸尺寸编程。

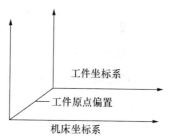

图 8-4　机床坐标系与工件坐标系

8.5　数控铣床运动方向

　　主轴上下运动为 Z 轴运动，主轴箱向上的运动为 Z 轴正向运动，主轴箱向下的运动为 Z 轴负向运动；工作台的前后运动为 Y 轴运动，工作台远离立柱的运动为 Y 轴的正向运动，工作台趋向立柱的运动为 Y 轴的负向运动；工作台的左右运动为 X 轴运动，面对机床，工作台向左运动为 X 轴的正向运动，工作台向右运动为 X 轴的负向运动。可以看到，只有 Z 轴的运动是刀具本身的运动，X、Y 轴则是靠工作台带动工件运动来完成加工过程的。为了方便起见，在本书中对于 X、Y 轴运动的描述是刀具相对于工件的运动。如图 8-5 所示为数控铣床机床坐标系及运动方向。

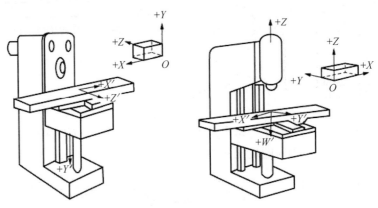

图 8-5　数控铣床机床坐标系及运动方向

8.6　课堂实训

　　掌握确定数控铣床坐标系和运动方向的方法。

　　1. 确定数控铣床坐标系

　　机床坐标系的确定方法如下。

　　（1）Z 坐标的确定。通常选取传递切削力的主轴作为 Z 轴，即平行于主轴轴线的坐标轴为 Z 坐标。

　　（2）X 坐标的确定。X 坐标一般平行于工件的装夹平面且与 Z 轴垂直。对于数控铣床，则分为以下两种情况：当 Z 坐标水平时，观察者沿刀具主轴向工件看，X 轴正向指向右方；当 Z 坐标垂直时，观察者面对刀具主轴向立柱看，X 轴正向指向右方。

　　（3）Y 坐标的确定。在确定 X、Z 坐标的正方向后，可以根据 X 和 Z 坐标的方向，按照右手直角坐标系来确定 Y 坐标的方向。

　　2. 确定数控铣床运动方向

　　（1）Z 轴运动方向的确定。对于数控铣床刀具转动的轴为 Z 轴，Z 轴的正向为刀具远离工件的方向。

　　（2）X、Y 轴运动方向的确定。由于数控铣床实际情况是工作台移动，而不是刀具移动，所以 X、Y 轴的运动方向和右手直角笛卡儿坐标系中 X、Y 轴的正方向正好相反。

★ **注意** 如果除 X、Y、Z 坐标以外，还有平行于 X、Y、Z 的坐标，可分别指定为 U、V 和 W。U、V、W 被称为附加轴。

8.7 习　　题

一、填空题

1. 数控机床自动加工的本质是控制＿＿＿＿＿＿和＿＿＿＿＿＿相对运动。

2. 标准数控机床坐标系采用＿＿＿＿＿＿坐标系。

3. 机床坐标系是为了确定＿＿＿＿＿＿、＿＿＿＿＿＿以及＿＿＿＿＿＿而建立的几何坐标系。

4. 工件坐标系是编程人员根据＿＿＿＿＿＿及＿＿＿＿＿＿建立的坐标系。

5. 在机床坐标系下，始终认为工件＿＿＿＿＿＿，而刀具＿＿＿＿＿＿。

二、选择题

1. 在右手笛卡儿坐标系中下列（　　）坐标轴不是直线轴

　　A. X　　　　　　B. Y　　　　　　C. A　　　　　　D. Z

2. 在右手笛卡儿坐标系中下列（　　）坐标轴不是旋转轴。

　　A. U　　　　　　B. A　　　　　　C. B　　　　　　D. C

3. 机床坐标系中先确定（　　）轴。

　　A. X　　　　　　B. Y　　　　　　C. Z　　　　　　D. A

三、判断题

1. 数控铣床中规定刀具相对于静止工件而运动的原则。　　　　　　　　　（　　）

2. 数控铣床运动方向规定远离工件为正方向，靠近工件为负方向。　　　（　　）

3. 在数控铣床坐标系中如果有平行于 X、Y、Z 轴的坐标系时指定为 X'、Y'、Z' 轴。

　　　　　　　　　　　　　　　　　　　　　　　　　　　　　　　　　（　　）

第 9 章　数控铣床基本编程指令

知识目标

☑ 掌握基本编程指令的格式。

☑ 掌握基本编程指令各参数的意义。

能力目标

☑ 能够判断基本编程指令的应用场合。

☑ 能够基本编程指令的应用。

数控编程是数控加工的重要步骤,理想的加工程序不仅能够加工出符合零件图样要求的零件,而且还能够使数控机床的功能得到合理的利用和充分的发挥,以使数控机床安全、可靠、高效地工作。

9.1　数控铣床编程指令

1. 基本编程指令

（1）快速定位（G00）。格式：G00 X__Y__Z__；

G00 指令可以使刀具以最快速的速率移动到指定的位置,用于快速定位刀具,不对工件进行加工。G00 指令为模态指令。

（2）直线插补（G01）。格式：G01 X__Y__Z__F__；

G01 指令使刀具从当前位置移动到指定的位置,其轨迹是一条直线,F__指定了刀具沿直线运动的速度,单位为 mm/min（X、Y、Z 轴）。

（3）圆弧插补（G02/G03）。圆弧插补编程见表 9-1。

在 XY 平面　　G17 { G02/G03 } X__Y__ { （I__J__）/R__ } F__；

在 ZX 平面　　G18 { G02/G03 } X__Z__ { （I__K__）/R__ } F__；

在 YZ 平面　　G19 { G02/G03 } Y__Z__ { （J__K__）/R__ } F__；

表 9-1　圆弧插补编程列

序号	数据内容	指　　令	含　　义
1	平面选择	G17	指定 XY 平面上的圆弧插补
		G18	指定 ZX 平面上的圆弧插补
		G19	指定 YZ 平面上的圆弧插补
2	圆弧方向	G02	顺时针方向的圆弧插补
		G03	逆时针方向的圆弧插补

续表

序　号	数据内容		指　令	含　义
3	终点位置	G90 模态	X、Y、Z 中的两轴指令	当前工件坐标系中终点位置的坐标值
		G91 模态	X、Y、Z 中的两轴指令	从起点到终点的距离（有方向的）（终点—起点）
4	起点到圆心的距离		I、J、K 中的两轴指令	从起点到圆心的距离（有方向的）
5	圆弧半径		R	圆弧半径
6	进给率		F	沿圆弧运动的速度

对于 XY 平面来说，圆弧的方向是由 Z 轴的正向往 Z 轴的负向看 XY 平面所看到的圆弧方向，同样，对于 ZX 平面或 YZ 平面来说，观测的方向则应该是从 Y 轴或 X 轴的正向到 Y 轴或 X 轴的负向（适用于右手坐标系），顺时针转为顺圆，反之逆圆。如图 9-1 所示。

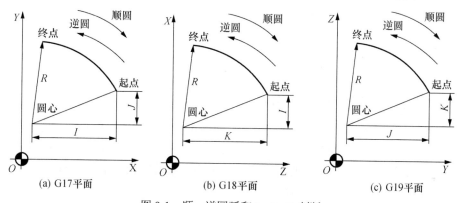

图 9-1　顺、逆圆弧和 I、J、K 判断

圆弧的终点由地址 X、Y 和 Z 来确定。在 G90 模态，即绝对值模态下，地址 X、Y、Z 给出了圆弧终点在当前坐标系中的坐标值；在 G91 模态，即增量值模态下，地址 X、Y、Z 给出的则是在各坐标轴方向上当前刀具所在点到终点的距离。在 X 轴方向，地址 I 给定了当前刀具所在点到圆心的距离（即圆心的 X 轴坐标减去起点 X 轴坐标的值）。在 Y 和 Z 方向，当前刀具所在点到圆心的距离分别由地址 J 和 K 来给定（即圆心的 Y、Z 轴坐标减去起点 Y、Z 轴的坐标的值）。I、J、K 的值的符号由它们的方向来确定。

I=圆心的 X 轴坐标-起点 X 轴坐标的值；

J=圆心的 Y 轴坐标-起点 Y 轴坐标的值；

K=圆心的 Z 轴坐标-起点 Z 轴坐标的值。

对一段圆弧进行编程，除了用给定终点位置和圆心位置的方法外，还可以用给定半径和终点位置的方法对一段圆弧进行编程，用地址 R 来给定半径值，替代给定圆心位置的地址。R 的值有正负之分，一个正的 R 值用来编程一段小于 180°的圆弧，一个负的 R 值编程的则是一段大于 180°的圆弧。编程一个整圆只能使用给定圆心的方法。

2. 预置的工件坐标系（G54~G59）

在机床中可以预置 6 个工件坐标系，通过在 CRT-MDI 面板上的操作，可以设置每一个工件坐标系原点相对于机床坐标系原点的偏移量，然后使用 G54～G59 指令选用它们，G54～G59 都是模态指令，分别对应 1～6 号预置工件坐标系。

3. 平面选择指令（G17、G18、G19）

G17 选择 *XY* 平面；G18 选择 *ZX* 平面；G19 选择 *YZ* 平面，如图 9-2 所示。一般系统默认为 G17。该组指令用于选择进行圆弧插补和刀具半径补偿的平面。刀具半径补偿只能在被 G17、G18 或 G19 选择的平面上进行，在刀具半径补偿的模态下，不能改变平面的选择，否则出现 P/S37 报警。

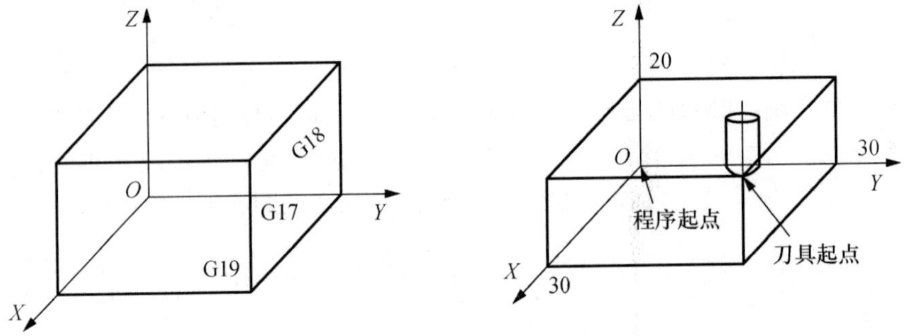

图 9-2　G17/G18/G19 平面选择指令

4. 绝对值和增量值编程（G90、G91）

在数控铣床中有两种指令刀具运动的方法，即绝对值指令和增量值指令。在绝对值指令模态下，指定的是运动终点在当前坐标系中的坐标值；而在增量值指令模态下，指定的则是各轴运动的距离。G90 和 G91 这对指令被用来选择使用绝对值模态或增量值模态。

G90——绝对值指令；G91——增量值指令。

5. 刀具半径补偿（G40、G41、G42）

当使用加工中心机床进行内、外轮廓的铣削时，最好能够以轮廓的形状作为编程轨迹。这时刀具中心的轨迹能够使刀具中心在编程轨迹的法线方向上距离编程轨迹的距离始终等于刀具的半径。此功能可以由 G41 或 G42 指令来实现。

其中，G41——左偏半径补偿，指沿着刀具前进方向，向左侧偏移一个刀具半径，G42——右偏半径补偿，指沿着刀具前进方向，向右侧补偿一个刀具半径，如图 9-3 所示。*X*、*Y*——建立刀补直线段的终点坐标值。*D*——数控系统存放刀具半径值的内存地址，后有两位数字。如 D01 代表了存储在刀补内存表第 1 号中的刀具的半径值。刀具的半径值需预先用手工输入。G40——刀具半径补偿撤销指令。

格式：G41（G42）D__；

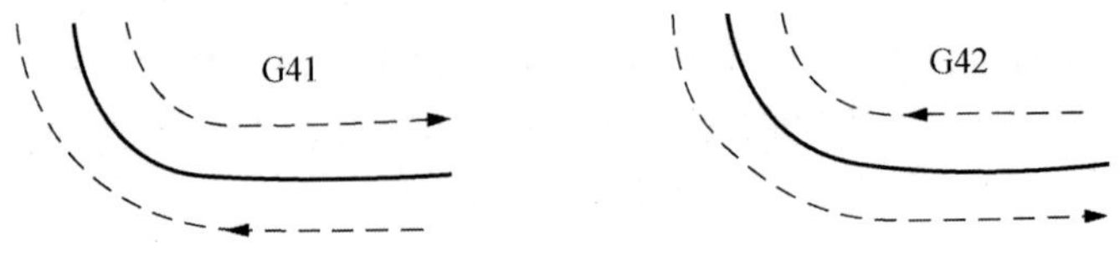

(a) G41　　(a) G42

图 9-3　G41 和 G42

使用刀具半径补偿的注意事项：在指定刀具半径补偿模态及非零的补偿值后，第一个在补偿平面中产生运动的程序段为刀具半径补偿开始的程序段，在该程序段中不允许出现圆弧插补指令。否则 NC 会给出 P/S34 号报警。

6. 刀具长度补偿（G43、G44、G49）

格式：G43（G44）H__；

使用 G43/G44 指令可以将 Z 轴运动的终点向正或负向偏移一段距离，这段距离等于 H 指令的补偿号中存储的补偿值。G43 或 G44 是模态指令，H__指定的补偿号也是模态的使用这条指令，编程人员在编写加工程序时可以不必考虑刀具的长度而只需考虑刀尖的位置即可。刀具磨损或损坏后更换新的刀具时也不需要更改加工程序，可以直接修改刀具补偿值。

G43 指令为刀具长度补偿+，也就是说 Z 轴到达的实际位置为指令值与补偿值相加的位置；G44 指令为刀具长度补偿-，也就是说 Z 轴到达的实际位置为指令值减去补偿值的位置。H 的取值范围为 00~200。H00 意味着取消刀具长度补偿值。取消刀具长度补偿的另一种方法是使用指令 G49。当 NC 执行到 G49 指令或 H00 时，立即取消刀具长度补偿，并使 Z 轴运动到不加补偿值的指令位置。

7. 常用 M 代码

M00——程序停止。当 NC 执行到 M00 时，中断程序的执行，按循环启动按钮可以继续执行程序。

M02——程序结束。当遇到 M02 指令时，NC 认为该程序已经结束，停止程序的运行并发出一个复位信号。

M30——程序结束，并返回程序头。在程序中，M30 除了起到与 M02 同样的作用外，还使程序返回程序头。

M98——调用子程序。

M99——子程序结束，返回主程序。

M03——主轴正转。使用该指令使主轴以当前指定的主轴转速逆时针（CCW）旋转。

M04——主轴反转。使用该指令使主轴以当前指定的主轴转速顺时针（CW）旋转。

M05——主轴停止。

M06——自动刀具交换（参阅机床操作说明书）。

M08——冷却开。

M09——冷却关。

M18——主轴定向解除。

M19——主轴定向。

8. T 代码

格式：T××；××为刀具号。

机床刀具库使用任意选刀方式，即由两位的 T 代码（T××）指定刀具号而不必管这把刀在哪一个刀套中，地址 T 的取值范围可以是 1~99 之间的任意整数。

9. 主轴转速指令（S 代码）

格式：S×××；×××为主轴转速（r/min）。

一般机床主轴转速范围是 60~6 000 r/min（转/每分）。主轴的转速指令由 S 代码给出，S

代码是模态的，即转速值给定后始终有效，直到另一个 S 代码改变模态值。主轴的旋转指令则由 M03（正转）或 M04（反转）实现。

10. 自动返回参考点（G28）

格式：G28 X__Y__Z__；

该指令使指令轴以快速定位进给速度经由 IP 指定的中间点返回机床参考点，中间点的指定既可以是绝对值方式的也可以是增量值方式的，这取决于当前的模态。一般来说，该指令用于整个加工程序结束后使工件移出加工区，以便卸下加工完毕的零件和装夹待加工的零件。

11. 公制尺寸和英制尺寸编程（G20、G21）

G20 是英制输入制式；G21 是公制输入制式。在默认的状态下，机床为公制输入制式。

12. 数控程序结构格式

一个零件程序是一组被传送到数控装置中去的指令和数据。它由遵循一定结构语法和格式规则的若干个程序段组成，而每个程序段又由若干个指令字组成，每一个程序段执行一个加工步骤，最后一个程序段包括程序结束符 M30。如图 9-4 所示。

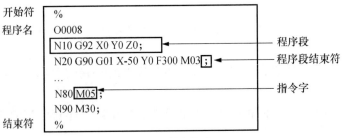

图 9-4　程序格式

FANUC 数控系统的程序结构如下。

（1）　程序起始。O 后跟程序号。

（2）　程序结束。M30 或 M02。

13. 数控程序段格式

一个加工程序由许多程序段构成，程序段是构成加工程序的基本单位。程序段由一个或多字构成并以程序段结束符作为结尾，如图 9-5 所示。

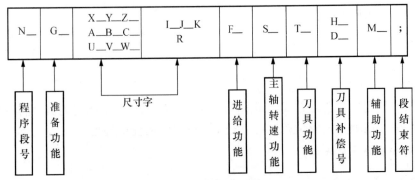

图 9-5　程序段格式

14. 基本编程指令案例

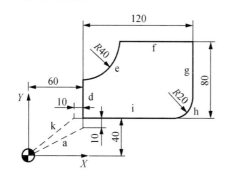 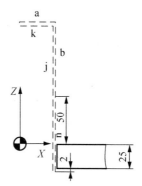

图 9-6 工件外轮廓铣削

在数控铣床上按如图 9-6 所示的走刀路径铣削工件外轮廓，试编制加工程序。已知立铣刀直径为 ϕ16 mm，半径补偿号为 D01。

参考程序如下：

O7003   程序名
G90 G80 G40 G49 G17 G21；初始化相关 G 功能
G54；   定义坐标
T01 M06；   换使用刀具
G00 X60.0 Y30.0 S500；   a   X、Y 轴移动到下刀点上方，设置转速
G43 H01 Z50.0 M03；   b   刀长补偿，Z 轴下移到安全高度，主轴正转
G01 Z-27.0 F2000.0；   c   刀径补偿，Z 轴快切到切削高度
G41 D01 Y40.0 F120.0；
Y80.0；   d
G03 X100.0 Y120.0 R40.0； e
G01 X180.0；   f
Y60.0；   g
G02 X160.0 Y40.0 R20.0； h
G01 X50.0；   i
G91 G28 Z0 M05；   j   Z 轴回参考点，主轴停转
G40 G90 X0 Y0；   k   工件台移动到起始位置，取消刀径补偿
M30；   程序结束

9.2 SIMENS 系统数控铣床基本编程指令

1. 基本编程指令

（1）快速移动（G00）：用于快速定位刀具，G00 一直有效，直到被 G 功能组中其他的指令取代为止。

格式：G00 X__ Y__ Z__；

（2）线性插补（G01）：可以使刀具以直线从起始点移动到目标位置，以地址 F 下编程的

进给速度运行。G01 一直有效，直到被 G 功能组中其他的指令取代为止。

格式：G01 X__Y__Z__F__；

（3）圆弧插补（G02/G03）：可以使刀具沿圆弧轮廓从起始点运行到终点。运行方向由 G 功能定义：G02——顺时针方向；G03——逆时针方向。

格式：G02/G03 X__Y__I__J__；圆心和终点

G02/G03 CR=__X__Y__；半径和终点

G02/G03 AR=__I__J__；张角和圆心

G02/G03 AR=__X__Y__；张角和终点

只有用圆心和终点定义的程序段才可以编程整圆。在用半径定义的圆弧中，CR=__的符号用于选择正确的圆弧，如图 9-7 所示。使用同样的起始点、终点、半径和相同的方向，可以编两个不同的圆弧。CR=-__中的负号说明圆弧段大于半圆；否则，圆弧段小于或等于半圆。

（4）编程举例

① 终点和张角定义，如图 9-8 所示。

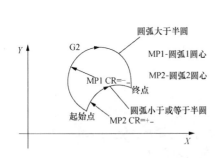

图 9-7　使用 CR=的符号选择正确的圆弧

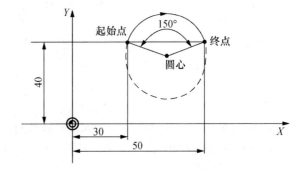

图 9-8　终点和张角的定义编程

N5 G90 X30 Y40 N10；圆弧的起始点

N10 G2 X50 Y40 AR=105；终点和张角

② 圆心和张角定义，如图 9-9 所示。

N5 G90 X30 Y40 N10；圆弧的起始点

N10 G2 I10 J-7 AR=105；圆心和张角

2. 工件装夹—可设定的零点偏置（G54～G59，G500，G53，G153）

功能：可设定的零点偏置给出工件零点在机床坐标系中的位置。当工件装夹到机床上后求出偏移量，

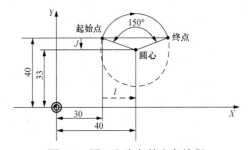

图 9-9　圆心和张角的定义编程

并通过操作面板输入到规定的数据区。程序可以通过选择相应的 G 功能 G54～G59 调用。

格式：G54～G59　第一可设定零点偏置至第六可设定零点偏置；

G500 取消可设定零点偏置，模态有效；G53 取消可设定零点偏置，程序段方式有效。

3. 平面选择（G17～G19）

功能：可以确定一个两坐标轴的坐标平面。

4. 绝对和增量位置数据（G90，G91，AC，IC)

功能：G90 和 G91 指令分别对应绝对位置数据输入和增量位置数据输入。其中，G90 表示坐标系中目标点的坐标尺寸，G91 表示待运行的位移量。也可以在程序段中通过 AC/IC 以绝对尺寸/相对尺寸方式进行设定。

G90 绝对尺寸；

G91 增量尺寸

X=AC（…）X轴以绝对尺寸输入，程序段方式；

X=IC（…）X轴以相对尺寸输入，程序段方式。

编程举例：

N10 G90 X20 Z90；　　　　　　　绝对尺寸

N20 X75 Z=IC（-32）；　　　　　　X 仍然是绝对尺寸，Z 是增量尺寸

…

N180 G91 X40 Z20；　　　　　　　转换为增量尺寸

N190 X-12 Z=AC（17）；　　　　　X 仍然是增量尺寸，Z 是绝对尺寸

5. 刀具半径补偿 G40、G41 和 G42

刀具在所选择的平面 G17 到 G19 平面中带刀具半径补偿工作，如图 9-10 所示。刀具必须有相应的 D 号才能有效。刀尖半径补偿通过 G41/G42 生效。控制器自动计算出当前刀具运行所产生的，与编程轮廓等距离的刀具轨迹。

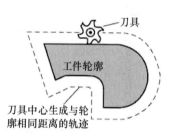

图 9-10　刀具半径补偿

格式：G41 X__Y__；在工件轮廓左边刀补有效

G42 X__Y__；在工件轮廓右边刀补有效

G40 X__Y__；取消刀尖半径补偿

6. M 代码

M0——程序停止。用 M0 停止程序的执行；按"启动"键加工继续执行。

M1——程序有条件停止。与 M0 一样，但仅在出现专门信号后才生效。

M2——程序结束。

M3——主轴顺时针旋转。

M4——主轴逆时针旋转。

M5——主轴停。

M8——冷却开。

M9——冷却关。

7. 刀具 T

使用 T 指令可以选择刀具。

格式：T××。刀具号：1～32，T0——没有刀具。

8. 刀具补偿号 D

使用 D 指令指定刀具补偿值。

格式：D××。刀具补偿号：1～9，

D0——没有补偿值有效。

9. 主轴转速 S 旋转方向

可以当机床具有受控主轴时，主轴的转速可以编程在地址 S 下，单位为 r/min。旋转方向和主轴运动起始点和终点通过 M 指令规定。

格式：M3 S___；主轴正转。M4 S___；主轴反转。M5；主轴停止。

10. 回参考点（G74）

功能：用 G74 指令实现 NC 程序中回参考点功能，G74 需要一独立程序段。

11. 公制尺寸/英制尺寸（G71/G70）

该指令可以实现英制或公制转换。

格式：G70 英制尺寸；

G71 公制尺寸；

12. 数控程序结构格式

（1）程序名称。每个程序均有一个程序名。在编制程序时可以按以下规则确定程序名。

① 开始的两个符号必须是字母。

② 其后的符号可以是字母、数字或下划线。

③ 最多为 16 个字符。

④ 不得使用分隔符。例如，RAHMEN52。

（2）程序结构。结构和内容 NC 程序由各个程序段组成，如表 9-2 所示。每一个程序段执行一个加工步骤，程序段由若干个字组成，最后一个程序段包含程序结束符：M2。

表 9-2　NC 程序结构

程序段	字	字	字	…	；注释
程序段 1	N10	G0	X20	…	；第一程序段
程序段 2	N20	G2	Z37	…	；第二程序段
程序段 3	N30	G91	…	…	；…
程序段 4	N40	…	…	…	；…
程序段 5	N50	M2			；程序结束

13. 程序段结构

一个程序段中含有执行一个工序所需的全部数据。程序段由若干个字和段结束符"LF"组成。在程序编写过程中进行换行时或按输入键时可以自动产生段结束符，如图 9-11 所示。

/N... ___ 字 1 ___ 字 2 ___ … ___ 字 注释 ___ LF

式中，/表示在运行中可以被跳跃过去的程序段；

N... 表示程序段号，主程序段中可以由字符"："取代地址符"N"；

___ 表示中间空格；

字 1…表示程序段指令；

注释表示对程序段进行说明，位于最后，用""分开；

LF 表示程序段结束，不可见。

字由以下两部分组成。

（1）地址符。地址符一般是字母。

（2）数值。数值是一个数字串，它可以带正负号和小数点。正号可以省略不写。

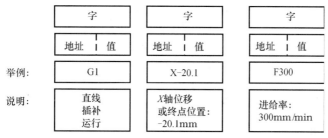

图 9-11　字结构

9.3　课堂实训

在立式数控铣床上按如图 9-12 所示的走刀路线铣削工件外轮廓，已知主轴转速为 400 r/min，进给量为 200 mm/min。试编制加工程序。

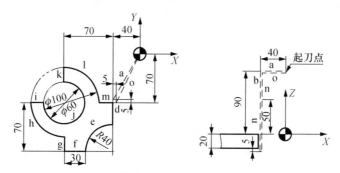

图 9-12　外轮廓铣削

参考程序如下：

O1002	程序名
G90 G80 G40 G49 G17 G21；	初始化相关 G 功能
G54；	定义坐标
G00 X-40.0 Y-65.0 S400；	a　X、Y 轴移动到下刀点的正上方，设置转速
G43 H01 Z50.0 M03；	b　刀长补偿，Z 轴下移到安全高度，主轴正转
G01 Z-25.0 F1000.0 M08；	c　Z 轴以较大进给量到切削高度，切削液开
G41 D01 G91 Y-5.0 F200.0；	d　设置刀具半径补偿
Y-30.0；	
G03 X-40.0 Y-40.0 R40.0；	e
G01 X-30.0；	f
Y20.0；	g
G02 X-50.0 Y50.0 R50.0；	h
G01 X20.0；	i
G03 X30.0 Y30.0 R-30.0；	j

```
G01Y20.0;                      k
G02 X50.0Y-50.0 R50.0;         l
G01 X20.0;
X5.0 G40;                      m  取消刀径补偿
G90 G00 Z90.0 G49;             n  取消刀长补偿
Z90.0 M05;                     o  Z轴上升到换刀点，主轴停转
X0 Y0;                            工件台移动到适当的位置
M30;                              程序结束
```

9.4 习　　题

一、填空题

1. G00 指令是_____功能指令，它是_____（模态/非模态）指令。

2. G01 指令是_____功能指令，它是_____（模态/非模态）指令。

3. 圆弧插补指令格式中 R 指_____，I、J、K 指_____。

4. 平面选择指令 G17 选择_____平面，G18 选择_____平面，G19 选择_____平面。

5. 刀具半径补偿指令中 G41 是_____、G42 是_____、G40 是_____。

6. 刀具补偿指令中 D 是_____。

7. 刀具长度补偿指令中 G43 是_____、G44 是_____、G49 是_____。

8. M98 指令是_____，M99 指令是_____。

9. M 指令中 M00 是_____，M02 是_____。

10. SIMENS 系统圆弧插补指令格式中 CR 是_____，AR 是_____。

11. SIMENS 系统中 AC 表示_____，IC 表示_____。

12. 数控程序是由遵循_____和_____的若干程序段组成。

二、选择题

1. 选择 X、Y 平面进行圆弧插补时需选择（　　　）。
   A. G17   B. G18   C. G19   D. G29

2. 在预置的工件坐标系中，开机上点后初始模态是（　　　）。
   A. G54   B. G55   C. G56   D. G57

3. 下列（　　　）指令是主轴停止。
   A. M03   B. M04   C. M03   D. M06

4. FANUC 系统自动返回参考点指令是（　　　）。
   A. G27   B. G28   C. G29   D. G30

5. FANUC 系统选择公制尺寸指令是（　　　）。
   A. G20   B. G21   C. G70   D. G71

6. 下列（　　　）程序名符合 SIMENS 系统的程序名命名规则。
   A. AB123   B. 1234   C. O1234   D. %1234

三、判断题

1. 进行刀具半径补偿时刀具必须有相应的 D 号才能生效。（   ）
2. 进行刀具半径补偿时必须事先指定补偿的平面。（   ）
3. SIEMENS 系统程序名命名比较灵活，如可命名：12ABCSI。（   ）
4. 进行刀具半径补偿时不能出现圆弧插补指令，否则系统报警。
5. 程序段是由地址和数值组成的。
6. SIEMENS 系统圆弧编程格式有 4 种。（   ）

四、编程题

在 SIEMENS 802D 数控铣床上对轮板零件编程。如图 9-13 所示，对轮板零件进行加工，毛坯用压板固定在机床工作台面上，材料为铝合金，要求加工外轮廓和内孔，加工深度为 5 mm 粗加工。

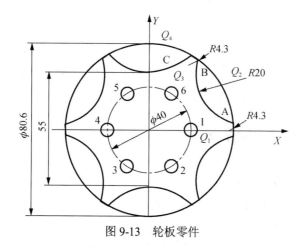

图 9-13　轮板零件

第 10 章 FANUC 固定循环与子程序

知识目标

☑ 掌握固定循环与子程序的格式。

☑ 掌握固定循环与子程序各参数的意义。

能力目标

☑ 能够判断固定循环与子程序的应用场合。

☑ 掌握固定循环与子程序的应用。

在数控加工中，某些加工动作循环已经典型化。例如，钻孔、镗孔的动作是孔位平面定位、快速引进、工作进给、快速退回等一系列典型的加工动作，这样就可以预先编好程序，存储在内存中，并可用一个 G 代码程序段调用，称为固定循环。

10.1 固定循环编程指令

1. 固定循环功能、动作及格式

（1）固定循环功能。主要用于孔加工，包括钻孔、镗孔和攻螺纹等。使用一个程序段完成一个孔加工的全部动作，可以大大简化编程。

（2）固定循环的动作。固定循环通常包括 6 个基本操作动作，如图 10-1 所示。

① 在 XY 平面快速定位。

② 刀具从初始平面快速移动到 R 平面。

③ 孔切削加工。

④ 孔底的动作。

⑤ 返回到 R 平面。

⑥ 快速返回到初始平面。

（3）固定循环指令格式。

格式：（G90/G91）G98/G99G＿X＿Y＿Z＿R＿Q＿P＿F＿K＿

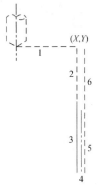

图 10-1 固定循环的动作

★注 意　用绝对坐标 G90 或相对坐标 G91 时，R 与 Z 坐标值的计算基准不同。用 G90 时，R 与 Z 为相应点的编程坐标值（基准为编程坐标原点）；选 G91 时，R 值是从起始点到 R 点的 Z 方向距离，Z 值是从 R 点到孔底的距离。

起始平面为完全下刀而规定的平面。R 平面又叫参考平面，为刀具下刀时由快速进给转为切削进给的转换位置。使用 G99 时，刀具将返回到 R 平面，通常设在工件上表面 2～5 mm 处。

Q 在 G73 和 G83 中是每次进给的深度，在 G76 和 G87 中指定刀具位移量。P 为暂停的时间。*F* 为切削进给量。*K* 为固定循环的重复次数。用 G80 指令可以取消孔加工固定循环。

（4）部分固定循环指令。

常用指令：

G81　切削进给，快速退刀

G82　切削进给，孔底暂停抛光，快速退刀

G80　取消钻孔循环

G73　高速深孔钻，一般进给量 2～3 mm，抬刀量 0.1 mm

G74　反攻丝

G76　孔底准确停止，精镗

G83　深孔钻，抬刀到 *R* 高度

G84　攻丝

G85　切削进给，切削退刀，铰孔

G86　孔底停止，铣孔

2. 加工固定循环（G73，G74，G76，G80～G89）

应用孔加工固定循环功能，使得其他方法需要几个程序段完成的功能在一个程序段内完成。所有的孔加工固定循环见表 10-1。

表 10-1　孔加工固定循环

G 代码	加工运动（Z 轴负向）	孔底动作	返回运动（Z 轴正向）	应　　用
G73	分次，切削进给	—	快速定位进给	高速深孔钻削
G74	切削进给	暂停—主轴正转	切削进给	左螺纹攻丝
G76	切削进给	主轴定向，让刀	快速定位进给	精镗循环
G80	—	—	—	取消固定循环
G81	切削进给	—	快速定位进给	普通钻削循环
G82	切削进给	暂停	快速定位进给	钻削或粗镗削
G83	分次，切削进给	—	快速定位进给	深孔钻削循环
G84	切削进给	暂停—主轴反转	切削进给	右螺纹攻丝
G85	切削进给	—	切削进给	镗削循环
G86	切削进给	主轴停	快速定位进给	镗削循环
G87	切削进给	主轴正转	快速定位进给	反镗削循环
G88	切削进给	暂停—主轴停	手动	镗削循环
G89	切削进给	暂停	切削进给	镗削循环

对孔加工固定循环指令的执行有影响的主要有 G90/G91 及 G98/G99 指令。G90/G91 对孔加工固定循环指令的影响分别如图 10-2、图 10-3 所示。

G98/G99 决定固定循环在孔加工完成后返回 *R* 点还是起始点，在 G98 模式下，孔加工完成后 *Z* 轴返回起始点；在 G99 模式下则返回 *R* 点。

一般来说，如果被加工的孔在一个平整的平面上，可以使用 G99 指令，因为 G99 模式下返回 *R* 点进行下一个孔的定位，而一般编程中 *R* 点非常靠近工件表面，这样可以缩短零件加工时间，但如果工件表面有高于被加工孔的凸台或筋时，使用 G99 时非常有可能使刀具和工

件发生碰撞，这时就应该使用 G98，使 Z 轴返回初始点后再进行下一个孔的定位，这样就比较安全。如图 10-4、图 10-5 所示。

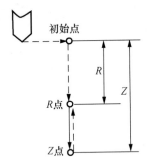

图 10-2　G90 对孔加工固定循环指令的影响

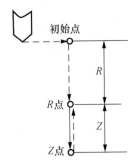

图 10-3　G91 对孔加工固定循环指令的影响

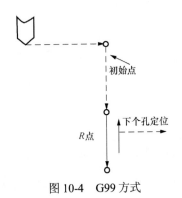

图 10-4　G99 方式

图 10-5　G98 方式

在 G73/G74/G76/G81～G89 后面，给出孔加工参数，格式如下：

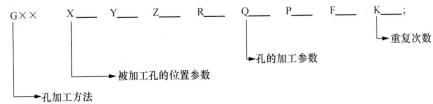

各地址指定的加工参数的含义见表 10-2。

表 10-2　孔加工固定循环加工参数

孔加工方式 G	含　　义
被加工孔位置参数 X、Y	以增量值方式或绝对值方式指定被加工孔的位置，刀具向被加工孔运动的轨迹和速度与 G00 的相同
孔加工参数 Z	在绝对值方式下指定沿 Z 轴方向孔底的位置，增量值方式下指定从 R 点到孔底的距离
孔加工参数 R	在绝对值方式下指定沿 Z 轴方向 R 点的位置，增量值方式下指定从初始点到 R 点的距离
孔加工参数 Q	用于指定深孔钻循环 G73 和 G83 中的每次进刀量，精镗循环 G76 和反镗循环 G87 中的偏移量（无论 G90 或 G91 模式，总是增量值指令）

孔加工方式 G	含　义
孔加工参数 P	用于孔底动作有暂停的固定循环中指定暂停时间，单位为 s
孔加工参数 F	用于指定固定循环中的切削进给速率，在固定循环中，从初始点到 R 点及从 R 点到初始点的运动以快速进给的速度进行，从 R 点到 Z 点的运动以 F 指定的切削进给速度进行，而从 Z 点返回 R 点的运动则根据固定循环的不同可能以 F 指定的速率或快速进给速率进行
重复次数 K	指定固定循环在当前定位点的重复次数，如果不指定 K，NC 认为 $K=1$，如果指定 $K=0$，则固定循环在当前点不执行

3. G73（高速深孔钻削循环）

在高速深孔钻削循环中，从 R 点到 Z 点的进给是分段完成的，每段切削进给完成后 Z 轴向上抬起一段距离，然后再进行下一段的切削进给，Z 轴每次向上抬起的距离为 d，由机床参数给定，每次进给的深度由孔加工参数 Q 给定。该固定循环主要用于径深比小的孔（如 $\phi5$，深 70）的加工，每段切削进给完毕后 Z 轴抬起的动作起到了断屑和排屑的作用。

4. G74（左螺纹攻丝循环）

在使用左螺纹攻丝循环时，循环开始以前必须给 M04 指令使主轴反转，并且使 F 与 S 的比值等于螺距。另外，在 G74 或 G84 循环进行中，进给倍率开关和进给保持开关的作用将被忽略，即进给倍率被保持在 100%，而且在一个固定循环执行完毕之前不能中途停止。

5. G76（精镗循环）

主轴定向刀具 X、Y 轴定位后，Z 轴快速运动到 R 点，再以 F 给定的速度进给到 Z 点，然后主轴定向并向给定的方向移动一段距离，再快速返回初始点或 R 点，返回后，主轴再以原来的转速和方向旋转。在这里，孔底的移动距离由孔加工参数 Q 给定，Q 始终应为正值。在使用该固定循环时，应注意孔底移动的方向是使主轴定向后，刀尖离开工件表面的方向，这样退刀时便不会划伤已加工好的工件表面，可以得到较好的精度和光洁度。

6. G80（取消固定循环）

G80 指令被执行以后，固定循环（G73、G74、G76、G81～G89）被该指令取消，R 点和 Z 点的参数以及除 F 外的所有孔加工参数均被取消。

7. G81（钻削循环）

G81 是最简单的固定循环，它的执行过程为：X、Y 定位，Z 轴快进到 R 点，以 F 速度进给到 Z 点，快速返回初始点（G98）或 R 点（G99），没有孔底动作。

8. G82（钻削循环，粗镗削循环）

G82 固定循环在孔底有一个暂停的动作，除此之外和 G81 完全相同。孔底的暂停可以提高孔深的精度。

9. G83（深孔钻削循环）

和 G73 指令相似，G83 指令下从 R 点到 Z 点的进给也分段完成，和 G73 指令不同的是，每段进给完成后，Z 轴返回的是 R 点，然后以快速进给速率运动到距离下一段进给起点上方 d

的位置，开始下一段进给运动。每段进给的距离由孔加工参数 Q 给定，Q 始终为正值，d 的值由#532 机床参数给定。

10. G84（攻丝循环）

G84 固定循环除主轴旋转的方向完全相反外，其他与左螺纹攻丝循环 G74 完全一样。注意在循环开始以前指令主轴正转。

11. G85（镗削循环）

该固定循环非常简单，执行过程如下：X、Y 定位，Z 轴快速到 R 点，以 F 给定的速度进给到 Z 点，以 F 给定速度返回 R 点，如果在 G98 模态下，返回 R 点后再快速返回初始点。

12. G86（镗削循环）

该固定循环的执行过程和 G81 相似，不同之处是 G86 中刀具进给到孔底时使主轴停止，快速返回到 R 点或初始点时再使主轴以原方向、原转速旋转。

13. G87（反镗削循环）

G87 循环中，X、Y 轴定位后，主轴定向，X、Y 轴向指定方向移动由加工参数 Q 给定的距离，以快速进给速度运动到孔底（R 点），X、Y 轴恢复原来的位置，主轴以给定的速度和方向旋转，Z 轴以 F 给定的速度进给到 Z 点，然后主轴再次定向，X、Y 轴向指定方向移动 Q 指定的距离，以快速进给速度返回初始点，X、Y 轴恢复定位位置，主轴开始旋转。

14. G88（镗削循环）

固定循环 G88 是带有手动返回功能的用于镗削的固定循环。

15. G89（镗削循环）

该固定循环在 G85 的基础上增加了孔底的暂停。

16. 使用孔加工固定循环的注意事项

（1）编程时需注意在固定循环指令之前，必须先使用 S 和 M 代码指令主轴旋转。

（2）在固定循环模态下，包含 X、Y、Z、A、R 的程序段将执行固定循环，如果一个程序段不包含上列的任何一个地址，则在该程序段中将不执行固定循环。

（3）孔加工参数 Q、P 必须在固定循环被执行的程序段中被指定，否则指令的 Q、P 值无效。

（4）在执行含有主轴控制的固定循环（如 G74、G76、G84 等）过程中，刀具开始切削进给时，主轴有可能还没有达到指令转速。这种情况下，需要在孔加工操作之间加入 G04 暂停指令。

（5）如果执行固定循环的程序段中指令了一个 M 代码，M 代码将在固定循环执行定位时被同时执行，M 指令执行完毕的信号在 Z 轴返回 R 点或初始点后被发出。使用 K 参数指令重复执行固定循环时，同一程序段中的 M 代码在首次执行固定循环时被执行。

（6）执行 G74 和 G84 循环时，Z 轴从 R 点到 Z 点和 Z 点到 R 点两步操作之间如果按进给保持按钮的话，进给保持指示灯立即会亮，但机床的动作却不会立即停止，直到 Z 轴返回 R 点后才进入进给保持状态。另外，G74 和 G84 循环中，进给倍率开关无效，进给倍率被固定在 100%。

10.2   主程序和子程序

　　加工程序分为主程序和子程序，一般来讲，NC 执行主程序的指令，但当执行到一条子程序调用指令时，NC 转向执行子程序，在子程序中执行到返回指令时，再回到主程序。

　　当加工程序需要多次运行一段同样的轨迹时，可以将这段轨迹编成子程序存储在机床的程序存储器中，在程序中需要执行这段轨迹时便可以调用该子程序。一个子程序应该具有如下格式：

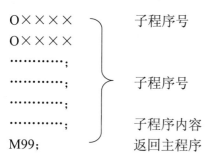

O××××　　　　　子程序号
O××××
···········;
···········;　　　　子程序号
···········;
···········;　　　　子程序内容
M99;　　　　　　　返回主程序

　　在程序的开始应该有一个由地址 O 指定的子程序号，在程序的结尾，应有返回主程序指令 M99。

　　格式：M98 P×××××××;

　　在地址 P 后面的数字中，后面的 4 位用于指定被调用的子程序的程序号，前面的 3 位用于指定调用的重复次数。

　　例如：M98 P51002;调用 1002 号子程序，重复 5 次。

　　M98 P1002;调用 1002 号子程序，重复 1 次。

　　M98 P50004;调用 4 号子程序，重复 5 次。

10.3   循环编程与子程序案例

　　1. 应用 G81 指令编制程序，加工如图 10-6 所示的 5 个孔。

　　使用 G81 和绝对坐标方式编程：

O1004
G54 G90 G80 G40 G49 G17 G21;
G00 X0 Y0 S300;
G43 Z100.0 H01 M03;
G99 G81 X10.0 Y-10.0 Z-25.0 R5.0 F120.0;
Y20.0;
X20.0Y10.0;
X30.0;
G98 X40.0 Y30.0;
G80 G91 G28 Z0;
G90 G00 X0 Y0 M05;
M30;

数控编程与操作项目教程

2. 在一块平板上走出 6 个边长为 10 mm 的等边三角形轨迹，每边的槽深为 2 mm，工件上表面为 Z 向零点，其程序的编制可以采用子程序的方式实现。如图 10-7 所示。

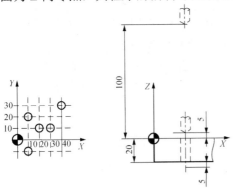

图 10-6　G81 指令编程

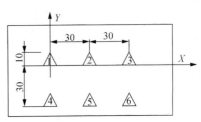

图 10-7　子程序

主程序：

O1006　　　程序名

G54 G90 G80 G40 G49 G17 G21；　初始化相关 G 功能

G00 X0 Y8.0 S800；　移动 1#三角形上顶点上方

G43 H01 Z40.0 M03；　刀长补偿

G00 Z3；　快进到工件表面上方

M98 P0220；　调 0220 号切削子程序切削三角形

G90 G01 X30 Y8.66；　到 2#三角形上顶点

M98 P20；　调 20 号切削子程序切削三角形

G90 G01 X60 Y8.66；　到 3#三角形上顶点

M98 P20；　调 20 号切削子程序切削三角形

G90 G01 X 0 Y -21.34；　到 4#三角形上顶点

M98 P20；　/调 20 号切削子程序切削三角形

G90 G01 X30 Y-21.34；　到 5#三角形上顶点

M98 P20；　调 20 号切削子程序切削三角形

G90 G01 X60 Y -21.34；　到 6#三角形上顶点

M98 P20；　调 20 号切削子程序切削三角形

G90 G01 Z40 F2000；　抬刀

M30；　程序结束

子程序：

O0220

N10 G91 G01 Z-5 G94 F100；　在三角形上顶点切入（深）2 mm

N20 G01 X-5 Y-8.66；　切削三角形

N30 G01 X10 Y0；　切削三角形

N40 G01 X5 Y8.66；　切削三角形

N50 G01 Z5 F2000；　抬刀

N60 M99；　子程序结束

10.4 SIMENS 系统铣床常用循环指令（802C/S）

1. LCYC82（钻削，沉孔加工）

（1）功能。刀具以编程的主轴速度和进给速度钻孔，直至到达给定的最终钻削深度。在到达最终钻削深度时可以编程一个停留时间。退刀时以快速移动速度进行。

（2）调用。LCYC82 钻削，深孔加工参数见表 10-3。

表 10-3 LCYC82 钻削，沉孔加工参数

参　数	含义，数值范围
R101	退回平面（绝对平面）
R102	安全距离
R103	参考平面（绝对平面）
R104	最后钻深（绝对值）
R105	在此钻削深度停留时间

（3）时序过程。循环开始之前的位置时调用程序中最后所回的钻削位置。

循环的时序过程：

① 用 G0 回到被提前了一个安全距离量的参考平面处。

② 按照调用程序段中编程的进给率以 G1 进行钻削。

③ 执行此深度停留时间。

④ 以 G0 退刀，回到退回平面。

2. LCYC83（深孔钻削）

（1）功能。深孔钻削循环加工中心孔，通过分步钻入达到最后的钻深，钻深的最大值事先规定。钻削既可以在每步到钻深后，提出钻头到其参考平面达到排屑目的，也可以每次上提 1 mm 以便断屑。

（2）调用。LCYC83 深孔钻削加工参数见表 10-4。

表 10-4 LCYC83 深孔钻削加工参数

参　数	含义，数值范围
R101	退回平面（绝对平面）
R102	安全距离，无符号
R103	参考平面（绝对平面）
R104	最后钻深（绝对值）
R105	在此钻削深度停留时间（断屑）
R107	钻削进给率
R108	首钻进给率
R109	在起始点和排屑时停留时间
R110	首钻深度（绝对）
R111	递减量，无符号
R127	加工方式：断屑=0 排屑=1

（3）循环的时序过程如下。

① 用 G0 回到被提前了一个安全距离量的参考平面处。

② 用 G1 执行第一次钻深，钻深进给率是调用循环之前所编程的进给率执行此深度停留时间（参数 R105）。

在断屑时用 G1 按调用程序中所编程的进给率从当前钻深上提 1 mm，以便断屑。

在排屑时用 G0 返回到安全距离量之前的参考平面，以便排屑。执行起始点停留时间（参数 R109），然后用 G0 返回上次钻深，但留出一个前置量（此量的大小由循环内部计算所得）。

③ 用 G1 按所编程的进给率执行下一次钻深切削，该过程一直进行下去，直至到达最终钻削深度。

④ 用 G0 返回到退回平面。

10.5　课堂实训

1. 在数控机床上对如图 10-8 所示的零件钻孔，钻孔时快进行程为 20 mm，进刀点在 A 点，主轴转速选择 S200，进给速度选择 F120，根据孔径选用 ϕ8 mm 的钻头，刀补号为 H01。试编写加工程序。

O1005

G90 G80 G40 G49 G17 G21 G54；

G00 X0 Y0 S200；

G43 Z0 H01 M03；

G99 G82 X30.0 Y50.0 Z-35.0 R-20.0 F120.0；

G98 X80.0 Y90.0 Z-46.0；

G80 G91 G28 Z0；

G90 G00 X0 Y0 M05；

M30；

2. 使用直径为 20 mm 的立铣刀，加工如图 10-9 所示的零件，要求每次最大切削深度不超过 10 mm。

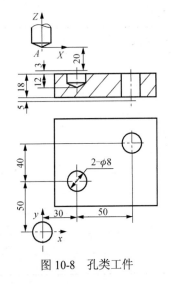

图 10-8　孔类工件

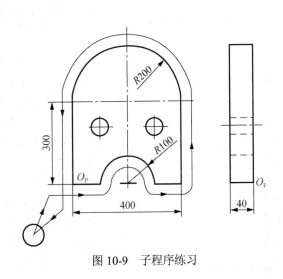

图 10-9　子程序练习

（1）工艺分析。零件厚度为 40 mm，根据加工要求，每次切削深度为 10 mm，分 4 次切削加工，在这两次切深过程中，刀具在 *XY* 平面上的运动轨迹完全一致，故把其切削过程编写成子程序，通过主程序 4 次调用该子程序完成零件的切削加工，中间两孔已加工了工艺孔，设零件上表面的左下角为工件坐标系的原点。

（2）加工程序

O1007 *程序名*

G54 G90 G80 G40 G49 G17 G21； *初始化相关 G 功能*

G00 X-50.0 Y-50.0 S800； *移动到下刀点上方*

G43 H01 Z50.0 M03； *刀长补偿*

G01 Z-10.0 F150.0； *Z 轴工进至 Z=-10，进给速度 150 mm/min*

M98 P1010； *调用子程序 O1010*

G01 Z-20.0 F300； *Z 轴工进至 Z=-20，进给速度 300 mm/min*

M98 P1010； *调用子程序 O1010*

G01 Z-30.0 F300； *Z 轴工进至 Z=-30，进给速度 300 mm/min*

M98 P1010； *调用子程序 O1010*

G01 Z-43.0 F300； *Z 轴工进至 Z=-43，进给速度 300 mm/min*

M98 P1010； *调用子程序 O1010*

G91 G28 Z0 M05；

G90 G00 X0 Y0； *快速进给至 X=0，Y=0，Z=300*

M30； *主程序结束*

O1010； *子程序号*

G42 G01 X-30.0 Y0 F300 D02； *直线插补，刀具半径右补偿*

X100.0； *直线插补至 X=100，Y=0*

G02 X300.0 R100.0； *顺圆插补至 X=300，Y=0*

G01 X400.0； *直线插补至 X=400，Y=0*

Y300.0； *直线插补至 X=400，Y=300*

G03 X0 R200.0； *逆圆插补至 X=0，Y=300*

G01 Y-30.0； *直线插补至 X=0，Y=-30*

G40 G01 X-50.0 Y-50.0； *直线插补至 X=-50，Y=-50，取消刀具半径补偿*

M99； *子程序结束并返回主程序*

10.6 习   题

一、填空题

1. 固定循环的动作由数据形式、返回＿＿＿＿、孔加工方式 3 种方式指定。

2. 固定循环的程序格式为：＿＿＿＿＿＿＿＿＿＿＿＿＿＿＿＿＿＿＿＿。

3. 固定循环指令中地址 R 与地址 Z 的数据指定与＿＿＿＿＿＿的方式选择有关。

4. 孔加工时，选择＿＿＿＿方式，则 R 是指自初始点到 R 点的距离。

5. 孔加工时，G99 指令刀具返回＿＿＿＿。

二、选择题

1. 固定循环的程序格式为：（　　）G99 G×× X__Y__Z__R__Q__P__F__。
   A. G91　　　　　　B. G92　　　　　　C. G98　　　　　　D. G80

2. 固定循环的程序格式为：G91（　　）G×× X__Y__Z__R__Q__P__F__。
   A. G92　　　　　　B. G90　　　　　　C. G80　　　　　　D. G99

3. 固定循环指令中地址 R 与地址 Z 的数据指定与（　　）的方式选择有关。
   A. G98 或 G99　　B. G90 或 G91　　C. G41 或 G42　　D. G43 或 G44

4. 孔加工时，选择（　　）方式，固定循环指令中地址 R 与 Z 一律取其终点坐标值。
   A. G90　　　　　　B. G91　　　　　　C. G98　　　　　　D. G99

5. 孔加工时，选择（　　）方式，Z 是指自 R 点到孔底平面上 Z 点的距离。
   A. G91　　　　　　B. G90　　　　　　C. G98　　　　　　D. G99

6. 孔加工时，选择 G91 方式，则 R 是指自（　　）到 R 点的距离，
   A. 初始点　　　　B. Z 点　　　　　　C. 孔底平面　　　　D. 终点

7. 孔加工时，G98 指令刀具返回到（　　）。
   A. 初始平面　　　B. R 点平面　　　　C. 孔底平面　　　　D. 终点平面

三、判断题

1. 在指令固定循环之前，必须用辅助功能使主轴旋转。（　　）
2. 孔加工循环指令中，若无 R 参数，则不执行固定循环。（　　）
3. 一个主程序只能有一个子程序。（　　）
4. 主程序以 M02 或 M30 结束，而子程序以 M99 结束。（　　）
5. 在执行主程序的过程中，有调用子程序的指令时，就执行子程序的指令，执行子程序以后，加工就结束了。（　　）

四、编程题

1. 使用刀具长度补偿功能和固定循环功能，加工如图 10-10 所示零件上的 12 个孔。

★提示　分析零件图样，该零件孔加工中，有通孔、盲孔需要钻和镗加工。故选择钻头 T01、T02 和镗刀 T03，工件坐标系原点在零件上表面处。按先小孔后大孔的加工原则，确定工艺路线为：从编程原点开始，先加工 6 个 6 孔，再加工 4 个 10 孔，最后加工两个 40 孔。

T01、T02 的主轴转速 S=600 r/min，进给速度 F=120 mm/min；T03 的主轴转速 S=300 r/min，进给速度 F=50 mm/min。

T01、T02 和 T03 的刀具补偿分别为 H01、H02 和 H03 对刀时，以 T01 刀为基准，按图的方法确定零件上表面为 Z 向零点，则 H01 中刀具长度补偿值设置为零。T02 刀具长度与 T01 相比为 140-150=−10。同样 H03 的补偿值设置为−50。换刀时，用 M00 指令停止，手动换刀后再按循环启动键，继续执行程序。

2. 加工如图 10-11 所示的零件，使用 φ8 键槽铣刀加工，使用半径补偿，每次 Z 轴下刀 2.5 mm，试用子程序编程，并作对应说明。

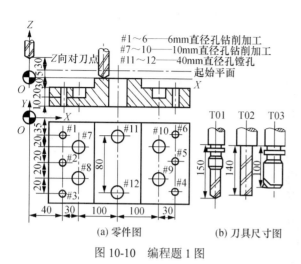

#1～6——6mm直径孔钻削加工
#7～10——10mm直径孔钻削加工
#11～12——40mm直径孔镗孔

(a) 零件图　　(b) 刀具尺寸图

图 10-10　编程题 1 图

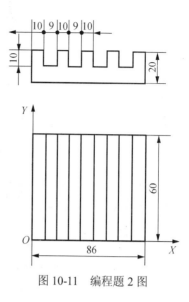

图 10-11　编程题 2 图

第 11 章　数控铣床操作

知识目标

☑ 掌握 FANUC 系统数控铣床数控系统面板含义。

☑ 掌握 FANUC 系统数控铣床机床面板含义。

能力目标

☑ 能够基本操作 FANUC 系统数控铣床。

☑ 能够操作 FANUC 系统数控铣床加工典型零件。

机床加工是数控加工工艺和程序编制的最终实现，能否加工出合格的产品一方面和程序有关，另一方面和机床实际加工过程有关，只有掌握数控铣床的基本操作才能加工出好的产品。

11.1　安全文明操作

（1）遵守机床工一般安全操作规程。按规定穿戴好劳动防护用品，高速切削时必须戴好防护眼镜。

（2）检查操纵手柄、开关、旋转是否在正确的位置，操纵是否灵活，安全装置是否齐全、可靠。

（3）接通电源前，应注意电源电压，超出规定电压范围不允许接通电源。空车低速运转 2～3 min，观察运转状况是否正常，如有异常应停机检查。

（4）禁止在机床的导轨表面、油漆表面放置金属物品。严禁在导轨面上敲打、校直和修整工件。

（5）对新的工件在输入加工程序后，必须先用试运行键检查程序编制的正确性，再用单程序段操作键检查程序运行情况，应随时准备停止操作，以防止机床发生故障。

（6）在运行中发生报警和其他意外故障时，应使用暂停键使运行停止，再做相应的操作处理，应尽量避免使用紧急停止按钮。

（7）严禁任意开启电气柜、数控装置盖板。

（8）工作后必须将各操作手柄、开关、按钮放置于"停机"位置，并切断电源。

11.2　数控铣床的基本操作

1. MDI 键盘说明

MDI 键盘如图 11-1 所示。MDI 键盘说明见表 11-1。

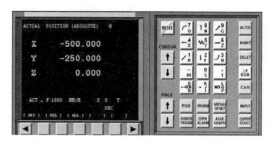

图 11-1 FANUC 0I 系列 CRT/MDI 键盘

表 11-1 MDI 键盘说明

按 键	功 能
RESET	复位
CURSOR ↑、↓	向上、下移动光标
字母数字键区	字母数字输入。输入时自动识别所输入的为字母还是数字。 3 个键需要连续单击，实现在相应字母间切换
PAGE ↑、↓	向上、下翻页
ALTER	编辑程序时修改光标块内容
INSRT	编辑程序时在光标处插入内容；插入新程序
DELET	编辑程序时删除光标块的程序内容；删除程序
EOB	编辑程序时输入";"换行
CAN	删除输入区最后一个的字符
POS	切换到机床位置界面
PRGRM	切换到程序管理界面
MENU OFSET	切换到参数设置界面
DGNOS PARAM	系统参数
OPR ALARM	报警信息
AUX GRAPH	自动方式下显示运行轨迹
INPUT	DNC 程序输入；参数输入
OUTPUT START	DNC 程序输出键

2. 机床位置界面

单击 POS 按钮进入机床位置界面。单击 ABS、REL、ALL 对应的按钮分别显示绝对位置、相对位置和所有位置。如图 11-2、图 11-3、图 11-4 所示。

3. 程序管理界面

单击 PRGRM 进入程序管理界面，单击 PROGAM 显示当前程序，如图 11-5 所示。单击 LIB 按钮显示程序列表，如图 11-6 所示。

图 11-2　显示绝对位置图　　　图 11-3　显示相对位置　　　图 11-4　显示所有位置

图 11-5　显示当前程序　　　　　　　图 11-6　显示程序列表

4. 数控程序处理

（1）数控程序管理

① 选择一个数控程序。将 MODE 旋钮置于 EDIT 档或 AUTO 档，在 MDI 键盘上单击　键，进入编辑页面，单击　输入字母 O；单击数字按钮输入搜索的号码：××××；单击 CURSOR　按钮开始搜索。找到后，O×××× 显示在屏幕右上角程序号位置，NC 程序显示在屏幕上。

② 删除一个数控程序。将 MODE 旋钮置于 EDIT 档，在 MDI 键盘上单击　按钮，进入编辑页面，单击　按钮输入字母 O；单击数字按钮输入要删除的程序的号码：XXXX；单击　按钮，程序即被删除。

③ 新建一个 NC 程序。将 MODE 旋钮置于 EDIT 档，在 MDI 键盘上单击　按钮，进入编辑页面，单击　按钮键入字母 O；单击数字按钮键入程序号。单击　按钮，若所输入的程序号已存在，将此程序设置为当前程序，否则新建此程序。

★ **注意**　　MDI 键盘上的数字/字母按钮，第一次单击时输入的是字母，以后再单击时均为数字。

（2）编辑程序。将 MODE 旋钮置于 EDIT 档，在 MDI 键盘上单击　按钮，进入编辑页面，选定了一个数控程序后，此程序显示在 CRT 界面上，可对数控程序进行编辑操作。

① 移动光标。单击 PAGE　或　翻页，单击 CURSOR　或　移动光标。

② 插入字符。先将光标移到所需位置，单击 MDI 键盘上的数字/字母按钮，将代码输入到输入域中，单击　按钮，把输入域的内容插入到光标所在代码后面。

③ 删除输入域中的数据。单击　按钮用于删除输入域中的数据。

④ 删除字符。先将光标移到所需删除字符的位置，单击　按钮，删除光标所在的代码。

5. 参数设置界面

连续单击　按钮，可以在各参数界面中切换。

用 PAGE　或　按钮可以在同一坐标界面翻页；使用 CURSOR　或　按钮可以选择所需

修改的参数。

单击 MDI 键盘可以输入新参数值，单击 ⟨CAN⟩ 按钮可以依次逐字符删除输入域中的内容，单击 ⟨INPUT⟩ 按钮可以把输入域中间的内容输入到所指定的位置。

★注意 输入数值时需输入小数点，如 X-100.00，须输入 X-100.00；若输入 X-100，则系统默认为 X-0.100。

下面分别说明各参数的输入方法。

（1）铣床输入刀具补偿。单击 ⟨MENU OFFSET⟩ 按钮直到切换进入半径补偿参数设定页面，如图 11-7 所示，选择要修改的补偿参数编号，单击 MDI 键盘，将所需的刀具半径输入到输入域内。单击 ⟨INPUT⟩ 按钮，把输入寄存器中的补偿值输入到所指定的位置。同理单击 ⟨MENU OFFSET⟩ 按钮直到切换进入长度补偿参数设定页面，如图 11-8 所示。

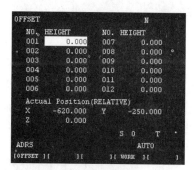

图 11-7　半径补偿参数设定页面　　　　　图 11-8　长度补偿参数设定页面

（2）设置工件坐标。以设置工件坐标 G58 X-100.00 Y-200.00 Z-300.00 为例。

使用 PAGE ↓ 或 ↑ 按钮在 No1～No3 坐标系页面和 No4～No6 坐标系页面之间切换。如图 11-9 所示。

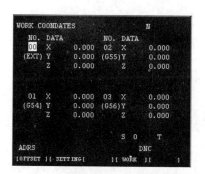
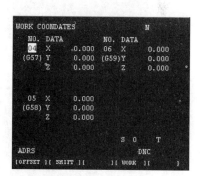

图 11-9　No1～No6 分别对应 G54～G59

使用 CURSOR ↓ 或 ↑ 按钮选择所需的坐标系 G58。

输入地址字（X/Y/Z）和数值到输入域，即 X-100.00。单击 ⟨INPUT⟩ 按钮，把输入域中的内容输入到所指定的位置；再分别输入 Y-200.00 单击 ⟨INPUT⟩ 按钮，Z-300.00 单击 ⟨INPUT⟩ 按钮，即完成了工件坐标原点的设定。

6. MDI 模式

（1）将控制面板上 MODE 旋钮 ⊙ 切换到 MDI 模式，进行 MDI 操作。

（2）在 MDI 键盘上单击 ⟨PROGRM⟩ 按钮，进入编辑页面。如图 11-10 所示。

（3）输入程序指令。在 MDI 键盘上单击数字/字母按钮，第一次单击为字母输出，其后单击均为数字输出。单击 <kbd>CAN</kbd> 按钮，删除输入域中最后一个字符。若重复输入同一指令字，后输入的数据将覆盖前输入的数据。如图 11-11 所示。

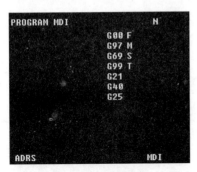

图 11-10　MDI 模式界面

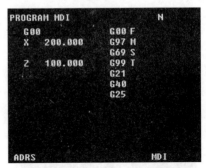

图 11-11　输入程序后的 MDI 模式界面

（4）单击键盘上 <kbd>INPUT</kbd> 按钮，将输入域中的内容输入到指定位置。

（5）单击 <kbd>RESET</kbd> 按钮，已输入的 MDI 程序被清空。

（6）输入完整数据指令后，单击循环启动按钮 <kbd>Start</kbd> 运行程序。运行结束后 CRT 界面上的数据被清空。如图 11-12 所示。

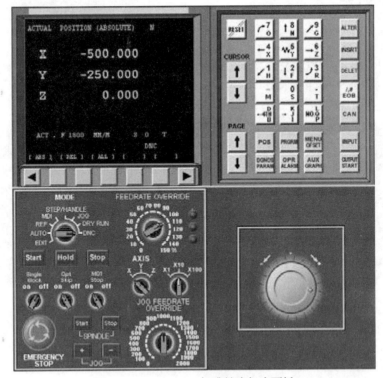

图 11-12　FANUC 0I 标准铣床机床面板

7. 机床面板

机床面板说明见表 11-2。

表 11-2　机床面板说明

按　钮	名　称	功　能	
	模式选择	DNC	进入 DNC 模式，输入输出资料
		DRY RUN	进入空运行模式
		JOG	进入手动模式，连续移动机床
		STEP/HANDLE	进入点动/手轮模式
		MDI	进入 MDI 模式，手动输入并执行指令
		REF	进入回零模式，机床必须首先执行回零操作，然后才可以运行
		AUTO	进入自动加工模式
		EDIT	进入编辑模式，用于直接通过操作面板输入数控程序和编辑程序
	循环启动	程序运行开始，模式选择旋钮在 AUTO 或 MDI 位置时单击有效，其余模式下使用无效。	
	进给保持	程序运行暂停，在程序运行过程中，单击此按钮运行暂停，再单击 Start 按钮，从暂停的位置开始执行	
	停止运行	程序运行停止，在程序运行过程中，单击此按钮运行暂停，再单击 Start 从头开始执行	
	单段	将此按钮按开后，运行程序时每次执行一条数控指令	
	跳段	当单击此按钮时，程序中的"/"有效	
	选择性停止	当单击此按钮时，程序中的"M01"代码有效	
	紧急停止	紧急停止	
	主轴控制	主轴旋转、主轴停止	
	手动进给	机床进给轴正向移动、机床进给轴负向移动	
	进给倍率　调节	将光标移至此旋钮上后，通过单击鼠标的左键或右键来调节进给倍率	
	进给轴选择	将光标移至此旋钮上后，通过单击鼠标左键或右键来选择进给轴	
	点动步长　选择	将光标移至此旋钮上后，通过单击鼠标左键或右键来调节点动/手轮步长。X1、X10、X100 分别代表移动量为 0.001 mm、0.01 mm、0.1 mm	
	手动进给　速度	将光标移至此旋钮上后，通过单击鼠标左键或右键来调节手动进给速度	
	手轮	将光标移至此旋钮上后，通过单击鼠标左键或右键来转动手轮	

8. 机床准备

（1）机床上电。合上机床电源开关，启动数控系统，松开急停按钮。

（2）机床回参考点。将旋钮拨到 REF 档，先将 X 轴方向回零，在回零模式下，将操作面板上的 AXIS 旋钮置于 X 档，单击加号按钮，此时 X 轴将回零，相应操作面板上 X 轴的指示灯亮，同时 CRT 上的 X 坐标变为 0.000；依次用鼠标右键单击 AXIS 旋钮，使其分别置于 Y、Z 档，再用左键单击加号按钮，可以将 Y 轴和 Z 轴回零，此时 CRT 和操作面板上的指示灯如图 11-13 所示。

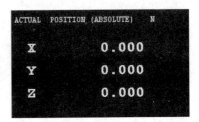

图 11-13　回零后坐标状态

9. 对刀

数控程序一般按工件坐标系编程，对刀的过程就是建立工件坐标系与机床坐标系之间关系的过程。

一般铣床及加工中心在 X、Y 方向对刀时使用寻边器。对 Z 轴对刀时采用的是实际加工时所要使用的刀具。通常有塞尺检查法和试切法。

（1）寻边器 X、Y 轴对刀。寻边器由固定端和测量端两部分组成。固定端由刀具夹头夹持在机床主轴上，中心线与主轴轴线重合。在测量时，主轴以 400 r/m 旋转。通过手动方式，使寻边器向工件基准面移动靠近，让测量端接触基准面。在测量端未接触工件时，固定端与测量端的中心线不重合，两者呈偏心状态。当测量端与工件接触后，偏心距减小，这时使用点动方式或手轮方式微调进给，寻边器继续向工件移动，偏心距逐渐减小。当测量端和固定端的中心线重合的瞬间，测量端会明显的偏出，出现明显的偏心状态。这时主轴中心位置距离工件基准面的距离等于测量端的半径其操作步骤如下：

① 首先 X 轴方向对刀，将操作面板中 MODE 旋钮切换到 JOG，进入"手动"方式；

② 单击 MDI 键盘上的 POS 按钮，使 CRT 界面上显示坐标值，利用操作面板上的按钮和 AXIS 旋钮，将机床移动到合适的位置。

③ 在手动状态下，单击操作面板上的 Start 按钮，使主轴转动。未与工件接触时，寻边器测量端大幅度晃动。

④ 移动到大致位置后，可采用点动方式移动机床，将 MODE 旋钮切换到 STEP/HANDLE 模式，移动中的"-"按钮，寻边器测量端晃动幅度逐渐减小，直至固定端与测量端的中心线重合，如图 11-14 所示；若此时再进行增量或手轮方式的小幅度进给时，寻边器的测量端突然大幅度偏移，如图 11-15 所示。即认为此时寻边器与工件恰好吻合。

⑤ 记下寻边器与工件恰好吻合时 CRT 界面中的 X 坐标，此为寻边器中心的 X 坐标，记为 X_1；将毛坯的长度记为 X_2；将寻边器直径记为 X_3。则工件上表面中心的 X 的坐标为寻边器中心的 X 的坐标减去零件长度的一半减去寻边器半径，记为 X。

⑥ Y 方向对刀采用同样的方法。得到工件中心的 Y 坐标，记为 Y。

图 11-14　寻边器固定端与测量端重合

图 11-15　寻边器固定端与测量端大幅度偏移

⑦ 完成 X、Y 方向对刀后，将操作面板中 MODE 旋钮 切换到 JOG，机床转入手动操作状态；利用操作面板上的按钮 和 AXIS 旋钮 ，将 Z 轴提起。

（2）塞尺检查法 Z 轴对刀。将操作面板中 MODE 旋钮 切换到 JOG，进入"手动"方式；单击 MDI 键盘上的 按钮，使 CRT 界面上显示坐标值；利用操作面板上的按钮 和 AXIS 旋钮 ，将机床移动到如图 11-16 所示的大致位置。到合适位置时 Z 的坐标值，记为 Z_1，如图 11-17 所示，则坐标值为 Z_1 减去塞尺厚度后数值为 Z 坐标原点，此时工件坐标系在工件上表面。

图 11-16　塞尺对刀机床合适位置

图 11-17　塞尺合适位置

（3）试切法 Z 轴对刀。将操作面板中 MODE 旋钮 切换到 JOG，进入"手动"方式。单击操作面板上 的 Start 按钮使主轴转动；将 AXIS 旋钮 设在 Z 位置，单击操作面板上 的"-"按钮，使铣刀将零件切削小部分，记下此时 Z 的坐标值，记为 Z，此为工件表面一点处 Z 的坐标值。

通过对刀得到的坐标值（X,Y,Z）即为工件坐标系原点在机床坐标系中的坐标值。

10. 手动加工零件

（1）手动/连续方式。将控制面板上 MODE 旋钮切换到 JOG 上。配合移动按钮 和 AXIS 旋钮 快速准确的移动机床。单击 按钮控制主轴的转动、停止。

（2）手动/点动（手轮）方式。将控制面板上 MODE 旋钮切换到 STEP/HANDLE 上。配合移动按钮 和步进量调节旋钮 ，使用点动（手轮）精确调节机床。其中 X1 为 0.001mm，X10 为 0.01mm，X100 为 0.1mm。单击 按钮控制主轴的转动、停止。STEP 是点动；HANDLE 是手轮移动。

11. 自动加工方式

（1）自动/连续方式。自动加工流程如下。

① 检查机床是否机床回零。若未回零，先将机床回零。

② 自行编写一段程序。

③ 检查控制面板上 MODE 旋钮是否置于 AUTO 档，若未置于 AUTO 档，则将其置于 AUTO 档，进入自动加工模式。

④ 单击 Start Hold Stop 中的 Start 按钮，数控程序开始运行。

（2）自动/单段方式。

① 检查机床是否机床回零。若未回零，先将机床回零。

② 导入数控程序或自行编写一段程序。

③ 检查控制面板上 MODE 旋钮是否置于 AUTO 档，若未置于 AUTO 档，则将其置于 AUTO 档，进入自动加工模式。

④ 将选择单步开关置 ON 上。

⑤ 单击 Start Hold Stop 中的 Start 按钮，数控程序开始运行。

12. 程序验证功能和图形仿真功能

设置机床参数，使其锁定。进入 AUX GRAPH 界面，选择自动加工模式，单击循环启动按钮，使程序自动运行。自动描绘加工轨迹，使用该功能可以图形显示验证加工轨迹的正确性。

11.3 SIEMENS 系统数控铣床的操作

以 SIEMENS 802D 铣床操作面板和系统面板为例，SIEMENS 系统数控铣床操作说明如图 11-18 和图 11-19 所示。

图 11-18 SIEMENS 802D
铣床操作面板

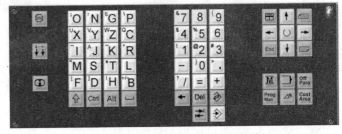

图 11-19 SIEMENS 802D 系统面板

1. 面板简介

SIEMENS 802D 面板介绍见表 11-3。

表 11-3 SIEMENS 802D 面板介绍

按　　钮	名　　称	功能简介
⬤	紧急停止	单击急停按钮，使机床移动立即停止，并且所有的输出如主轴的转动等都会关闭
	点动距离选择按钮	在单步或手轮方式下，用于选择移动距离
	手动方式	手动方式，连续移动
	回零方式	机床回零；机床必须首先执行回零操作，然后才可以运行
	自动方式	进入自动加工模式

按　　钮	名　　称	功能简介
	单段	当单击此按钮时，运行程序时每次执行一条数控指令
	手动数据输入（MDA）	单程序段执行模式
	主轴正转	按下此按钮，主轴开始正转
	主轴停止	按下此按钮，主轴停止转动
	主轴反转	按下此按钮，主轴开始反转
	快速按钮	在手动方式下，单击此按钮后，再单击移动按钮则可以快速移动机床
+Z -Z +Y -Y +X -X	移动按钮	
	复位	单击此按钮，复位 CNC 系统，包括取消报警、主轴故障复位、中途退出自动操作循环和输入、输出过程等
	循环保持	程序运行暂停，在程序运行过程中，单击此按钮运行暂停。按　恢复运行
	运行开始	程序运行开始
	主轴倍率修调	将光标移至此旋钮上后，通过单击鼠标左键或右键来调节主轴倍率
	进给倍率修调	调节数控程序自动运行时的进给速度倍率，调节范围为 0～120%。置光标于旋钮上，单击鼠标左键，旋钮逆时针转动，单击鼠标右键，旋钮顺时针转动
	报警应答键	
	通道转换键	
	信息键	
	上档键	对键上的两种功能进行转换。用了上档键，当单击字符时，该键上行的字符（除了光标键）就被输出
	空格键	
	删除键（退格键）	自右向左删除字符
Del	删除键	自左向右删除字符
	取消键	
	制表键	
	回车/输入键	（1）接受一个编辑值；（2）打开、关闭一个文件目录；（3）打开文件
	翻页键	
M	加工操作区域键	按此键，进入机床操作区域
	程序操作区域键	
Off Para	参数操作区域键	按此键，进入参数操作区域
Prog Man	程序管理操作区域键	按此键，进入程序管理操作区域
	报警/系统操作区域键	
	选择转换键	一般用于单选框或多选框

2. 机床准备

（1）机床上电。合上机床电源开关，启动数控系统，松开急停按钮。

（2）机床回参考点。

① 进入回参考点模式。系统启动之后，机床将自动处于"回参考点"模式，在其他模式下，依次单击按钮 💠 和 💠 进入"回参考点"模式。

② 回参考点操作步骤。Z 轴回参考点：单击按钮 +Z ，Z 轴将回到参考点，回到参考点之后，Z 轴的回零灯将从 ○ 变为 ◉ ；X 轴回参考点：单击按钮 +X ，X 轴将回到参考点，回到参考点之后，X 轴的回零灯将从 ○ 变为 ◉ ；Y 轴回参考点：单击按钮 +Y ，Y 轴将回到参考点，回到参考点之后，Y 轴的回零灯将从 ○ 变为 ◉ ；回参考点前的界面如图 11-20 所示；回参考点后的界面如图 11-21 所示。

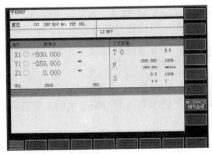

图 11-20　机床回参考点前 CRT 界面图

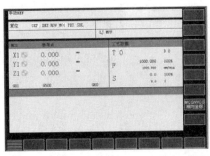

图 11-21　机床回参考点后 CRT 界面图

3. 对刀

数控程序一般按工件坐标系编程，对刀的过程就是建立工件坐标系与机床坐标系之间的关系的过程。

下面分别具体说明铣床的对刀方法。

（1）X、Y 轴对刀。铣床在 X、Y 方向对刀时一般使用寻边器，X 轴方向对刀，进入"手动"方式，将机床移动到一合适位置，单击操作面板上的 💠 按钮，使主轴转动。未与工件接触时，寻边器上下两部分处于偏心状态。移动到大致位置后，可采用手轮方式移动机床。使寻边器偏心幅度逐渐减小，直至上下半截几乎处于同一条轴心线上，如图 11-22 所示，若此时再进行增量或手动方式的小幅度进给时，寻边器下半部突然大幅度偏移，如图 11-23 所示。即认为此时寻边器与工件恰好吻合。

图 11-22　寻边器固定部分和偏移部分重合

图 11-23　寻边器固定部分和偏移部分偏移

将工件坐标系原点到 X 方向基准边的距离记为 X_2；将寻边器直径记为 X_4，将 $X_2+X_4/2$ 记为 D_X，单击按钮 进入"工件测量"界面，如图 11-24 所示。

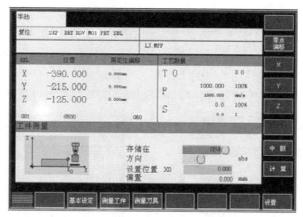

图 11-24　工件测量界面

单击光标按钮 ↑ 或 ↓ 使光标停留在"存储在"栏中，如图 11-25 所示。

在系统面板上单击 ○ 按钮，选择用来保存工件坐标系原点的位置，如图 11-26 所示。

图 11-25　"存储在"栏界面

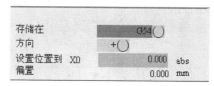

图 11-26　"设置位置到 X0"栏界面

单击 ↓ 按钮将光标移动到"方向"栏中，并通过单击 ○ 按钮选择方向，单击 ↓ 按钮将光标移至"设置位置到 X0"栏中，并在"设置位置 X0"文本框中输入 D_X 的值，单击 ◈ 按钮；单击 计算 按钮，系统将计算出工件坐标系原点的 X 分量在机床坐标系中的坐标值，并将此数据保存到参数表中。Y 方向对刀采用同样的方法。

（2）Z 轴对刀。Z 轴对刀时采用的是实际加工时所要使用的刀具。

① 塞尺检查法。进入"手动"方式，将机床移动到大致位置，类似在 X、Y 方向对刀的方法进行塞尺检查，到合适位置时 Z 的坐标值，单击 测量工件 按钮，进入"工件测量"界面，单击 Z 按钮，在系统面板上使用 ○ 选择用来保存工件坐标原点的位置，使用移动光标 ↓ 在"设置位置 Z0"文本框中输入塞尺厚度，并按下 ◈ 按钮，单击"计算"按钮就能得到工件坐标系原点的 Z 分量在机床坐标系中的坐标，此数据将被自动记录到参数表中。

② 试切法。进入"手动"方式，将机床移动到大致位置，单击操作面板上 ⚙ 按钮使主轴转动。

单击 -z 按钮，切削零件的声音刚响起时停止，使铣刀将零件切削小部分，如图 11-27 所示。

单击按钮 测量工件 进入"工件测量"界面，单击按

图 11-27　铣刀切削工件上表面

钮 Z 在系统面板上使用 ○ 选择用来保存工件坐标原点的位置，使用 ↓ 移动光标，在"设置位置 Z0"文本框中输入 0，并单击下 ◈ 按钮，单击"计算"按钮得到工件坐标系原点的 Z 分量在机床坐标系中的坐标，此数据将被自动记录到参数表中。

4. 设定参数

设置运行程序时的控制参数。

（1）使用程序控制机床运行，已经选择好了运行的程序参考选择待执行的程序。

（2）按下控制面板上的自动方式按钮🔁，若 CRT 当前界面为加工操作区，则系统显示出如图 11-28 所示的界面。否则仅在左上角显示当前操作模式（"自动"）而界面不变。

（3）"程序顺序"按钮可以切换段的 7 行和 3 行显示。

（4）"程序控制"按钮可设置程序运行的控制选项，如图 11-29 所示。

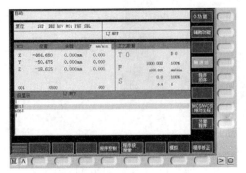
图 11-28　加工操作区界面

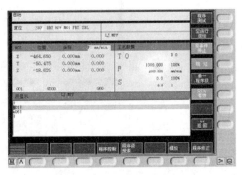
图 11-29　程序运行界面

单击按钮 返回 返回前一界面。坚排按钮对应的状态说明见表 11-4。

表 11-4　程序控制中状态说明

软　键	显　示	说　明
程序测试	PRT	在程序测试方式下所有到进给轴和主轴的给定值被禁止输出，机床不动，但显示运行数据
空运行进给	DRY	进给轴以空运行设定数据中的设定参数运行，执行空运行进给时编程指令无效
有条件停止	M01	程序在执行到有 M01 指令的程序时停止运行
跳过	SKP	前面有斜线标志的程序在程序运行时跳过不予执行，如/N100G…
单一程序段	SBL	此功能生效时零件程序按如下方式逐段运行：每个程序段逐段解码，在程序段结束时有一暂停，但在没有空运行进给的螺纹程序段时为一例外，在引只有螺纹程序段运行结束后才会产生一暂停。单段功能中有处于程序复位状态时才可以选择
ROV 有效	ROV	按快速修调按钮，修调开关对于快速进给也生效

5. 自动加工

（1）自动/连续方式。自动加工流程如下。

① 查机床是否机床回零。若未回零，先将机床回零。

② 使用程序控制机床运行，已经选择好了运行的程序参考选择待执行的程序。

③ 单击控制面板上的自动方式按钮🔁，若 CRT 当前界面为加工操作区。则系统显示如图 11-28 所示的界面。否则仅在左上角显示当前操作模式（"自动"）而界面不变。

④ 单击启动按钮◇开始执行程序。

⑤ 程序执行完毕。或单击复位按钮中断加工程序，再单击启动按钮则从头开始。中断运行。

（2）自动/单段方式。

① 检查机床是否机床回零。若未回零，先将机床回零。

② 择一个供自动加工的数控程序（主程序和子程序需分别选择）。

③ 单击操作面板上的 → 按钮，使其指示灯变亮，机床进入自动加工模式。

④ 单击操作面板上的 按钮，使其指示灯变亮。

⑤ 每单击一次"运行开始"按钮 ，数控程序执行一行，可以通过主轴倍率旋钮 和进给倍率旋钮 来调节主轴旋转的速度和移动的速度。

6. 机床操作的一些其他功能

（1）手轮。在手动/连续加工或在对刀需精确调节机床时，可用手动脉冲方式调节机床。若当前界面不是"加工"操作区，单击"加工操作区域"按钮 ，切换到加工操作区。单击 进入手动方式，单击 设置手轮进给速率（1 INC，10 INC，100 INC，1000 INC），单击按钮 手轮方式，出现如图 11-30 所示的界面。用按钮 X 或 Z 可以选择当前需要用手轮操作的轴。

（2）MDA 方式。

① 单击制面板上 按钮，机床切换到 MDA 运行方式，则系统显示出如图 11-31 所示的界面，图中左上角显示当前操作模式"MDA"。

② 用于输入指令。

③ 输入完一段程序后，将光标定位到程序头，单击操作面板上的"运行开始"按钮 ，运行程序。程序执行完自动结束，或按停止按键中止程序运行。

★注 意 在程序启动后不可以再对程序进行编辑，只在"停止"和"复位"状态下才能编辑。

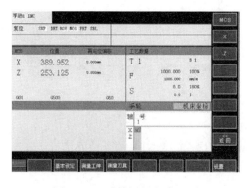

图 11-30 手轮运行方式界面

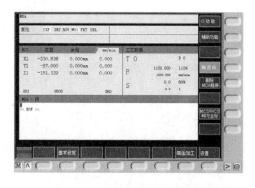

图 11-31 MDA 运行方式界面

7. 数控程序处理

（1）新建一个数控程序。

① 在系统面板上单击 进入程序管理界面，如图 11-32 所示，单击新程序按钮弹出对话框，如图 11-33 所示。

② 输入程序名，若没有扩展名，自动添加".MPF"为扩展名，而子程序扩展名".SPF"需随文件名一起输入。

③ 单击"确认"按钮，生成新程序文件，并进入到编辑界面。

④ 若单击按钮"中断"，将关闭此对话框并到程序管理主界面。

图 11-32　程序管理界面

图 11-33　建立新程序界面

★注　意　输入新程序名必须遵循以下原则：开始的两个符号必须是字母；其后的符号可以是字母、数字或下划线；最多为 16 个字符；不得使用分隔符。

（2）选择待执行的程序。

① 在系统面板上单击"程序管理器"（Program manager）按钮，系统将进入如图 11-34 所示的界面，显示已有程序程序列表。

② 使用光标按钮移动选择条，在目录中选择要执行的程序，单击按钮"执行"，选择的程序将被作为运行程序，在 POSITION 域中右上角将显示此程序的名称，如图 11-35 所示。

图 11-34　程序管理器界面

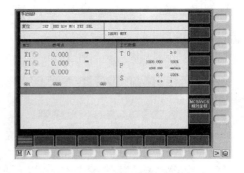

图 11-35　选定程序界面

③ 按其他主域按钮（如 POSITION 或 PARAMTER 等），切换到其他界面。

（3）删除程序。

① 进入到程序管理主界面的"程序"界面。

② 按光标按钮选择要删除的程序。

③ 单击"删除"按钮系统将出现删除对话框。单击光标按钮选择选项，第一项为刚才选择的程序名，表示删除这一个文件；第二项"删除全部文件"表示要删除程序列表中所有文件。

单击"确认"按钮，将根据选择删除类型删除文件并返回程序管理界面。

若单击按钮"中断"按钮，将关闭此对话框并到程序管理主界面。

（4）程序编辑。

① 编辑程序。在程序管理主界面，选中一个程序，单击"打开"按钮或单击 INPUT，进入到如图 11-36 所示的编辑主界面，编辑程序为选中的程序。在其他主界面下，单击系统面板按钮，也可进入到编辑主界面，其中程序为以前载入的程序。

② 输入程序，程序立即被存储。

③ 单击"执行"按钮来选择当前编辑程序为运行程序。若编辑的程序是当前正在执行的程序，则不能输入任何字符。

（5）插入固定循环。单击 Prog Man 进入程序管理界面，如图 11-37 所示，界面右侧为可设定的参数栏，单击 打开 按钮，进入如图 11-38 所示界面。

图 11-36 编辑主界面

图 11-37 程序管理界面

在程序界面中可看到 钻削 与 铣削 按钮，单击 钻削 按钮进入如图 11-39 所示的钻削程序界面。

界面右侧为可设定的参数栏，单击键盘上的方位按钮 ↑ 和 ↓，使光标在各参数栏中移动，输入参数后，单击 确认 按钮确认，即可调用该程序。

图 11-38 程序主界面

图 11-39 钻削程序界面

11.4 课堂实训

使用直径为 20 mm 的立铣刀，加工如图 11-40 所示零件。要求每次最大切削深度不超过 10 mm。铣床操作过程如下。

（1）开机，各坐标轴手动回机床原点。

（2）刀具安装。根据加工要求选择 ϕ20 高速钢立铣刀，用弹簧夹头刀柄装夹后将其装上主轴。

（3）清洁工作台，安装夹具和工件。将平口虎钳清理干净装在干净的工作台上，通过百分表找正、找平虎钳，再将工件装正在虎钳上。

（4）对刀设定工件坐标系。

① 用寻边器对刀，确定 X、Y 向的零偏值，将 X、Y 向的零偏值输入到工件坐标系 G54 中。

② 将加工所用刀具装上主轴，再将 Z 轴设定器安放在工件的上表面上，确定 Z 向的零偏值，输入到工件坐标系 G54 中。

（5）设置刀具补偿值。将刀具半径补偿值 5 输入到刀具补偿地址 D01。

（6）输入加工程序。将 O1007 加工程序通过 MDI 键盘输入到机床数控系统的内存中。

（7）调试加工程序。把工件坐标系的 Z 值沿 +Z 向平移 100 mm，单击下数控启动按钮，适当降低进给速度，检查刀具运动是否正确。

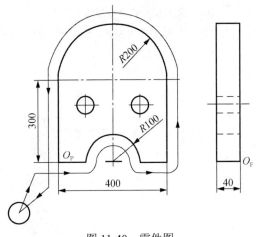

图 11-40　零件图

（8）自动加工。把工件坐标系的 Z 值恢复原值，将进给倍率开关打到低档，单击数控启动按钮运行程序，开始加工。机床加工时，适当调整主轴转速和进给速度，并注意监控加工状态，保证加工正常。

（9）取下工件，用游标卡尺、千分尺进行尺寸检测。

（10）清理加工现场。

（11）加工完毕，关机。

11.5　习　　题

一、填空题

1. 开机前应检查操作手柄、开关、按钮是否在＿＿＿＿＿＿位置。

2. RESET 键是＿＿＿＿＿键。

3. ALERT 键是＿＿＿＿＿键。

4. INSRT 键是＿＿＿＿＿键。

5. DELET 键是＿＿＿＿＿键。

二、操作题

在数控铣床中完成以下操作：

1. 执行回零操作、手动操作、手轮操作。

2. 执行程序管理操作（新建程序、输入程序、删除程序、修改程序）。

3. 执行对刀操作。

4. 完成程序校验、自动运行。

第 12 章　铣削编程综合实训

知识目标

☑ 掌握典型零件加工工艺制定的步骤。
☑ 掌握典型零件程序编制时编程指令的选用。

能力目标

☑ 能够制定典型零件的加工工艺。
☑ 能够编程和加工典型零件。

12.1　盘类零件

为如图 12-1 所示的盘类零件编写加工程序。

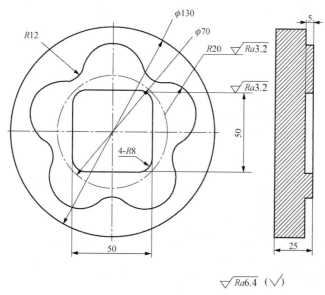

图 12-1　盘类零件

1. 分析工艺

（1）零件图纸要求。如图 12-1 所示，零件要求精加工内、外轮廓，加工深度为 5 mm。工件材料为铸铁 HT-200，毛坯上下表面和侧面加工平整。

（2）加工方案确定。用 φ8 的立铣刀精铣内轮廓，精加工余量 0.3 mm；用 φ12 的立铣刀精铣外轮廓，精加工余量 0.3 mm。

（3）数学处理。计算出圆弧切点坐标 A（−19.406,39.838）、B（−31.889,30.766）、C（−43.8831,−6.146）、D（−39.115,−20.821）和 E（−7.714,−43.634）。

（4）工件坐标系选择。X、Y 轴的零点选在零件的对称中心上，Z 轴的零点选在零件的上表面上。

（5）刀具和切削参数选择。数控加工工艺卡片见表 12-1。

表 12-1　数控加工工艺卡片

工步号	工步内容	刀具号	刀具规格/mm	主轴转速/r·min⁻¹	进给速度/mm·min⁻¹	备注
1	精铣内轮廓	T1	$\phi 8$ 立铣刀	1 000	50	
2	精铣外轮廓	T2	$\phi 12$ 立铣刀	1 000	50	

2. 编写加工程序

FANUC 程序：

O123　主程序

N10 G54 G90；　建立工件坐标系，绝对坐标系

N20 M3 S1000；　主轴正转

N30 T1 D1；　调用 1 号刀，1 号半径补偿 $D_1=4$

N40 G0 Z50 M8；　Z 轴快速定位，冷却液开

N50 X0 Y0；　X 轴、Y 轴快速定位

N60 G1 Z-10 F50；　Z 轴切削进给

N70 G41 X0 Y25；　切入轮廓，建立半径补偿

N80 X25 Y21；　切削直线

N90 G3 X21 Y25 R4；　切削圆弧

N100 G1 X-21 Y25；　切削直线

N110 G3 X-25 Y21 R4；　切削圆弧

N120 G1 X-25 Y-21；　切削直线

N130 G3 X-21 Y-25 R4；　切削圆弧

N140 G1 X21 Y-25；　切削直线

N150 G3 X25 Y21 R4；　切削圆弧

N160 G1 X25 Y0；　切削直线

N170 G40 X0；　切出轮廓，取消半径补偿

N180 G0 Z150 M5 M9；　Z 轴快速定位，主轴停转，冷却液关

N190 M0；　程序暂停，手动换刀

N200 M3 S1000 M8；　主轴正转，冷却液开

N210 G0 Z50 T2 D2；　Z 轴快速定位，调用 2 号刀，1 号半径补偿 $D_1=6$

N220 X-50 Y-35；　X 轴、Y 轴快速定位

N230 G1 Z-5 Y35；　Z 轴切削进给

N240 G41 X-31.889 Y30.766；切入轮廓，建立半径补偿

N250 G3 X-19.406 Y39.835 R12；切削逆圆弧

N260 G2 X19.406 Y39.835 R20；切削顺圆弧

N270 G3 X31.889 Y30.766 R12；切削逆圆弧

N280 G2 X43.883 Y-6.146 R20；　切削顺圆弧

N290 G3 X39.115 Y-20.821 R12；切削逆圆弧

N300 G2 X7.714 Y-43.634 R20；切削顺圆弧

N310 G3 X-7.714 Y-43.6348 R12；切削逆圆弧

N320 G2 X-39.115 Y-20.821 R20；切削顺圆弧

N330 G3 X-43.883 Y-6.1468 R12；切削逆圆弧

N340 G2 X-31.889 Y-30.766 R20；切削顺圆弧

N350 G1 G40 X-50 Y35；切出轮廓，取消半径补偿

N360 G0 Z150 M9 M5；Z轴快速定位，主轴停转，冷却液关

N370 M30；程序结束

SIMENS 程序：

ZHLX__123 主程序

N10 G54 G90；建立工件坐标系，绝对坐标系

N20 M3 S1000；主轴正转

N30 T1 D1；调用1号刀，1号半径补偿 $D_1=4$

N40 G0 Z50 M8；Z轴快速定位，冷却液开

N50 X0 Y0；X轴、Y轴快速定位

N60 G1 Z-10 F50；Z轴切削进给

N70 G41 X0 Y25；切入轮廓，建立半径补偿

N80 X25 Y21；切削直线

N90 G3 X21 Y25 CR=4；切削圆弧

N100 G1 X-21 Y25；切削直线

N110 G3 X-25 Y21 CR=4；切削圆弧

N120 G1 X-25 Y-21；切削直线

N130 G3 X-21 Y-25 CR=4；切削圆弧

N140 G1 X21 Y-25；切削直线

N150 G3 X25 Y21 CR=4；切削圆弧

N160 G1 X25 Y0；切削直线

N170 G40 X0；切出轮廓，取消半径补偿

N180 G0 Z150 M5 M9；Z轴快速定位，主轴停转，冷却液关

N190 M0；程序暂停，手动换刀

N200 M3 S1000 M8；主轴正转，冷却液开

N210 G0 Z50 T2 D2；Z轴快速定位，调用2号刀，1号半径补偿 $D_1=6$

N220 X-50 Y-35；X轴、Y轴快速定位

N230 G1 Z-5 Y35；Z轴切削进给

N240 G41 X-31.889 Y30.766；切入轮廓，建立半径补偿

N250 G3 X-19.406 Y39.835 CR=12；切削逆圆弧

N260 G2 X19.406 Y39.835 CR=20；切削顺圆弧

N270 G3 X31.889 Y30.766 CR=12；切削逆圆弧

N280 G2 X43.883 Y-6.146 CR=20；切削顺圆弧

N290 G3 X39.115 Y-20.821 CR=12; 切削逆圆弧

N300 G2 X7.714 Y-43.634 CR=20; 切削顺圆弧

N310 G3 X-7.714 Y-43.6348 CR=12; 切削逆圆弧

N320 G2 X-39.115 Y-20.821 CR=20; 切削顺圆弧

N330 G3 X-43.883 Y-6.1468 CR=12; 切削逆圆弧

N340 G2 X-31.889 Y-30.766CR=20; 切削顺圆弧

N350 G1 G40 X-50 Y35; 切出轮廓，取消半径补偿

N360 G0 Z150 M9 M5; Z轴快速定位，主轴停转，冷却液关

N370 M2; 程序结束

12.2 泵盖零件

在如图 12-2 所示的泵盖零件中，材料为 HT-200，毛坯尺寸（长×宽×高）为 170 mm×110 mm× 60 mm，小批量生产，试分析其数控铣床加工工艺过程。

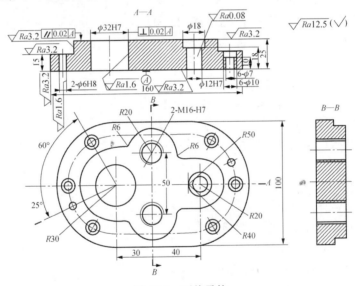

图 12-2 泵盖零件

1. 分析工艺

1）零件工艺分析。该零件主要由平面、外轮廓以及孔系组成。其中 $\phi62H7$ 和 2-$\phi6H8$ 三个内孔的表面粗糙度要求较高，为 $Ra1.6$；而 $\phi12H7$ 内孔的表面粗糙度要求更高，为 $Ra0.8$；$\phi62H7$ 内孔表面对 A 面有垂直度要求，上表面对 A 面有平行度要求。该零件材料为铸铁，切削加工性能较好。

根据上述分析，$\phi62H7$ 孔、2-$\phi6H8$ 孔与 $\phi12H7$ 孔的粗、精加工应分开进行，以保证表面粗糙度要求。同时以底面 A 定位，提高装夹刚度以满足 $\phi62H7$ 内孔表面的垂直度要求。

2）选择加工方法。

（1）上、下表面及台阶面的粗糙度要求为 $Ra6.2$，可选择"粗铣—精铣"方案。

（2）孔加工方法的选择。

① 孔 $\phi62H7$，表面粗糙度为 $Ra1.6$，选择"钻-粗镗—半精镗—精镗"方案。

② 孔 $\phi12H7$，表面粗糙度为 $Ra0.8$，选择"钻—粗铰—精铰"方案。

③ 孔 6-φ7，表面粗糙度为 Ra 6.2，无尺寸公差要求，选择"钻—铰"方案。

④ 孔 2-φ6H8，表面粗糙度为 Ra 1.6，选择"钻—铰"方案。

⑤ 孔 φ18 和 6-φ10，表面粗糙度为 Ra 12.5，无尺寸公差要求，选择"钻孔—锪孔"方案。

⑥ 螺纹孔 2-M16-H7，采用先钻底孔，后攻螺纹的加工方法。

3）确定装夹方案。该零件毛坯的外形比较规则，因此在加工上下表面、台阶面及孔系时，选用平口虎钳夹紧；在铣削外轮廓时，采用"一面两孔"定位方式，即以底面 A、φ62H7 孔和 φ12H7 孔定位。

4）确定加工顺序及走刀路线。按照基面先行、先面后孔、先粗后精的原则确定加工顺序，详见表 12-2 泵盖零件数控加工工序卡。外轮廓加工采用顺铣方式，刀具沿切线方向切入与切出。

5）刀具选择。

（1）零件上、下表面采用端铣刀加工，根据侧吃刀量选择端铣刀直径，使铣刀工作时有合理的切入/切出角；且铣刀直径应尽量包容工件整个加工宽度，以提高加工精度和效率，并减小相邻两次进给之间的接刀痕迹。

（2）台阶面及其轮廓采用立铣刀加工，铣刀半径只受轮廓最小曲率半径限制，取 R=6 mm。

（3）孔加工各工步的刀具直径根据加工余量和孔径确定。

该零件加工所选刀具详见表 12-2 泵盖零件数控加工刀具卡片。

表 12-2 泵盖零件数控加工刀具卡片

产品名称		×××	零件名称		泵盖	零件图号		×××
序	刀 具	刀具规格名称		数 量		加工表面	备 注	
1	T01	φ125 硬质合金端面铣刀		1		铣削上、下表面		
2	T02	φ12 硬质合金立铣刀		1		铣削台阶面及其轮廓		
6	T06	φ6 中心钻		1		钻中心孔		
4	T04	φ27 钻头		1		钻 φ62H7 底孔		
5	T05	内孔镗刀		1		粗镗半精镗和精镗 φ62H7		
6	T06	φ11.8 钻头		1		钻 φ12H7 底孔		
7	T07	φ8×11 锪钻		1		锪 φ18 孔		
8	T08	φ12 铰刀		1		铰 φ12H7 孔		
9	T09	φ14 钻头		1		钻 2-M16 螺纹底孔		
10	T10	90°倒角铣刀		1		2-M16 螺孔倒角		
11	T11	M16 机用丝锥		1		攻 2-M16 螺纹孔		
12	T12	φ6.8 钻头		1		钻 6-φ7 底孔		
16	T16	φ10×5.5 锪钻		1		锪 6-φ10 孔		
14	T14	φ7 铰刀		1		铰 6-φ7 孔		
15	T15	φ5.8 钻头		1		钻 2-φ6H8 底孔		
16	T16	φ6 铰刀		1		铰 2-φ6H8 孔		
17	T17	φ35 硬质合金立铣刀		1		铣削外轮廓		
编制	×	审核	××	批准	×××	年月日	共	第页

① 切削用量选择。该零件材料切削性能较好，铣削平面、台阶面及轮廓时，留 0.5 mm 精加工余量；孔加工精镗余量留 0.2 mm、精铰余量留 0.1 mm。

② 选择主轴转速与进给速度时，先查切削用量手册，确定切削速度与每齿进给量，然后根据式 $V_c = \pi dn / 1000$，$V_f = nzf_z$ 计算主轴转速与进给速度（计算过程从略）。

③ 拟定数控铣削加工工序卡片。为更好地指导编程和加工操作，把该零件的加工顺序、所用刀具和切削用量等参数编入泵盖零件数控加工工序卡片中，见表 12-3。

表 12-3　泵盖零件数控加工工序卡片

单位	×××		产品名称或代号	零件名称	零件
			×××	泵盖	××
工	程序编号		夹具名称	使用设备	车
×	×××		平口虎钳和一面两销自制夹	XK5025	数控
工步号	工步内容	刀具号	刀具规格 / mm	主轴转速 / r·min	进给速度 / mm·min⁻¹	背吃刀量 / mm	备注
---	---	---	---	---	---	---	---
1	粗铣定位基准面 A	T01	φ125	180	40	2	自动
2	精铣定位基准面 A	T01	Φ125	180	25	0.5	自动
6	粗铣上表面	T01	Φ125	180	40	2	自动
4	精铣上表面	T01	Φ125	180	25	0.5	自动
5	粗铣台阶面及其轮廓	T02	Φ12	900	40	4	自动
6	精铣台阶面及其轮廓	T02	Φ12	900	25	0.5	自动
7	钻所有孔的中心孔	T06	Φ6	1000			自动
8	钻 φ62H7 底孔至 φ27	T04	Φ27	200	40		自动
9	粗镗 φ62H7 孔至 φ60	T05		500	80	1.5	自动
10	半精镗 φ62H7 孔至 φ61.6	T05		700	70	0.8	自动
11	精镗 φ62H7 孔	T05		800	60	0.2	自动
12	钻 φ12H7 底孔至 φ11.8	T06	Φ11.8	600	60		自动
13	锪 φ18 孔	T07	Φ18	150	60		自动
14	粗铰 φ12H7	T08	Φ12	100	40	0.1	自动
15	精铰 φ12H7	T08	Φ12	100	40		自动
16	钻 2-M16 底孔至 φ14	T09	Φ14	450	60		自动
17	2-M16 底孔倒角	T10	90°倒	600	40		自动
18	攻 2-M16 螺纹孔	T11	M16	100	200		自动
19	钻 6-φ7 底孔至 φ6.8	T12	Φ6.8	700	70		自动
20	锪 6-φ10 孔	T16	Φ10	150	60		自动
21	铰 6-φ7 孔	T14	Φ7	100	25	0.1	自动
22	钻 2-φ6H8 底孔至 φ45.8	T15	Φ5.8	900	80		自动
26	铰 2-φ6H8 孔	T16	Φ6	100	25	0.1	自动
24	一面两孔定位粗铣外轮廓	T17	Φ65	600	40	2	自动
25	精铣外轮廓	T17	Φ65	600	25	0.5	自动
编制	×××	审核	×××	批准	××	年 月 日	共 页 / 第 页

2. 编写加工程序

FANUC 程序：

（1）加工 32φH7 孔的程序如下：

O0034 程序名

N10 G54 G90 M3 S200； 建立工件坐标系，主轴正转

N20 G0 Z50 T4 D1； Z 轴快速定位，调用 4 号刀，1 号刀补

N30 G1 X-30 Y0 F40 M8； X、Y 轴定位，冷却液开

N40 G90 G99 G81 Z-30 R5 P1； 调用钻孔加工固定循环

N50 G0 Z150 M9 M5； Z 轴快速定位，主轴停转，冷却液关

N60 M0； 程序暂停，手动换刀

N70 M3 S500 M8； 主轴正传，冷却液开

N80 G0Z50 T5 D1 F80； Z 轴快速定位，调用 5 号刀，1 号刀补

N90 G1 X-30 Y0； X、Y 轴定位

N100 G90 G99 G85 Z-30 R5 P10； 调用镗孔加工固定循环

N110 G0 Z150 M9 M5； Z 轴快速定位，主轴停转，冷却液关

N120 M30； 程序结束

（2）钻 6×φ7 底孔至 φ6.8，锪 6×φ10 孔，铰 6×φ7 孔的程序如下：

O0045 程序名

N10 G54 G90； 建立工件坐标系，绝对坐标系

N20NT12 D1； 调用 12 号刀，1 号刀补

N30 M3 S7000 F70； 主轴正转

N50 G90 G99 G81 Z-30 R5 P1； 模态调用钻孔加工固定循环

N60 X-70 Y0； 孔坐标

N70 X-50 Y34.641； 孔坐标

N80 X50X34.641； 孔坐标

N90 X70 Y0； 孔坐标

N100 X50 Y-34.641； 孔坐标

N110 X-50 Y-34.641； 孔坐标

N120 G0 Z150 M9； Z 轴快速定位，冷却液关

N130 M5； 主轴停转

N140 M0； 程序暂停，手动换刀

N150 M3 S150 F30； 主轴正转

N160 G0Z100 T13 D1； Z 轴快速定位，调用 13 号刀，1 号刀补

N170 G90 G99 G81 Z-8 R5 P1； 模态调用钻孔加工固定循环

N180 X-70 Y0； 孔坐标

N190 X-50 Y34.641； 孔坐标

N200 X50 Y34.641； 孔坐标

N210 X70 Y0； 孔坐标

N220 X50 Y-34.641； 孔坐标

N230 X-50 Y-34.641；　孔坐标

N240 G0 Z150 M9；　Z 轴快速定位，冷却液关

N250 M5；　主轴停转

N260 M0；　程序暂停，手动换刀

N270 M3 S100 F25；　主轴正转

N280 G0 Z100 T14 D1 M8；　Z 轴快速定位，调用 14 号刀，1 号刀补，冷却液开

N29 G90 G99 G81 Z-28 R5 P1；　模态调用铰孔加工固定循环

N300 X-70 Y0；　孔坐标

N310 X-50 Y34.641；　孔坐标

N320 X50 Y34.641；　孔坐标

N330 X70 Y0；　孔坐标

N340 X50 Y-34.641；　孔坐标

N350 X-50 Y-34.641；　孔坐标

N360 G0 Z150 M9；　Z 轴快速定位，冷却液关

N370 M5；　主轴停转

N380 M30；　程序结束

（3）精铣外轮廓的程序如下：

O0056；　程序名

N10 G54 G90 M3 S600；　建立工件坐标系，绝对坐标系，主轴正转

N20 G0 Z150 T17 D1；　Z 轴快速定位，调用 17 号刀，1 号刀补

N30 X90 Y-60；　X、Y 轴定位

N40 Z-28 M8；　Z 轴快速定位，冷却液开

N50 G1 G41 X0 Y-50 F25；　切入轮廓，建立半径补偿

N60 X-30；　切削直线

N70 G2 X-30 Y50 R50；　切削圆弧

N80 G1 X30；　切削直线

N90 G2 X30 Y-50 R50；　切削圆弧

N100 G1 X0 Y-50；　切削直线

N110 G40 X-90 Y-60；　切出轮廓，取消半径补偿

N120 G0 Z150；　Z 轴快速定位

N130 M5 M9；　主轴停转，冷却液关

N140 M30；　程序结束

SIMENS 程序：

（1）加工 32φH7 孔的程序如下：

GHJ_543 程序名

N10 G54 G90 M3 S200；　建立工件坐标系，主轴正传

N20 G0 Z50 T4 D1；　Z 轴快速定位，调用 4 号刀，1 号刀补

N30 G1 X-30 Y0 F40 M8；　X、Y 轴定位，冷却液开

N40 CYCLE82（20,0,-30,30,1）；　调用钻孔加工固定循环

N50 G0 Z150 M9 M5；　Z 轴快速定位，主轴停转，冷却液关

N60 M0；　程序暂停，手动换刀

N70 M3 S500 M8；　主轴正传，冷却液开

N80 G0Z50 T5 D1 F80；　Z 轴快速定位，调用 5 号刀，1 号刀补

N90 G1 X-30 Y0；　X、Y 轴定位

N100 CYCLE85（20,0,2,-30,30,1,80,150）；调用镗孔加工固定循环

N110 G0 Z150 M9 M5；　Z 轴快速定位，主轴停转，冷却液关

N120 M30；　程序结束

（2）钻 6×φ7 底孔至 φ6.8，锪 6×φ10 孔，铰 6×φ7 孔的程序如下：

FER_369 程序名

N10 G54 G90；　建立工件坐标系，绝对坐标系

N20NT12 D1；　调用 12 号刀，1 号刀补

N30 M3 S7000 F70；　主轴正传

N50 MCALL CYCLE82（20,0,2,-30,30,0）；模态调用钻孔加工固定循环

N60 X-70 Y0；　孔坐标

N70 X-50 Y34.641；　孔坐标

N80 X50 X34.641；　孔坐标

N90 X70 Y0；　孔坐标

N100 X50 Y-34.641；　孔坐标

N110 X-50 Y-34.641；　孔坐标

N120 MCALL；　取消模态调用

N130 G0 Z150 M9；　Z 轴快速定位，冷却液关

N140 M5；　主轴停转

N150 M0；　程序暂停，手动换刀

N160 M3 S150 F30；　主轴正转

N170 G0Z100 T13 D1；　Z 轴快速定位，调用 13 号刀，1 号刀补

N180 MCALL CYCLE82（20,0,2,-8,8,0）；模态调用钻孔加工固定循环

N190 X-70 Y0；　孔坐标

N200 X-50 Y34.641；　孔坐标

N210 X50 Y34.641；　孔坐标

N220 X70 Y0；　孔坐标

N230 X50 Y-34.641；　孔坐标

N240 X-50 Y-34.641；　孔坐标

N250 MCALL；　取消模态调用

N260 G0 Z150 M9；　Z 轴快速定位，冷却液关

N270 M5；　主轴停转

N275 M0；　程序暂停，手动换刀

N280 M3 S100 F25；　主轴正转

N300 G0 Z100 T14 D1 M8；　Z 轴快速定位，调用 14 号刀，1 号刀补，冷却液开

N310 MCALL CYCLE85（20,0,2,-28,28,0,25,50）；模态调用铰孔加工固定循环

N320 X-70 Y0；　孔坐标

N330 X-50 Y34.641； 孔坐标

N340 X50 Y34.641； 孔坐标

N350 X70 Y0； 孔坐标

N360 X50 Y-34.641； 孔坐标

N370 X-50 Y-34.641； 孔坐标

N380 MCALL； 取消模态调用

N390G0 Z150 M9； Z轴快速定位，冷却液关

N400 M5； 主轴停转

N410 M30； 程序结束

（3）精铣外轮廓的程序：

JIE_987

N10 G54 G90 M3 S600； 建立工件坐标系，绝对坐标系，主轴正转

N20 G0 Z150 T17 D1； Z轴快速定位，调用17号刀，1号刀补

N30 X90 Y-60； X、Y轴定位

N40 Z-28 M8； Z轴快速定位，冷却液开

N50 G1 G41 X0 Y-50 F25； 切入轮廓，建立半径补偿

N60 X-30； 切削直线

N70 G2 X-30 Y50 CR=50； 切削圆弧

.N80 G1 X30； 切削直线

N90 G2 X30 Y-50 CR=50； 切削圆弧

N100 G1 X0 Y-50； 切削直线

N110 G40 X-90 Y-60； 切出轮廓，取消半径补偿

N120 G0 Z150； Z轴快速定位

N130 M5 M9； 主轴停转，冷却液关

N140 M30； 程序结束

12.3 习　　题

1. 已知毛坯尺寸为 $\phi110\times15$，材料为 45 号钢，要求编制数控加工程序并完成零件的加工，如图 12-3 所示。

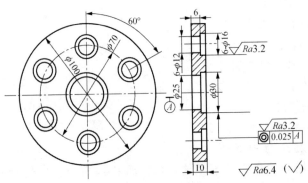

图 12-3　盘型零件

2. 已知毛坯尺寸为 125×85×35，材料为 45 号钢，要求编制数控加工程序并完成零件的加工，如图 12-4 所示。

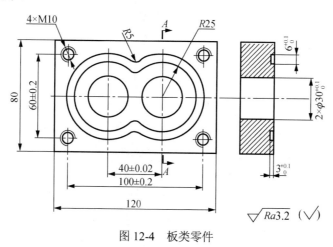

图 12-4　板类零件

项目 3

加工中心编程与操作

第 13 章　加工中心概述

知识目标

- ☑ 了解加工中心的特点及种类。
- ☑ 掌握加工中心的加工工艺，加工中心的调整方法。
- ☑ 熟悉加工中心的安全操作规程。

能力目标

- ☑ 知道加工中心的特点及种类。
- ☑ 分析加工中心的加工工艺。
- ☑ 知道加工中心的调整方法。
- ☑ 知道加工中心的安全操作规程，能安全操作加工中心。

13.1　加工中心简介

加工中心是带有刀库的自动换刀装置的数控机床，又称为自动换刀数控机床或多工序数控机床，如图 13-1 所示。按功能特征不同，加工中心可分为复合、镗铣和钻削加工中心。

（a）立式加工中心

（b）卧式加工中心

（c）龙门加工中心

（d）五轴加工中心

图 13-1　各类加工中心

加工中心的特点是数控系统能控制机床自动地更换刀具,连续地对工件各加工表面自动进行铣（车）、钻、扩、铰、镗、攻螺纹等多种工序的加工,如图 13-2 所示;适用于加工凸轮、箱体、支架、盖板、模具等各种复杂型面的零件。

（a）铣削加工　　　　　（b）钻削加工　　　　　（c）螺纹加工

图 13-2　多种工序加工

与数控铣床相比,加工中心有了刀库和自动换刀装置,通常自动换刀装置由驱动机构和机械手组成。加工中心一次安装工件可以完成多工序加工,避免了因多次安装造成的误差,减少机床台数,提高了生产效率和加工自动化程度。

13.2　加工中心工艺分析

加工中心的加工工艺内容较多,总的来说包括:加工方法、加工阶段、划分工序、安排加工顺序、确定走刀路线等方面。

1. 加工方法的选择

选择的零件加工方法在达到图样要求方面应该是稳定而可靠的,在生产率和加工成本方面是最经济合理的。

选择加工方法根据经验或查表来确定。在选择加工方法时应考虑工件的材料、形状和尺寸、生产批量,并考虑企业现有的设备、工艺手段等条件。

2. 加工阶段的划分

零件的加工质量较高时,可划分为粗加工、半精加工、精加工和光整加工等阶段。

（1）粗加工阶段。该阶段要切除较多的余量,在保留一定精加工余量的前提下,提高生产率和降低成本是该阶段的主要目标,所以该阶段的切削力、夹紧力、切削热都较大。如零件的加工批量较大,应优先采用普通机床和成本较低的刀具进行加工,这样不但可发挥各种机床设备的交通,降低生产成本,也易保持数控机床的精度。

（2）半精加工阶段。该阶段为主要表面的精加工做好准备,也完成一些次要表面的加工,如钻孔、攻螺纹、铣键槽等。

（3）精加工阶段。该阶段使主要表面加工到图样规定的尺寸、精度和表面粗糙度。

（4）光整加工阶段。该阶段使某些特别重要的表面加工达到极高的表面质量,但该阶段不能用来提高工件的形状和位置精度。

3. 加工顺序的安排

在安排加工中心的加工顺序时,应遵循以下几个原则。

（1）先粗后精。整个工件的加工工序，应是粗加工在前，半精加工、精加工、光整加工在后。粗加工时快速切除余量，精加工时保证精度和表面粗糙度。对于易发生变形的零件，由于粗加工后可能发生变形而需要进行校正，所以需将粗、精加工的工序分开。

（2）先主后次。先加工工件的工作表面、装配面等主要表面，后加工次要表面。

（3）先面后孔。箱体、支架类零件应先加工平面，后加工孔。平面大而平整，作为基准面稳定可靠，容易保证孔与平面的位置精度。

（4）基准先行。工件的加工一般多从精基准开始，然后以精基准定位，加工其他主要表面和次要表，如轴类零件一般先加工中心孔。

（5）先腔后体。先加工内腔，以外形夹紧；然后加工外形，以内腔中的孔夹紧。

（6）工序集中。将工件的加工集中在少数几道工序内完成。这样可提高生产率，减少工件装夹次数，保证各表面之间的位置精度，减少换刀次数，缩短加工的辅助时间；减少数控机床和操作人员的数量。

4. 确定走刀路线

走刀路线是刀具在整个加工工序中的运动轨迹，它不仅包括了工步的内容，而且反映了工步的顺序，所以走刀路线是编写加工程序的重要依据之一。在确定走刀路线时，主要遵循下列原则。

（1）保证精度和表面粗糙度。铣削平面零件的内、外轮廓时，一般采用立铣刀切削。刀具切入工件时，应沿零件外轮廓的切线方向切入，以保证加工后零件外轮廓完整平滑，刀具应沿零件外轮廓的切线方向离开工件。这主要是刀具沿零件外轮廓法向切入或切出，就会在切入或切出处产生停留，并产生刻痕，影响外轮廓的表面质量。零件轮廓的法向和切向如图 13-3 所示。

（2）缩短走刀路线，减少刀具空行程时间。在安排走刀路线时要减少刀具空行程时间，在加工工件时，通常将刀具快速移动到离工件表面 1～5 mm 处，然后，再以进给速度对工件进行加工。

（3）简化编程计算，减少程序段和编程工作量。实际应用中，编制程序可以采用子程序、固定循环、系统自带的简化指令来简化程序。用刀具半径补偿值来实现轮廓的粗、精加工，这样可明显减少编程工作量。

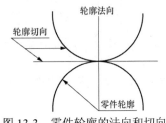

图 13-3　零件轮廓的法向和切向

5. 加工工序的设计

选择零件的定位基准、装夹方案、工步划分、刀具选择和确定切削用量等。

13.3　加工中心坐标系统

（1）机床坐标轴确定方法。立式加工中心坐标轴的确定方法：Z 轴与主轴轴线重合，刀具远离工件的方向为+Z 方向。X 轴垂直于 Z 轴，为水平面。面对刀具主轴向直立方向看，其右的方向为+X 方向。+Y 轴可根据已选定的+X 轴和+Z 轴按右手法则来确定。立式数控铣床坐标轴及其方向如图 13-4 所示。

（2）机床坐标系。机床坐标系是由机床原点建立的直角坐标系。机床原点也是机床的零点，加工中心开机后回

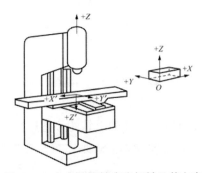

图 13-4　立式数控铣床坐标轴及其方向

参考点即为机床的零点。通常在每个坐标中都设置一个机床参考点，机床参考点可以与机床零点重合，也可以不重合，通过参数指定机床参考点到机床零点的距离。机床各坐标轴回到了参考点，也就找到了机床零点位置，从而建立起机床坐标系。

13.4 加工中心编程的特点

加工中心编程就是利用数控系统所提供的功能指令书写零件的轮廓加工路线的过程。

数控程序不仅是单一的编写数控加工指令的过程，它包含了加工中心加工工件的所有设置：零件轮廓加工路线、零件加工用刀具、加工工艺、铣削参数、辅助动作（冷却液开关、主轴转和停）等。

因此，数控加工程序是按规定的格式描述零件几何形状和加工工艺的数控指令集。加工中心编程可分为手工编程和自动编程两类。

1. 手工编程

利用规定的代码和格式，人工制定零件的加工程序，称为手工编程。其特点是对形状简单的工件，编程快捷简便；不需要具备特别的条件，不适合编制形状复杂的零件。

手工编制的步骤如图 13-5 所示。

在手工编制程序时，首先要使所编程序尽可能短，这就要求会合理运用加工中心机床所提供的简化指令的使用。

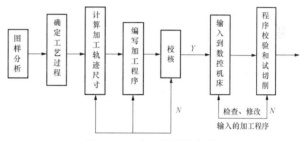

图 13-5 手工编程的步骤

其次是零件加工路线要尽可能短，切削用量的合理选择和程序中的空走刀路线的选择是关键。

（1）图样分析。编制零件程序首先要读懂图纸，包括零件的材料、形状、尺寸、精度、热处理要求等。对这些信息的分析，要确定零件是否适合加工中心机床加工，要加工哪些部分，采用哪几道工序加工等。

（2）确定工艺过程。根据零件图进行工艺分析，在此基础上选定加工机床、刀具和夹具，确定零件加工的工艺路线、工序及切削用量等工艺参数。

（3）计算加工轨迹和加工尺寸。根据零件图样上的尺寸、工艺要求等，选定一个工件坐标系，在工件坐标系内计算工件轮廓的坐标值，即基点和节点坐标。

（4）编制加工程序和校核。根据制订的加工工艺方案，按照机床数控系统使用的指令代码和程序格式的规定编写零件的加工程序单，并校核其内容，纠正其中的错误。

（5）输入到数控系统。把编制好的程序输入到数控系统，常用的输入方法有：一是在操作面板上利用数控系统提供的键盘直接手工输入；二是利用 DNC（数据传输）功能，将计算机上编制的加工程序通过传输软件和传输接口（例如 RS232 接口）传输到数控系统；三是高级版数控系统可以直接插入存储卡进行读写（例如 CF 卡、U 盘等）或采用网络传输程序。

（6）程序校验和试切削。所编制的加工程序须经校验和试切削才能用于正加工。通常采用空运行的方法进行程序校验，但这只能校验程序格式是否正确、代码是否完整，不能校验轨迹的正确性。为检验加工轨迹是否正确，在有图形显示功能的机床上，可利用仿真图形来检查轨迹的正确性。

2. 自动编程

自动编程是指将零件的二维或三维信息进行采集，通过 CAM 软件来生成一定的刀具轨迹文件，再根据所使用的数控系统选择相应的后处理文件来生成相应的数控系统所使用的数控程序。

这种编程技术需要特定的 CAM 软件，也需要操作者熟练掌握软件使用方法，并且需要具备一定的切削加工工艺知识。目前，此类软件有 MasterCAM、CimatronCAD/CAM、UG、Pro/Engineer、CATIA、CAXA-ME 制造工程师等。

13.5 加工中心调整

1. 开机操作

先打开数控机床电柜门上的开关，即机床总电源。然后，必须检查各开关按钮和按键是否正常。再按下机床控制面板上的系统启动按钮，CNC 装置得电，数控系统启动。待系统启动完毕，数控系统即可进入工作状态。

数控机床开机后的第一步操作便是回参考点。这是因为只有回参考点才能设定机床原点（机床零点），继而才能建立机床坐标系，确定刀具在机床工作台中的确切位置。

机床需要手工回参考点的，一般采用的是相对编码器，它在机床断电时，所记忆的点丢失，所以必须手工回参考点找回机床参考点的位置。如果采用绝对编码器的数控机床，只要机床通过一次点它就会永远记忆，不需再回参考点。

机床开机后，可以检查操作面板上的回原点灯是否亮。如果亮，表示已经回参考点；如果不亮，就需要手动回参考点操作。

在标准机床操作面板上先单击"REF"，再单击"Z"后单击"+"，Z 轴回参考点，单击"X"后再单击"+"，X 轴回参考点。单击"Y"后再单击"+"，Y 轴回参考点。等到"X"、"Y"、"Z"3 个按钮上面的指示灯全部亮后，机床返回参考点结束。加工中心返回参考点后，单击 POS 可以看到综合坐标显示页面中的机械坐标 X、Y、Z 皆为 0。坐标系显示如图 13-6 所示。

现在位置						O1058		N01058	
		（相对坐标）				（绝对坐标）			
	X		0.000		X		0.000		
	Y		0.000		Y		0.000		
	Z		0.000		Z		0.000		
		（机械坐标）							
	X		0.000						
	Y		0.000						
	Z		0.000						
JOG	F		2000		加工部品数			115	
运行时间			26H21M		切削时间		0H	0M	0S
ACT.F	0		MM/分		OS100%		L	0%	
REF	****		***		***	10：58：33			
[绝 对]	[相 对]		[综合]		[HNDL]			[（操作）]	

图 13-6 综合坐标显示页面

在机床重新开机后，单击"紧急停止"按钮，然后再单击"机床锁住"按钮，"Z 轴锁"运行后要重新进行机床返回参考点操作，否则数控系统会对机床零点失去记忆而造成事故。

2. 对刀

（1）对刀方法。对刀的目的是调整加工中心机床每把刀的刀位点，使每把刀的刀位点都重合在某一理想位置，其过程是建立工件坐标系与机床坐标系之间关系的过程。

加工中心对刀主要是对刀具的长度补偿值和找工件坐标系原点的值。

这里主要介绍对刀后数据的输入操作。

如图 13-7 所示为常见工件的对刀方法，如图 13-7（a）所示为基准为中心线的对刀方法，如图 13-7（b）所示为两条边线的对刀方法。

基准是中心线时，需要对称两边都找出其坐标值，工件坐标系 G54 中的值设置为 X=（X1+X2）/2，Y=（Y1+Y2）/2。基准在两边时，对刀只要靠基准边找出其机床坐标值，工件坐标系 G54 中的值设置为 X=X1+f+D/2，Y=Y1+e+D/2。

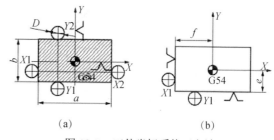

（a）　　　　　　　　（b）

图 13-7　工件坐标系找正方法

（2）G54 工件坐标系数值的输入。

方法 1：对刀后对数据进行计算得到工件坐标系原点的机床坐标值，然后直接输入到工件坐标系寄存器内。

在"EDIT"方式下单击 OFFEST/SETTING 按钮进入坐标系和刀具偏置参数设置界面，单击"坐标系"按钮进入如图 13-8 所示页面，单击"PAGE↓"按钮可进入其余设置页面，如"补正"、"操作"等；利用"↑"、"↓"箭头把光标移动到所需设置的位置，将工件坐标系原点的机床坐标值，输入到相应的坐标系寄存器中。在如图 13-9 所示中将光标移动到番号为 01 组的 G54X 值输入区输入对刀后经过计算得到 X 数值"（X1+X2）/2"（或 X1+f+D/2），输入到图中底部光标处，再单击面板上的"INPUT"输入键，数值将被置入 G54 寄存器内。Y 值和 Z 值同样方法输入。

工件坐标系设置						O1058　　N00040
（G54）						
番号			数据	番号		数据
00	X		0.000	02	X	400.872
（EXT）	Y		0.000	（G55）	Y	-132.377
	Z		0.000		Z	0.000
01	X		375.851	03	X	390.802
（G54）	Y		-149.060	（56）	Y	-25.870
	Z		0.000		Z	0.000
〉 _				OS100%	L	0%
HND	****	***	***	10：58：39		
[补　正]	[SETTING]		[坐标系]	[HNDL]		[（操作）]

图 13-8　工件坐标系 G54～G56 设置页面

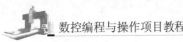

方法 2：对刀时利用数控机床提供的相对坐标系清零和坐标点自动置入的方法。

现在位置（相对坐标）					O1058		N00040
X			537.90				
Y			-232.159				
Z			-158.578				
JOG		F	2000	加工部品数			115
运行时间			26H21M	切削时间	0H	0M	0S
ACT.F		0	MM/分		OS100%	L	0%
REF	****	***	***		10：58：33		
［ 绝 对 ］		［ 相 对 ］		［ 综 合 ］	［HNDL］		［（操作）］

图 13-9　相对坐标显示页面

在如图 13-7（a）所示的基准为中心线的对刀方法中，将 X1 处的相对坐标清零，方法是单击 POS 按钮，系统画面会出现如图 13-7 所示的相对坐标显示页面，此时单击"X"，页面最后一行将转换成如图 13-10 所示的页面，单击"起源"按钮，此时 *X* 轴的相对坐标被清零。对于如图 13-7（a）所示的基准为中心线的对刀方法就需要移动刀具再对另一边得到的相对坐标值去除以 2，将相对坐标值移动到此值时，在如图 13-8 所示中将光标移动到 G54X 处，在图中光标处输入 X0，系统会弹出如图 13-11 所示画面。在图中单击"测量"，系统会自动把当前的机床坐标值输入到 G54 工件坐标系寄存器中。

〉 X_				OS100%		L	0%
HND	****	***	***	10：58：34			
［ 预 定 ］		［ 起 源 ］	［　　］	［元 件：0］		［ 运 行：0］	

图 13-10　相对坐标清零操作页面

如图 13-7（b）所示的两条边线的对刀方法。将 X1 处的相对坐标清零后，在如图 13-8 所示中将光标移动到 G54X 处，在图中光标处输入"X-（*f*+D/2）"，系统会弹出如图 13-11 所示画面。在图中单击"测量"按钮，系统会自动把距离此点为（*f*+D/2）点的机床坐标值（X 方向值），自动输入到 G54 工件坐标系寄存器中。

同样方法可以设置 *Y* 轴的 G54 坐标值。如图 13-7（b）所示为两条边线的对刀方法。将 Y1 处的相对坐标清零后，在如图 13-8 所示中将光标移动到 G54Y 处，在图中光标处输入"Y-（*e*+D/2）"，系统会弹出如图 13-11 所示画面。在图中单击"测量"按钮，系统会自动把距离此点为（*P*+D/2）点的机床坐标值（Y 方向值）自动输入到 G54 工件坐标系寄存器中。

〉 X0_				OS100%		L	0%
HND	****	***	***	10：58：39			
[NO 检索]	［ 测 量 ］	［　　］		[+输入]		［ 输 入 ］	

图 13-11　工件坐标系 G54 输入页面

（3）刀具半径偏置量和长度补偿量的输入。在"EDIT"方式下单击"OFFSET/SETTING"按钮进入坐标系和刀具偏置参数设置界面，单击"补正"按钮进入如图 13-12 所示的刀具补偿存储器页面，利用"←"、"→"、"↑"、"↓"4 个箭头可以把光标移动到所要设置的位置。如果要设置补偿值，可以输入一个值，然后单击"INPUT"按钮或单击"输入"按钮，设置完毕。如果单击"+输入"按钮则将把当前值与存储器中已有的值叠加。

工具补正			O1058	N00040
番号	形状（H）	磨耗（H）	形状（D）	磨耗（D）
001	-287.259	0.000	5.000	0.000
002	-248.674	0.000	6.000	0.000
003	-290.469	0.000	8.000	0.000
004	-352.585	0.000	10.000	0.000
005	-301.655	0.000	12.000	0.000
006	-259.586	0.000	3.500	0.000
007	-293.125	0.000	4.000	0.000
008	-321.547	0.000	7.000	0.000
现在位置（相对坐标）				
X	348.564		Y	-197.562
Z	-297.561			
〉_	OS100%	L	0%	
HND	****	***	***	10：58：37
[补 正]	[SETTING]	[坐标系]	[]	[（操作）]

图 13-12　刀具补偿存储器页面

3. MDI 的应用

使用手动数据输入方式，单段或多段自动执行程序，适用于简单的测试操作。执行完成后，程序将被清除。在加工中心机床中，通常用此方式开启主轴和换刀操作。

（1）主轴的启动操作。

① 将机床旋钮旋至"MDI"方式，单击"PROG"按钮，系统进入如图 13-13 所示的页面。输入"M3S800"，然后单击"EOB"回车符，再单击"INSERT"按钮，最后 O0000 处显示"O0000 M3S800；"。

② 单击"循环启动"按钮，此时主轴以 800 r/min 做正转。

③ 此时按单击"REST"按钮，主轴停止，将机床旋钮旋至 JOG 或 HAND 方式，单击"主轴正转"按钮，此时主轴正转；单击"主轴停止"后主轴停止，再单击"主轴反转"按钮，此时主轴反转。

2）换刀操作。

① 将机床旋钮旋至"MDI"方式，单击"PROG"按钮，系统进入如图 13-13 所示页面。此时输入"M6T1"单击"EOB"回车符，再单击"INSERT"按钮，最后 O0000 处显示"M6T1；"。

② 单击"循环启动"按钮，此时系统会自动执行一系列的换刀工作，自动到刀库内取出第一号刀具，装入主轴。

③ 待加工中心换刀动作全部结束后，切换方式到"JOG"或"HAND"方式，在加工中心面板或主轴立柱上单击"松/紧刀"按钮，把 1 号刀具的刀柄装入主轴或取下主轴上的 1 号刀。

在 MDI 方式下可以连续把刀具装入刀库。

（3）开关冷却液操作。将机床旋钮旋至"MDI"方式，单击"PROG"按钮，系统进入如图

13-13 所示在页面。此时输入 "M8" 单击 "EOB" 回车符，再单击 "INSERT" 按钮，最后 O0000 处显示 "M8;"。单击 "循环启动" 按钮执行，此时系统会自动开启冷却液。同样方法输入 "M9" 可以关闭冷却液。在编程时可以通过 M8 和 M9 来打开和关闭冷却液。另外，在 "JOG" 或 "HAND" 方式下，可以通过机床面板上的 "冷却液开" 和 "冷却液关" 来开启和关闭切削液。

程 式（MDI）			O1058	N00000
O0000				
%				
〉 _		OS100%	L	0%
MDI	****	***	***	11：03：18
[程式]	[MDI]	[现单节]	[次单节]	[（操作）]

图 13-13　MDI 页面

4. 关机操作

（1）在确认程序运行完毕后，机床已停止运动；手动使主轴和工作台停在中间位置，避免发生碰撞。

（2）关闭空压机等外部设备电源，空气压缩机等外部设备停止运行。

（3）单击操作面板上的 "急停" 按钮。

（4）单击操作面板箱右侧的 "Power off" 红色按钮，这时 CNC 断电。

（5）关掉机床电箱上的空气开关，机床总电源停止。

（6）锁上总电源的启动控制开关（钥匙）。

（7）关闭总电源。

5. 安全操作规程

在数控铣床安全操作规程的基础上，还有以下几个方面需注意。

（1）主轴负载逐步提高。

（2）回零必须先回 Z 轴；X、Y、Z 回零时不能停在各轴零点位置上回零；各轴离零点位置的距离，必须大于 20 mm（往负方向手动）；回零时进给修调速率必须要在 80% 以下。

（3）加工时进给修调速率值要适当，一般应当由慢到合适，在 80% 以下进行调整。

（4）确认主轴（4 轴）必须回零，主轴刀号对应刀库刀号，而且无刀时才能进行刀库试运行换刀操作。只有进行了刀库试运行换刀操作无误后，才能进行自动加工。

（5）加工中心的自动润滑泵应保持油面高度，否则机床不运行。

（6）空气压缩机停机后，重新启动时的工作压力 P≤2 kgf/cm²，否则须放气处理后再重新启动空气压缩机。空气压缩机必须注意定时放水，一般 3～5 天一次，冬天时要每天放干净。数控机床工作时，气动系统工作压力须 P≥6 kgf/cm²。

（7）加工中心启动后，须先用低速逐步加速空运转 10～30 min，以利于保持机床的高精度、长寿命，尤其在冬天气温较低的情况下更应注意。

（8）零件装夹牢靠，夹具上各零部件应不妨碍机床对零件各表面的加工，不能影响加工中的走刀、产生碰撞等。

（9）对于编好的程序和刀具、刀库各个参数数据值必须认真进行检查核对，并且于加工前安排好试运行。

13.6 Siemens 810D 数控系统加工中心

Siemens 810D 数控系统加工中心的调整方法如下。

1. 开机操作

（1）打开机床电箱上的总电源控制开关（钥匙开关）。

（2）合上总电源开关（空气开关），这时电箱上的"power on"指示灯亮，表示电源接通。

（3）确认急停按钮为急停状态，单击操纵台右侧绿色开启按钮，这时 CNC 通电显示器亮，系统启动，进入图形用户界面屏幕。

（4）合上外部设备空气压缩机电源开关，空压机启动送气到规定压力。

（5）释放急停按钮，单击操作面板左侧复位按钮，再单击报警应答按钮，此时机床处于准备工作状态。

2. 机床回零操作

（1）单击■手动→■回参考点。

（2）以上操作，激活系统，并以 LED 显示。

（3）单击☑复位→■主轴启动→■进给启动。

（4）选择轴选择按钮☑。

（5）选择方向选择按钮"+"（正方向回参考点）。

（6）主轴向上移动回参考点，屏幕显示"Z✦0.000"。

（7）同样方法，改变轴选择按钮，选择☒或☒或☒（4 为主轴号）。

（8）选择方向选择按钮"+"

（9）工作台 X 轴、Y 轴及主轴回到参考点。

3. 零点偏置设置操作

在 Siemens 810D 操作面板，在用户图形界面水平方向软键菜单栏中，选择"刻线"软键，以 G54 为例，其设置过程如下：

G17 XY 平面

G54 零偏

输入 X-×××××单击☑确认；

输入 Y-×××××单击☑确认；

输入 Z-×××××单击☑确认；

单击垂直方向软键菜单栏中"确认"按钮，这样就确定了工件坐标系零点在机床坐标系中的位置。

4. 刀库装刀操作

1）按■MDA 方式，激活 LED 显示，通过 MDI 面板手工输入程序段：

T × M06；选择空刀座，其中"×"为空刀座号

L221；换刀子程序（L221 为换刀专用程序）

换刀完成后，主轴上无刀。

2）刀库复位后，单周 🔧JOG 手动方式，单击刀具放松→手工装刀→刀具夹紧。

3）装第二把刀，重复（1），即选择第二个空刀座；依次执行，将刀库装满。

4）所有空刀座装刀完成后，调任一把刀，即主轴上总是存在一把刀具。

5）装刀注意事项。

（1）刀具柄拉钉必须上紧，刀具装夹正确、牢靠，刀柄、夹头必须清洁干净，无杂物和灰尘。

（2）装刀前必须对刀库进行检查、诊断，步骤如下：

① 在面板中，单击▣区域转换按钮，LED 显示。

② 在水平方向软键菜单栏中，选择"诊断"软键，屏幕显示如下 PLC 状态；

MW4（主轴）×

MW2（刀库）×

③ 检查其值是否对应一致，并相应检查刀库刀号、主轴刀号和 PLC 状态值是否对应一致。

5. 程序及数据管理

（1）程序输入，模拟运行。

① 单击▣区域转换按钮。

② 在水平方向选择软键菜单栏中，选择"程序"软键。

③ 在垂直方向选择软键菜单栏中，选择"新的"软键。

④ 按光标提示输入文件名×××，单击◈确认，".MPF"为主程序扩展名；".SPF"为子程序扩展名。

⑤ 在垂直方向软键菜单栏中，选择"确认"软键，进入编程器进行手工编程。

⑥ 程序编辑完毕后的模拟操作：在水平方向软键菜单栏中，选择"模拟"软键，进入模拟操作界面，进行数据调整和模拟运行。

（2）刀具补偿设置操作。

① 单击▣区域转换按钮。

② 在水平方向软键菜单栏中，选择"参数"软键，进入刀具偏置界面。

③ 在垂直方向软键菜单栏中，选择"刀号"软键。

④ 在水平方向软键菜单栏中，选择"刀具补偿"软键。

⑤ 在光标的提示下，对每把刀具的刀具半径补偿及长度补偿数据值进行设置，单击◈确认。

⑥ 最后在水平方向软键菜单栏中，选择"确认"软键，设定完参数。

6. 刀具长度补偿值的确定

加工中心上使用的刀具很多，每把刀具的实际位置与编程的规定位置都不相同，这些差值就是刀具的长度补偿值，在加工时要分别进行设置，并记录在刀具明细表中，以供机床操作人员使用。

13.7　课堂实训

完成如图 13-14 所示零件的加工工艺分析，并制定出加工工艺路线。

1. 分析加工中心加工工艺

确定工件坐标系：从上图确定，以 $\phi140$，$\phi120$ 中心为坐标零点，确定 X、Y、Z 三轴，建立工件坐标系，对刀点 XY 平面坐标为 X0、Y0。

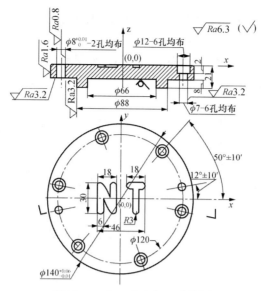

图 13-14　加工中心加工零件图

2. 制定加工中心加工工艺路线

采用工件一次装夹，自动换刀完成全部以下内容的加工。

（1）$\phi140$ 为外圆铣削，采用 $\phi12$ 螺旋立铣刀铣削加工。

（2）NT 刻字铣削，采用 $\phi6$ 键槽铣刀铣削加工。

（3）$\phi12$，$\phi7$-6 孔均布，$\phi8$ 加工先打中心孔，采用 A2 中心钻钻中心孔。

（4）$\phi7$-6 孔均布，$\phi12$-6 孔均布为同一中心孔，$\phi8$ 底孔采用 $\phi7$ 钻头钻孔。

（5）$\phi12$-6 孔均布孔深 7 mm，采用 $\phi12$ 键槽铣刀锪孔。

（6）$\phi8$ 采用铰刀（机用）铰前孔。

13.8　习　　题

一、选择题

1. 加工中心按照功能特征分类，可分为复合、（　　　）和钻削加工中心。

　　A. 刀库+主轴换刀　　B. 卧式　　　　　　　　C. 镗铣　　　　　　　　D. 三轴

2. 加工中心的自动换刀装置由（　　　）和机械手组成。

　　A. 解码器、主轴　　　　　　　　　　　　B. 校正仪、控制系统

　　C. 测试系统、主轴　　　　　　　　　　　D. 驱动机构

3. 机床通电后应首先检查（　　　）是否正常。

　　A. 机床导轨　　　　B. 各开关按钮和键　　C. 工作台面　　　　D. 护罩

4. 机床坐标系的原点称为（　　　）。

　　A. 工件零点　　　　B. 编程零点　　　　　C. 机床原点　　　　D. 空间零点

5. 工作坐标系的原点称为（　　　）。

　　A. 工作原点　　　　B. 自动零点　　　　　C. 机床原点　　　　D. 理论零点

6. 确定走刀路径要遵循保证精度、表面粗糙度、缩短走刀路线和（　　　）等原则。

A. 简化编程 　　　　B. 优化刀具 　　　　C. 增加进给 　　　　D. 提高刚度

7. 编制零件程序首先要读懂图纸，包括零件的材料、形状、尺寸、精度和（　　）等。

A. 尺寸公差 　　　　B. 形状公差 　　　　C. 热处理要求 　　　　D. 位置公差

8. 现在加工中心程序输入常用方法是：键盘手工输入、RS232 接口传输和（　　）输入。

A. 穿孔纸带 　　　　B. CF 卡 　　　　C. 软磁盘 　　　　D. 程序卡片

9. 目前常用的 CAM 软件有：MasterCAM、UG.Pro/E.CAXA-ME 制造工程师和（　　）等。

A. AutoCAD 　　　　B. WinRAR 　　　　C. Word 　　　　D. CATIA

10.加工中心开机的第一个操作是（　　）。

A. 回参考点 　　　　B. 对刀 　　　　C. 刀具补偿 　　　　D. 换刀

二、判断题

1. 加工中心启动后，须先用低速逐步加速空运转 10～30min，以利于保持机床的高精度、长寿命，尤其在冬天气温较低的情况下更应注意。（　　）

2. 加工中心是带有刀库的自动换刀装置的数控机床，又称为自动换刀数控机床或多工序数控机床。（　　）

3. 零件的加工质量很高时，可划分为粗加工、半精加工和精加工等阶段。（　　）

4. 加工顺序的安排原则是先粗后精、先主后次、先面后孔、基准先行、先腔后体和工序分散。（　　）

5. 加工中心开机后回参考点即为机床的零点。（　　）

6. 加工中心编程只可以采用手工编程。（　　）

7. 根据零件图进行工艺分析后才可以选定加工机床、刀具和夹具，确定零件加工的工艺路线、工序及切削用量等工艺参数。（　　）

8. 为检验加工轨迹是否正确，必须切削后才能检查轨迹的正确性。（　　）

9. 加工中心的自动润滑泵应保持油面高度，否则机床不运行。（　　）

10. 加工中心回零必须先回 X 轴，然后再回零 Z 轴和 Y 轴。（　　）

三、问答题

1. 加工中心与数控铣床相比，有何不同之处？

2. 加工中心工艺分析有哪些？

3. 简述加工中心的开机操作过程。

4. 简述加工中心的关机操作过程。

第 14 章 加工中心基本指令

知识目标

☑ 了解加工中心的编程规则。

☑ 熟悉加工中心的基本指令。

☑ 掌握加工中心的循环指令编程。

能力目标

☑ 掌握加工中心的编程规则。

☑ 分析零件的加工工艺。

☑ 掌握加工中心的基本指令。

☑ 能编写常见零件的加工程序。

14.1 基本编程指令

1. 准备功能（G 指令）

FANUC-0i 系统加工中心的准备功能指令见表 14-1。

表 14-1 FANUC-0i 系统的准备功能指令

序　号	G指令	组　别	功　能
1	*G00	01	快速点定位
2	G01		直线插补
3	G02		顺时针圆弧插补
4	G03		逆时针圆弧插补
5	G33	00	螺纹插补
6	G04		暂停
7	G10		可编程数据输入
8	G11		可编程数据输入方式取消
9	*G15	17	极坐标设定取消
10	G16		极坐标设定
11	G17	02	选择XY平面
12	G18		选择ZX
13	G19		选择YZ平面
14	G20	06	英制尺寸
15	*G21		米制尺寸

序 号	G指令	组 别	功 能
16	G27		返回参考点检测
17	G28	01	返回参考点
18	G29		由参考点返回
19	*G40		取消刀具半径补偿
20	G41	07	刀具半径左补偿
21	G42		刀具半径右补偿
22	G43		刀具长度正方向补偿
23	G44	08	刀具长度负方向补偿
24	*G49		取消刀具长度补偿
25	*G50	11	比例缩放取消
26	G51		比例缩放有效
27	*G50.1	22	可编程镜像取消
28	G51.1		可编程镜像有效
29	G52	00	局部坐标系设定
30	G53		选择机床坐标系
31	*G54	14	选择工件坐标系1
32	G55～G59		选择工件坐标系2至工件坐标系6
33	G61	15	准确停止方式
34	G64		连续切削方式
35	G65	00	宏程序调用
36	G66		宏程序模态调用
37	*G67	12	宏程序调用取消
38	G68	16	坐标旋转
39	*G69		取消坐标旋转
40	G73		排屑钻孔循环
41	G74		反攻丝循环（左旋）
42	G76		精镗孔循环
43	G80		取消钻孔循环
44	G81		钻孔（浅）循环
45	G82		钻、锪孔循环
46	G83	09	钻深孔循环
47	G84		攻丝循环
48	G85		铰孔、粗镗孔循环
49	G86		精镗孔循环
50	G87		反镗孔循环（背镗）
51	G88		精镗孔循环
52	G89		精镗孔循环
53	*G90	03	绝对值编程
54	G91		增量值编程

序 号	G指令	组 别	功 能
55	G92	00	工件坐标系设定（浮点坐标）
56	*G94	05	直线进给率（每分进给）mm/min
57	G95		直线进行率（每转进给）mm/r
58	G96	13	主轴恒速度控制
59	G97		取消主轴恒速度控制
60	*G98	10	固定循环返回到初始平面
61	G99		固定循环返回到R 平面

注：带*号的 G 指令表示系统默认指令。00 组的 G 指令为非模态 G 指令，其他均为模态 G 指令。在编程时，G 指令前面的 0 可省略，G00、G01、G02、G03、G04 可简写为 G0、G1、G2、G3、G4。

2. 辅助功能（M 指令）

FANUC-0i 系统加工中心的辅助功能指令见表 14-2。

表 14-2　FANUC-0i 系统加工中心的辅助功能指令

序 号	代 码	功 能	序 号	代 码	功 能
1	M00	程序暂停		M63	排屑启动
2	M01	选择停止		M64	排屑停止
3	M02	程序结束	单独程序段指令	M80	刀库前进
4	M03	主轴正转		M81	刀库后退
5	M04	主轴反转		M82	刀具松开
6	M05	主轴停止		M83	刀具夹紧
7	M06	换刀		M85	刀库旋转
8	M07	外冷却液开启	12	M98	调用子程序
9	M08	内冷却液开启	13	M99	子程序结束并返回
10	M09	冷却液关闭	14	M30	主程序结束并返回
11	M19	主轴定向（圆周方向）			

注：在编程时，M 指令中前面的 0 可省略，例如，M01、M02 可简写为 M1、M2。

14.2　基本编程指令

1. 加工中心编程的特点

由于加工中心的加工特点，在编写加工程序前，首先要注意换刀程序的应用。

不同的加工中心，其换刀过程是不完全一样的，通常选刀和换刀可分开进行。换刀完毕启动主轴后，方可进行下面程序段的加工内容。选刀动作可与机床的加工重合起来，即利用切削时间进行选刀。多数加工中心都规定了固定的换刀点位置，各运动部件只有移动到这个位置，才能开始换刀动作。

加工中心通过主轴与刀库的相互运动实现换刀换刀过程用一个子程序描述,习惯上取程序号为 O9000。换刀子程序如下：

O9000

N10 G90；　选择绝对方式

N20 G53 Z-124.8；　主轴 Z 向移动到换刀点位置（即与刀库在 Z 方向上相应）

N30 M06；　刀库旋转至其上空刀位对准主轴，主轴准停

N40 M80；　刀库前移，使空刀位上刀夹夹住主轴上刀柄

N50 M82；　主轴放松刀柄

N60 G53 Z-9.3；　主轴 Z 向向上，回设定的安全位置（主轴与刀柄分离）

N70 M85；　刀库旋转，选择将要换上的刀具

N80 G53 Z-124.8；　主轴 Z 向向下至换刀点位置（刀柄插入主轴孔）

N90 M83；　主轴夹紧刀柄

N100 M81；　刀库向后退回

N110 M99；　换刀子程序结束，返回主程序

需要注意的是，为了使换刀子程序不被随意更改，以保证换刀安全，设备管理人员可将该程序隐藏。当加工程序中需要换刀时，调用 O9000 号子程序即可。

调用程序段可如下编写：N＿＿＿ T＿＿＿＿ M98 P9000；式中，N 后为程序顺序号；T 后为刀具号，一般取 2 位；M98 为调用换刀子程序；P9000 为换刀子程序号。

加工中心的编程方法与数控铣床的编程方法基本相同，加工坐标系的设置方法也一样。下面将主要介绍加工中心的加工固定循环功能。

2. FANUC 系统固定循环功能

在前面介绍的常用加工指令中，每一个 G 指令一般都对应机床的一个动作，它需要用一个程序段来实现。为了进一步提高编程工作效率，FANUC-0i 系统设计有固定循环功能，它规定对于一些典型孔加工中的固定、连续的动作，用一个 G 指令表达，即用固定循环指令来选择孔加工方式。

常用的固定循环指令能完成的工作有：钻孔、攻螺纹和镗孔等。这些循环通常包括下列 6 个基本操作动作：

（1）在 XY 平面定位。

（2）快速移动到 R 平面。

（3）孔的切削加工。

（4）孔底动作。

（5）返回到 R 平面。

（6）返回到起始点。

如图 14-1 所示，实线表示切削进给，虚线表示快速运动。R 平面为在孔口时快速运动与进给运动的转换位置。

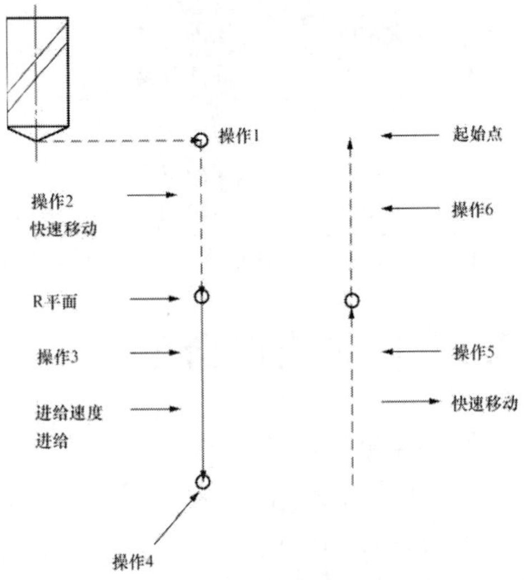

图 14-1　固定循环的基本动作

14.3　固定循环编程指令

常用的固定循环有高速深孔钻循环、螺纹切削循环、精镗循环等。

编程格式: G90/G91 G98/G99 G73～G89 X___Y___Z___R___Q___P___F___K___; 式中,

    G90/G91——绝对坐标编程或增量坐标编程;

        G98——返回起始点;

        G99——返回 R 平面;

    G73～G89——孔加工方式, 如钻孔加工、高速深孔钻加工、镗孔加工等;

    X、Y——孔的位置坐标;

    Z——孔底坐标;

    R——安全面(R 面)的坐标。增量方式时, 为起始点到 R 面的增量距离; 在绝对方式时, 为 R 面的绝对坐标;

    Q——每次切削深度;

    P——孔底的暂停时间;

    F——切削进给速度;

    K——规定重复加工次数。

固定循环由 G80 或 01 组 G 代码撤销。

1. 高速深孔钻循环指令 (G73)

G73 用于深孔钻削, 在钻孔时采取间断进给, 有利于断屑和排屑, 适合深孔加工。高速深孔钻加工的工作过程如图 14-2 所示。其中 Q 为增量值, 指定每次切削深度。d 为排屑退刀量, 由系统参数设定。

例如, 对如图 14-3 所示的 5-ϕ8 mm 深为 50 mm 的孔进行加工。显然, 这属于深孔加工。利用 G73 进行深孔钻加工的程序为:

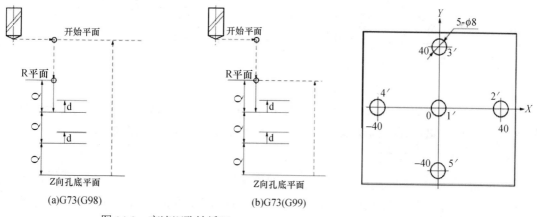

    (a)G73(G98)   (b)G73(G99)

图 14-2 高速深孔钻循环   图 14-3 应用举例

O0040

N10 G56 G90 G1 Z60 F2000; 选择 2 号加工坐标系, 到 Z 向起始点

N20 M03 S600; 主轴启动

N30 G98 G73 X0 Y0 Z-50 R30 Q5 F50; 选择高速深孔钻方式加工 1 号孔

N40 G73 X40 Y0 Z-50 R30 Q5 F50; 选择高速深孔钻方式加工 2 号孔

N50 G73 X0 Y40 Z-50 R30 Q5 F50; 主轴放松刀柄

N60 G73 X-40 Y0 Z-50 R30 Q5 F50; 选择高速深孔钻方式加工 4 号孔

N70 G73 X0 Y-40 Z-50 R30 Q5 F50;　选择高速深孔钻方式加工 5 号孔

N80 G01 Z60 F2000;　返回 Z 向起始点

N90 M10;　主轴夹紧刀柄

N90 M05;　主轴停

N100 M30;　程序结束并返回起点

加工坐标系设置：G56 X=-400，Y =-150，Z =-50。

上述程序中，选择高速深孔钻加工方式进行孔加工，并以 G98 确定每一孔加工完后，回到 R 平面。设定孔口表面的 Z 向坐标为 0，R 平面的坐标为 30，每次切深量 Q 为 5，系统设定退刀排屑量 d 为 2。

2. 螺纹加工循环指令（攻螺纹加工）

（1）G84（右旋螺纹加工循环指令）。G84 指令用于切削右旋螺纹孔。向下切削时主轴正转，孔底动作是变正转为反转，再退出。F 表示导程，在 G84 切削螺纹期间速率修正无效，移动将不会中途停顿，直到循环结束。G84 右旋螺纹加工循环工作过程如图 14-4 所示。

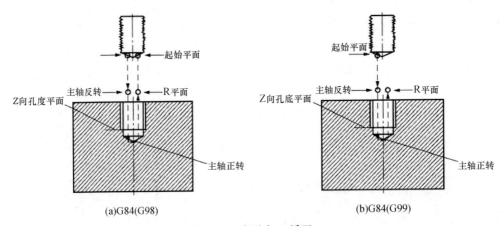

(a)G84(G98)　　　　　　　　　(b)G84(G99)

图 14-4　螺纹加工循环

（2）G74（左旋螺纹加工循环指令）。G74 指令用于切削左旋螺纹孔。主轴反转进刀，正转退刀，正好与 G84 指令中的主轴转向相反，其他运动均与 G84 指令相同。

3. 精镗循环指令（G76）

G76 指令用于精镗孔加工。镗削至孔底时，主轴停止在定向位置上，即准停，再使刀尖偏移离开加工表面，然后再退刀。这样可以高精度、高效率地完成孔加工而不损伤工件已加工表面。

在程序格式中，Q 表示刀尖的偏移量，一般为正数，移动方向由机床参数设定。G76 精镗循环的加工过程包括以下几个步骤：

（1）在 X、Y 平面内快速定位；

（2）快速运动到 R 平面；

（3）向下按指定的进给速度精镗孔；

（4）孔底主轴准停；

（5）镗刀偏移；

（6）从孔内快速退刀。

G76 精镗循环的工作过程示意图如图 14-5 所示。

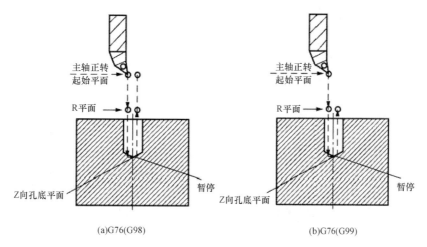

图 14-5　精镗循环的加工

14.4　SIEMENS 系统固定循环功能

SIEMENS 系统固定循环功能的其主要参数见表 14-3。

表 14-3　SIEMENS 系统固定循环功能的主要参数

参　数	含　义
R101	起始平面
R102	安全间隙
R103	参考平面
R104	最后钻深（绝对值）
R105	钻底停留时间
R106	螺距
R107	钻削进给量
R108	退刀进给量

参数赋值方式：若钻底停留时间为 2 秒，则 R105=2。

1. 钻削循环

调用格式：LCYC82

功能：刀具以编程的主轴转速和进给速度钻孔，到达最后钻深后，可实现孔底停留，退刀时以快速退刀。循环过程如图 14-6 所示。

参数：R101，R102，R103，R104，R105。

例如，用钻削循环 LCYC82 加工如图 14-7 所示的孔，孔底停留时间 2 s，安全间隙 4 mm。试编制程序。

N10 G0 G17 G90 F100 T2 D2 S500 M3;　确定工艺参数

N20 X24 Y15;　回到钻削位置

N30 R101=110 R102=4 R103=102 R104=75 R105=2；　设定钻削循环参数

N40 LCYC82；　调用钻削循环

N50 M2；　程序结束

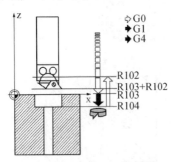

图 14-6　钻削循环过程及参数

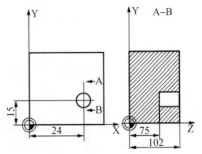

图 14-7　钻削循环应用例

2. 镗削循环

调用格式：LCYC85

功能：刀具以编程的主轴转速和进给速度镗孔，到达最后镗深后，可实现孔底停留，进刀及退刀时分别以参数指定速度退刀。如图 14-8 所示。

参数：R101，R102，R103，R104，R105，R107，R108。

例如，用镗削循环 LCYC85 加工如图 14-9 所示的孔，无孔底停留时间，安全间隙 2 mm。试编写程序。

N10 G0 G18 G90 F1000 T2 D2 S500 M3；　确定工艺参数

N20 X50 Y105 Z70；　回到镗削位置

N30 R101=105 R102=2 R103=102 R104=77 设定镗削循环参数

R105=0 R107=200 R108=100；

N40 LCYC85；　调用镗削循环

N50 M2；　程序结束

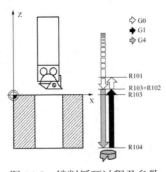

图 14-8　镗削循环过程及参数

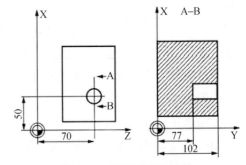

图 14-9　镗削循环应用例

3. 线性孔排列钻削

调用格式：LCYC60

功能：加工线性排列孔如图 14-10 所示，孔加工循环类型用参数 R115 指定，见表 14-4。表中各参数使用如图 14-11 所示。

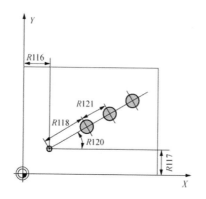

图 14-10　线性孔排列钻削功能

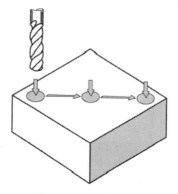

图 14-11　参数的使用

表 14-4　线性孔排列钻削循环中的使用参数

参　　数	含　　义
R115	孔加工循环号：如82（LCYC82）
R116	横坐标参考点
R117	纵坐标参考点
R118	第一个孔到参考点的距离
R119	钻孔的个数
R120	平面中孔排列直线的角度
R121	孔间距

　　例如，使用钻削循环 LCYC82 加工如图 14-12 所示的孔，孔底停留时间 2 s，安全间隙 4 mm，试编写程序。

N10 G0 G18 G90 F100 T2 D2 S500 M3；　确定工艺参数

N20 X50 Y110 Z50；　回到钻削位置

N30 R101=105 R102=4 R103=102；

R104=22 R105=2

设定钻削循环参数

N40 R115=82 R116=30 R117=20；

R118=20 R119=0 R120=0 R121=20

设定线性排列孔参数

N50 LCYC60；　调用线性排列孔钻削循环

N60 M2；　程序结束

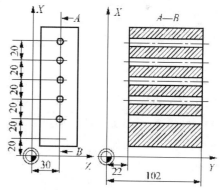

图 14-12　线性孔排列钻削循环应用

4. **矩形槽、键槽和圆形凹槽的铣削循环**

1）循环功能。通过设定相应的参数，利用此循环可以铣削矩形槽、键槽及圆形凹槽，循环加工可分为粗加工和精加工，如图 14-13 所示。循环参数见表 14-5，表中参数使用情况如图 14-14 所示。

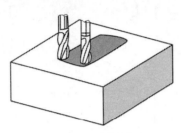

图 14-13　铣削循环

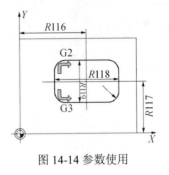

图 14-14 参数使用

调用格式：LCYC75

加工矩形槽时通过参数设置长度、宽度、深度；如果凹槽宽度等同于两倍的圆角半径，则铣削一个键槽；通过参数设定凹槽长度=凹槽宽度=两倍的圆角半径，可以铣削一个直径为凹槽长度或凹槽宽度的圆形凹槽。加工时，一般在槽中心处已预先加工出导向底孔，铣刀从垂直于凹槽深度方向的槽中心处开始进刀。如果没有钻底孔，则该循环要求使用带端面齿得铣刀，从而可以铣削中心孔。在调用程序中应设定主轴的转速和方向，在调用循环之前必须先建立刀具补偿。

表 14-5　循环参数

参　　数	含义、数值范围
R101	起始平面
R102	安全间隙
R103	参考平面（绝对坐标）
R104	凹槽深度（绝对坐标）
R116	凹槽圆心X 坐标
R117	凹槽圆心Y 坐标
R118	凹槽长度
R119	凹槽宽度
R120	圆角半径
R121	最大进刀深度
R122	Z 向进刀进给量
R123	铣削进给量
R124	平面精加工余量：粗加工（R127=1）时留出的精加工余量；在精加工时（R127=2），根据参数R124 和R125 选择"仅加工轮廓"或者"同时加工轮廓和深度"
R125	选择"仅加工轮廓"或"同时加工轮廓和深度"
R126	铣削方向（G2 或G3）数值范围：2（G2），3（G3）
R127	加工方式：粗加工：按照给定参数加工凹槽至精加工余量，精加工余量应小于刀具直径；精加工：进行精加工的前提条件是凹槽的粗加工过程已经结束，接下去对精加工余量进行加工

2）加工过程。出发点的位置任意，但需保证从该位置出发可以无碰撞地回到平面的凹槽中心点。

（1）粗加工 R127=1。用 G0 到起始平面的凹槽中心点，然后再同样以 G0 到安全间隙的参考平面处。凹槽的加工分为以下几个步骤。

① 以 R122 确定的进给量和调用循环之前的主轴转速进刀到下一次加工的凹槽中心点处。

② 按照 R123 确定的进给量和调用循环之前的主轴转速在轮廓和深度方向进行铣削，直至最后精加工余量。

③ 加工方向由 R126 参数给定的值确定。

④ 在凹槽加工结束之后，刀具回到起始平面凹槽中心，循环过程结束。

（2）精加工 R127=2。

① 如果要求分多次进刀，则只有最后一次进刀到达最后深度凹槽中心点（R122）。为了缩短返回的空行程，在此之前的所有进刀均快速返回，并根据凹槽和键槽的大小无须回到凹槽中心点才开始加工。通过参数 R124 和 R125 选择"仅进行轮廓加工"或者"同时加工轮廓和工件"。

仅加工轮廓：R124>0，R125= 0

轮廓和深度：R124>0，R125>0

R124= 0，R125= 0

R124= 0，R125>0

平面加工以参数 R123 设定的值进行，深度进给则以 R122 设定的参数值运行。

② 加工方向由参数 R126 设定的参数值确定。

③ 凹槽加工结束以后刀具运行退回到起始平面的凹槽中心点处，循环结束。

3）应用举例。

例 1：凹槽铣削。如图 14-15 所示，使用下面的程序，可以加工一个长度为 60 mm，宽度为 40 mm，圆角半径为 8 mm，深度为 17.5 mm 的凹槽。使用的铣刀不能切削中心，因此要求与加工凹槽中心（LCY82）。凹槽边的精加工的余量为 0.75 mm，深度为 0.5 mm，Z 轴上到参考平面的安全间隙为 0.5 mm。凹槽的中心点坐标为 X60，Y40，最大进刀深度为 4 mm，加工分为粗加工和细加工。

N10 G0 G17 G90 F200 S300 M3 T4 D1；确定工艺参数

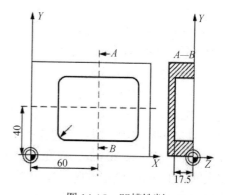

图 14-15　凹槽铣削

N20 X60 Y40 Z5；回到钻削位置

N30 R101=5 R102=2 R103=9；

R104=-17.5 R105=2

设定钻削循环参数

N40 LCYC82；调用钻削循环

N50……；更换刀具

N60 R116=60 R117=40 R118=60；

R119=40 R120=8

设定凹槽铣削循环粗加工参数

N70 R121=4 R122=120 R123=300；

R124=0.75 R125=0.5

与钻削循环相比较 R101～R104 参数不变

N80 R126=2 R127=1

N90 LCYC75；　调用粗加工循环

N100……；　更换刀具

N110 R127=2；　凹槽铣削循环精加工设定参数（其他参数不变）

N120 LCYC75；　调用精加工循环

N130 M2；　程序结束

例 2：圆形槽铣削。如图 14-16 所示，使用此程序可以在 YZ 平面上加工一个圆形凹槽，中心点坐标为 Z50X50，凹槽深 20 mm，深度方向进给轴为 X 轴，没有给出精加工余量，也就是说使用粗加工加工此凹槽。使用的铣刀带端面齿，可以切削中心。

N10 G0 G19 G90 S200 M3 T1 D1；　设定工艺参数

N20 Z60 X40 Y5；　回到起始位

N30 R101=4 R102=2 R103=0 R104=-20

R116=50 R117=50；

N40 R118=50 R119=50 R120=50

R121=4 R122=100；

N50 R123=200 R124=0 R125=0

R126=0 R127=1；

设定凹槽铣削循环参数

N60 LCYC75；　调用循环

N70 M2；　循环结束

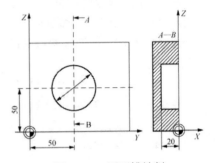

图 14-16　圆形槽铣削

例 3：键槽铣削。如图 14-17 所示，使用此程序加工 YZ 平面上一个圆上的 4 个槽，相互间成 90°角，起始角为 45°。在调用程序中，坐标系已经作了旋转和移动。键槽的尺寸如下：长度为 30 mm，宽度为 15 mm，深度为 23 mm。安全间隙 1 mm，铣削方向 G2，深度进给最大 6 毫米。键槽用粗加工（精加工余量为零）加工，铣刀带断面齿，可以加工中心。

N10 G0 G19 G90 T10 D1 S400 M3；　设定工艺参数

N20 Y20 Z50 X5；　回到起始位

N30 R101=5 R102=1 R103=0

R104=-23 R116=35 R117=0；

N40 R118=30 R119=15 R120=15

R121=6 R122=200

N50 R123=300 R124=0 R125=0

R126=2 R127=1

设定铣削循环参数

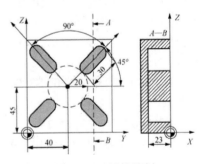

图 14-17　键槽铣削

N60 G158 Y40 Z45； 建立坐标系 Z1-Y1，移动到 Z45，Y40

N70 G259 RP L45； 旋转坐标系 45°

N80 LCYC75； 调用循环，铣削第一个槽

N90 G259 RPL90； 继续旋转 Z1-Y1 坐标系 90°

N100 LCYC75； 调用循环，铣削第二个槽

N110 G259 RPL90； 继续旋转 Z1-Y1 坐标系 90°

N120 LCYC75； 铣削第三个槽

N130 G259 RPL90； 继续旋转 Z1-Y1 坐标系 90°

N140 LCYC75； 铣削第四个槽

N150 G259 RPL45； 恢复到原坐标系，角度为 0°

N160 G158 Y-40 Z-45； 返回移动部分

N170 Y20 Z50 X5； 回到出发位置

N180 M2； 程序结束

14.5 课堂实训

使用加工中心基本指令，编写如图 14-18 所示零件的加工程序。

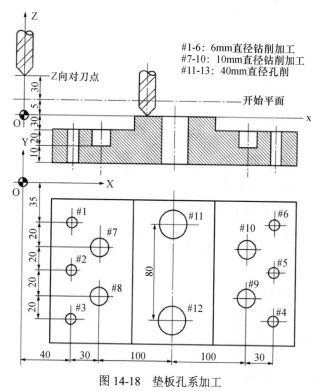

图 14-18 垫板孔系加工

1. 加工中心工艺

（1）分析零件图样，进行工艺处理。该零件孔加工中，有通孔、盲孔，需钻、扩和镗加工，故选择钻头 T01、扩孔刀 T02 和镗刀 T03，加工坐标系 Z 向原点在零件上表面处。由于有三

种孔径尺寸的加工，按照先小孔后大孔加工的原则，确定加工路线为：从编程原点开始，先加工 6 个 $\phi6$ 的孔，再加工 4 个 $\phi10$ 的孔，最后加工 2 个 $\phi40$ 的孔。T01、T02 的主轴转数 S=600 r/min，进给速度 F=120 mm/min；T03 主轴转数 S=300r/min，进给速度 F=50 mm/min。

（2）加工调整。T01、T02 和 T03 的刀具补偿号分别为 H01、H02 和 H03。对刀时，以 T01 刀为基准，按图 3-20 中的方法确定零件上表面为 Z 向零点，则 H01 中刀具长度补偿值设置为零，该点在 G53 坐标系中的位置为 Z-35。对 T02，因其刀具长度与 T01 相比为 140-150=-10 mm，即缩短了 10 mm，所以将 H02 的补偿值设为-10。对 T03 同样计算，H03 的补偿值设置为-50，如图 14-19 所示。换刀时，采用 O9000 子程序实现换刀。

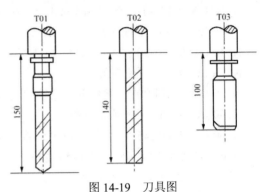

图 14-19　刀具图

根据零件的装夹尺寸，设置加工原点 G54：X=-600，Y=-80，Z=-35。

（3）数学处理。在多孔加工时，为了简化程序，采用固定循环指令。这时的数学处理主要是按固定循环指令格式的要求，确定孔位坐标、快进尺寸和工件进给尺寸值等。固定循环中的开始平面为 Z=5，R 点平面定为零件孔口表面+Z 向 3 mm 处。

使用刀具长度补偿功能和固定循环功能加工如图 14-18 所示零件上的 12 个孔。

2. 加工中心编程

```
O0050
N10 G54 G90 G00 X0 Y0 Z30；  进入加工坐标系
N20 T01 M98 P9000；  换用 T01 号刀具
N30 G43 G00 Z5 H01；  T01 号刀具长度补偿
N40 S600 M03；  主轴启动
N50 G99 G81 X40 Y-35 Z-63 R-27 F120；  加工#1 孔（回 R 平面）
N60 Y-75；  加工#2 孔（回 R 平面）
N70 G98 Y-115；  加工#3 孔（回起始平面）
N80 G99 X300；  加工#4 孔（回 R 平面）
N90 Y-75；  加工#5 孔（回 R 平面）
N100 G98 Y-35；  加工#6 孔（回起始平面）
N110 G49 Z20；  Z 向抬刀，撤销刀补
N120 G00 X500 Y0；  回换刀点
N130 T02 M98 P9000；  换用 T02 号刀
N140 G43 Z5 H02；  T02 刀具长度补偿
N150 S600 M03；  主轴启动
N160 G99 G81 X70 Y-55 Z-50 R-27 F120；  加工#7 孔（回 R 平面）
N170 G98 Y-95；  加工#8 孔（回起始平面）
N180 G99 X270；  加工#9 孔（回 R 平面）
N190 G98 Y-55；  加工#10 孔（回起始平面）
```

N200 G49 Z20； Z 向抬刀，撤销刀补

N210 G00 X500 Y0； 回换刀点

T220 M98 P9000； 换用 T03 号刀具

N230 G43 Z5 H03； T03 号刀具长度补偿

N240 S300 M03； 主轴启动

N250 G76 G99 X170 Y-35 Z-65 R3 F50； 加工#11 孔（回 R 平面）

N260 G98 Y-115； 加工#12 孔（回起始平面）

N270 G49 Z30； 撤销刀补

N280 M30； 程序停

参数设置：

H01=0，H02=-10，H03=-50；

G54：X=-600，Y=-80，Z=-35。

14.6 习　题

一、选择题

1. 程序中的每一行称为一个（　　）。

   A. 坐标　　　　　　　B. 字母　　　　　　　C. 符号　　　　　　　D. 程序段

2. 使用半径补偿功能时，下面（　　）可能会导致过切现象产生。

   A. 程序复杂　　　　　　　　　　　B. 程序简单

   C. 加工半径小于刀具半径　　　　　D. 刀具伸出过长

3. 刀具长度偏置指令中，取消长度补偿用（　　）表示。

   A. G40　　　　　　　B. G41　　　　　　　C. G43　　　　　　　D. G49

4. 子程序返回主程序的指令为（　　）。

   A. P98　　　　　　　B. M99　　　　　　　C. M08　　　　　　　D. M09

5. 在固定循环完成后刀具返回到初始点要用指令（　　）。

   A. G90　　　　　　　B. G91　　　　　　　C. G98　　　　　　　D. G99

6. 沿着刀具前进方向观察，刀具中心轨迹偏在工件轮廓的左边时，用（　　）补偿指令。

   A. 右刀或后刀　　　　B. 左刀　　　　　　C. 前刀或右刀　　　　D. 后刀或前刀

7. 若用 A 表示刀具半径，则精加工补偿值等于（　　）。

   A. 3A　　　　　　　B. A　　　　　　　　C. 5A　　　　　　　D. 1/2A

8. 当采用刀具（　　）时，可有效避免对长度尺寸加工的影响。

   A. 长度补偿　　　　　B. 半径补偿　　　　C. 角度补偿　　　　D. 材料补偿

9. 换刀点是加工中心刀具（　　）的地方。

   A. 自动更换模具　　　B. 自动换刀　　　　C. 回参考点　　　　D. 加工零件入刀

10. （　　）表示换刀的指令。

    A. G50　　　　　　　B. M06　　　　　　　C. G66　　　　　　　D. M62

11. 固定循环指令：（　　）。

    A. 只需一个指令，便可完成某项加工

B. 只能循环一次

C. 不能用其他指令代替

D. 只能循环两次

12. 调用子程序指令为（　　　）。

　　A. M98　　　　　　　　B. D02　　　　　　　　C. B77　　　　　　　　D. C36

二、判断题

1. N60 G01 X100 Z50 LF 中 LF 是结束符。　（　　　）

2. 加工中心的选刀动作可与机床的加工重合起来，即利用切削时间进行选刀。（　　　）

3. FANUC-0i 系统中 G74 指令用于切削右旋螺纹孔。　（　　　）

4. FANUC-0i 系统中常用的孔加工循环通常包括在 XY 平面定位、快速移动到 R 平面、孔的切削加工、孔底动作、返回到 R 平面和返回到起始点等基本操作动作。　（　　　）

5. FANUC-0i 系统中 G98 指令是返回起始点，G99 指令是返回 R 平面。　（　　　）

6. FANUC-0i 系统 G89 中的 K 是指切削进给速度。　（　　　）

7. FANUC-0i 系统 G73 中的 Q 是指每次切削深度。　（　　　）

8. FANUC-0i 系统中 G76 为精镗循环指令。　（　　　）

9. 数控机床配备的固定循环功能主要用于孔加工。　（　　　）

10. 数控铣削机床配备的固定循环功能主要用于钻孔、镗孔、攻螺纹等。　（　　　）

三、编程题

1. 编程并加工如图 14-20 所示零件，零件材料为铝块，毛坯为 50×50×14 的板材，且底面与 4 个侧面已经加工好。

2. 编程并加工如图 14-21 所示零件，零件材料为 45 钢，毛坯为 50×50×14 的板材，且底面与 4 个侧面已经加工好。

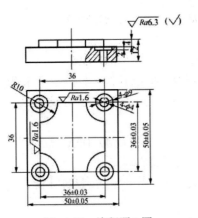

图 14-20　编程题 1 图

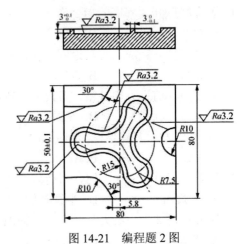

图 14-21　编程题 2 图

第 15 章 FANUC 系统宏程序应用

知识目标

☑ 了解加工中心宏程序的特点。

☑ 熟悉宏程序的变量、指令和调用方法。

☑ 掌握宏程序的编写。

能力目标

☑ 了解宏程序的特点及应用场合。

☑ 能够分析宏程序的运行。

☑ 能够运用宏程序编写程序。

15.1 宏程序指令

如何使加工中心这种高效自动化机床更好地发挥效益,其关键是开发和提高数控系统的使用性能。B 类宏程序的应用是提高数控系统使用性能的有效途径。B 类宏程序与 A 类宏程序有许多相似之处,因而下面就在 A 类宏程序的基础上,介绍 B 类宏程序的应用。

宏程序是指由用户编写的专用程序,它类似于子程序,可用规定的指令作为代号,以便调用。宏程序的代号称为宏指令。

宏程序可使用变量,可用变量执行相应操作;实际变量值可由宏程序指令赋给变量。

15.2 变量

1. 变量的分配类型

这类变量中的文字变量与数字序号变量之间有确定的关系。见表 15-1。

表 15-1　文字变量与数字序号变量之间的关系

A #1	I #4	T #20
B #2	J #5	U #21
C #3	K #6	V #22
D #7	M #13	W #23
E #8	Q #17	X #24
F #9	R #18	Y #25
H #11	S #19	Z #26

上表中,文字变量为除 G、L、N、O、P 以外的英文字母,一般可不按字母顺序排列,

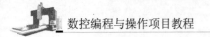

但 I、J、K 例外，#1～#26 为数字序号变量。

例如，G65 P1000 A1.0 B2.0 I3.0；

则上述程序段为宏程序的简单调用格式，其含义为：调用宏程序号为 1 000 的宏程序运行一次，并为宏程序中的变量赋值，式中，#1 为 1.0，#2 为 2.0，#4 为 3.0。

2. 变量的级别

（1）本级变量 #1～#33。作用于宏程序某一级中的变量称为本级变量，即这一变量在同一程序级中调用时含义相同，若在另一级程序（如子程序）中使用，则意义不同。本级变量主要用于变量间的相互传递，初始状态下未赋值的本级变量即为空白变量。

（2）通用变量 #100～#144，#500～#531。可在各级宏程序中被共同使用的变量称为通用变量，即这一变量在不同程序级中调用时含义相同。因此，一个宏程序中经计算得到的一个通用变量的数值，可以被另一个宏程序应用。

15.3 算术运算指令

变量之间进行运算的通常表达形式是：#i=（表达式）；

（1）变量的定义和替换。

#i=#j； 变量替换

（2）加减运算。

#i=#j+#k； 加

#i=#j-#k； 减

（3）乘除运算。

#i=#j×#k； 乘

#i=#j/#k； 除

（4）函数运算。

#i=SIN[#j]； 正弦函数（单位为度）

#i=COS[#j]； 余函数（单位为度）

#i=TANN[#j]； 正切函数（单位为度）

#i=ATANN[#j]/#k； 反正切函数（单位为度）

#i=SQRT[#j]； 平方根

#i=ABS[#j]； 取绝对值

（5）运算的组合。以上算术运算和函数运算可以结合在一起使用，运算的先后顺序是：函数运算、乘除运算、加减运算。

（6）括号的应用。表达式中括号的运算将优先进行。连同函数中使用的括号在内，括号在表达式中最多可用 5 层。

15.4 控制指令

1. 条件转移

编程格式：IF[条件表达式]GOTOn；

以上程序段含义为：

（1）如果条件表达式的条件得以满足，则转而执行程序中程序号为 n 的相应操作，程序段号 n 可以由变量或表达式替代。

（2）如果表达式中条件未满足，则顺序执行下一段程序。

（3）如果程序作无条件转移，则条件部分可以被省略。

（4）表达式可按如下书写：

$\#j$ EQ $\#k$；　表示=

$\#j$ NE $\#k$；　表示≠

$\#j$ GT $\#k$；　表示>

$\#j$ LT $\#k$；　表示<

$\#j$ GE $\#k$；　表示≥

$\#j$ LE $\#k$；　表示≤

2. 重复执行

编程格式：WHILE [条件表达式]DO m（m=1,2,3）；

　　　　　⋮

END m

上述"WHILE...END m"程序含义为：

（1）条件表达式满足时，程序段 DO m 至 END m 即重复执行。

（2）条件表达式不满足时，程序转到 END m 后处执行。

（3）如果 WHILE[条件表达式]部分被省略，则程序段 DO m 至 END m 之间的部分将一直重复执行。

★**注意**　（1）WHILE DO m 和 END m 必须成对使用

　　　　　（2）DO 语句允许有 3 层嵌套，即：

DO 1

DO 2

DO 3

END 3

END 2

END 1

　　　　　（3）DO 语句范围不允许交叉，即如下语句是错误的：

DO 1

DO 2

END 1

END 2

以上仅介绍了 B 类宏程序应用的基本问题，其应用详细说明请查阅 FANUC-0i 系统说明书。

15.5　宏程序应用

1. 宏程序的简单调用格式

宏程序的简单调用是指在主程序中宏程序可以被单个程序段单次调用。

调用指令格式：G65 P（宏程序号）　L（重复次数）（变量分配）；式中 G65——宏程序调用指令；

P（宏程序号）——被调用的宏程序代号；

L（重复次数）——宏程序重复运行的次数，重复次数为 1 时，可省略不写；

（变量分配）——为宏程序中使用的变量赋值。

宏程序与子程序相同的一点是：一个宏程序可被另一个宏程序调用，最多可调用 4 重。

2. 宏程序的编写格式

宏程序的编写格式与子程序相同。其格式为：

O～（0001～8999 为宏程序号）；　程序名

N10……；　指令

⋮

N～M99；　宏程序结束

上述宏程序内容中，除通常使用的编程指令外，还可使用变量、算术运算指令及其他控制指令。变量值在宏程序调用指令中赋给。

15.6　SIEMENS 系统的宏程序应用

1. 计算参数

SIEMENS 系统宏程序应用的计算参数如下：

R0～R99——可自由使用；

R100～R249——加工循环传递参数（如程序中没有使用加工循环，这部分参数可自由使用）；

R250～R299——加工循环内部计算参数（如程序中没有使用加工循环，这部分参数可自由使用）。

2. 赋值方式

为程序的地址字赋值时，在地址字之后应使用 "="，N、G、L 除外。

例如，G00 X=R2；

3. 控制指令

控制指令主要有：

IF　条件　GOTOF　标号

IF　条件　GOTOB　标号

说明：

IF——如果满足条件，跳转到标号处；如果不满足条件，执行下一条指令；

GOTOF——向前跳转；

GOTOB——向后跳转；

标号——目标程序段的标记符，必须由 2～8 个字母或数字组成，其中开始两个符号必须是字母或下划线。标记符必须位于程序段首；如果程序段有顺序号字，标记符必须紧跟顺序号字；标记符后面必须为冒号。

条件——计算表达式，通常用比较运算表达式，比较运算符见表 15-2。

表 15-2　比较运算符

比较运算符	意　义
==	等于
<>	不等于
>	大于
<	小于
>=	大于或等于
<=	小于或等于

例：

……

N10 IF R1<10 GOTOF LAB1；

……

N100 LAB1：G0 Z80；

4. 应用举例

使用镗孔循环 LCYC85 加工如图 15-1 所示矩阵排列孔，无孔底停留时间，安全间隙 2 mm。

加工程序如下：

N10 G0 G17 G90 F1000 T2 D2 S500 M3；

N20 X10 Y10 Z105；

N30 R1=0；

N40 R101=105 R102=2 R103=102 R104=77

R105=0 R107=200 R108=100；

N50 R115=85 R116=30 R117=20 R118=10

R119=5 R120=0 R121=10；

N60 MARKE1：LCYC60；

N70 R1=R1+1 R117=R117+10；

N80 IF R1<5 GOTOB MARKE1；

N90 G0 G90 X10 Y10 Z105；

N100 M2；

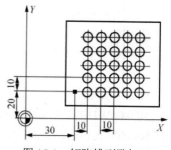

图 15-1　矩阵排列孔加工

15.7　课堂实训

使用宏程序完成如图 15-2 所示的零件加工。

1. 工艺分析

如图 15-2 所示的圆环点阵孔群中各孔的加工宏程序中将用到下列变量：

#1——第一个孔的起始角度 A，在主程序中用对应的文字变量 A 赋值；

#3——孔加工固定循环中 R 平面值 C，在主程序中用对应的文字变量 C 赋值；

#9——孔加工的进给量值 F，在主程序中用对应的文字变量 F 赋值；

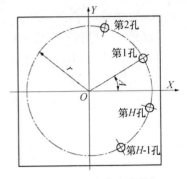

图 15-2 圆环点阵孔群的加工

#11——要加工孔的孔数 H，在主程序中用对应的文字变量 H 赋值；

#18——加工孔所处的圆环半径值 R，在主程序中用对应的文字变量 R 赋值；

#26——孔深坐标值 Z，在主程序中用对应的文字变量 Z 赋值；

#30——基准点，即圆环形中心的 X 坐标值 X_0；

#31——基准点，即圆环形中心的 Y 坐标值 Y_0；

#32——当前加工孔的序号 i；

#33——当前加工第 i 孔的角度；

#100——已加工孔的数量；

#101——当前加工孔的 X 坐标值，初值设置为圆环形中心的 X 坐标值 X_0；

#102——当前加工孔的 Y 坐标值，初值设置为圆环形中心的 Y 坐标值 Y_0。

2. 编写宏程序

用户宏程序编写如下：

```
O8000
N0010  #30=#101；  基准点保存
N0020  #31=#102；  基准点保存
N0030  #32=1；  计数值置 1
N0040 WHILE[#32 LE ABS[#11]]DO1；  进入孔加工循环体
N0050  #33=#1+360×[#32-1]/#11；  计算第 i 孔的角度
N0060  #101=#30+#18×COS[#33]；  计算第 i 孔的 X 坐标值
N0070  #102=#31+#18×SIN[#33]；  计算第 i 孔的 Y 坐标值
N0080 G90 G81 G98 X#101 Y#102
Z#26 R#3 F#9；
      钻削第 i 孔
N0090  #32=#32+1；  计数器对孔序号 i 计数累加
N0100  #100=#100+1；  计算已加工孔数
N0110 END1；  孔加工循环体结束
N0120  #101=#30；  返回 X 坐标初值 X₀
N0130  #102=#31；  返回 Y 坐标初值 Y₀
N0140 M99；  宏程序结束
```

在主程序中调用上述宏程序的调用格式为：

G65 P8000 A___ C___ F___ H___ R___ Z___;

上述程序段中各文字变量后的值均应按零件图样中给定值来赋值。

15.8 习　　题

一、选择题

1. 在程序中利用（　　）进行赋值及处理，使程序具有特殊功能，这种程序叫宏程序。
   A. 常量　　　　　　B. 变量　　　　　　C. 开头　　　　　　D. 结尾

2. 变量包括有局部变量、公用变量和（　　）。
   A. 局部变量　　　B. 大变量　　　　　C. 系统变量　　　　D. 小变量

3. 自循环指令，WHILE…END 表示：当条件满足时，就执行（　　）程序段。
   A. END 后　　　　B. WHILE 之前　　C. WHILE 和 END 中间　D. 结尾

4. 控制指令 IF[<条件表达式>]GOTOn 表示若条件成立，则转向段号为（　　）的程序段。
   A. n-1　　　　　　B. n　　　　　　　C. n 1　　　　　　D. 结尾

5. 关于宏程序的特点描述正确的是（　　）。
   A. 正确率低　　　　　　　　　　　B. 只适合于简单工件编程
   C. 可用于加工不规则形状零件　　　D. 无子程序调用语句

6. #j GT #k 表示（　　）。
   A. 与　　　　　　　B. 非　　　　　　C. 大于　　　　　　D. 加

7. 在运算指令中，形式为#i=#j #k 代表的意义是（　　）。
   A. 数列　　　　　　B. 求极限　　　　C. 坐标值　　　　　D. 和

8. 在运算指令中，形式为#i=#j-#k 代表的意义是（　　）。
   A. 负分数　　　　　B. 负极限　　　　C. 余切　　　　　　D. 差

9. 在运算指令中，形式为#i=#j XOR #k 代表的意义是（　　）。
   A. 最大值　　　　　B. 异或　　　　　C. 极限值　　　　　D. 回归值

10. 在运算指令中，形式为#i=#j MOD #k 代表的意义是（　　）。
    A. 反三角函数　　　B. 平均值　　　　C. 空　　　　　　　D. 取余

二、判断题

1. 宏程序的简单调用是指在主程序中，宏程序可以被单个程序段单次调用。（　　）

2. G65 指令中的 L 是指宏程序重复运行的次数。（　　）

3. 一个宏程序不可以被另一个宏程序调用。（　　）

4. 加工中心使用 A 类宏程序。（　　）

5. WHILE DO m 和 END m 必须成对使用。（　　）

6. 连同函数中使用的括号在内，括号在表达式中最多可用 4 层。（　　）

7. 算术运算和函数运算结合在一起时，运算的顺序是：函数运算、乘除运算、加减运算。（　　）

8. 一个宏程序中经计算得到的一个通用变量的数值，可以被另一个宏程序应用。（　　）

9. 本级变量主要用于变量间的计算，初始状态下未赋值的本级变量即为空白变量。（　　）

10. 宏程序可使用变量，可用变量执行相应操作，但实际变量值不可由宏程序指令赋给变量。（　　）

三、编程题

1. 加工凸模板外轮廓铣削，材料为硬铝 2A12，毛坯尺寸为 100×60×25，单件生产如图 15-3 所示。

2. 零件上均布孔的加工，材料为 45 钢，毛坯尺寸为 100×80×16，单件生产如图 15-4 所示，试编写加工程序。

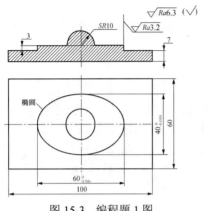

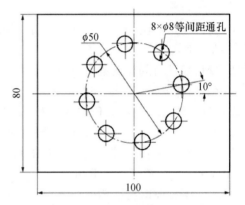

图 15-3　编程题 1 图　　　　　　　　　图 15-4　编程题 2 图

第 16 章　加工中心编程综合实训

知识目标

☑ 掌握加工中心的加工工艺。

☑ 掌握加工中心编程的技术应用。

☑ 熟悉中等复杂零件的编程与加工。

能力目标

☑ 掌握加工中心编程的技术应用。

☑ 能够分析典型零件加工中心的加工工艺。

16.1　综合实训（一）

加工如图 16-1 所示的零件。

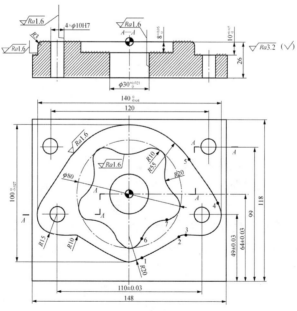

图 16-1　综合实训（一）

基点坐标：

1	（10,-47.321）	5	（45.593,25.762）
2	（37.679,-31.340）	6	（9.511,-33.090）
3	（42.679,-30）	7	（28.532,-19.271）
4	（67.434,-6.610）		

技术要求：

（1）未注尺寸公差为 IT13；

（2）锐边去毛刺。

材料：45。

（1）分析工艺。加工本例工件时，先钻出 5 个 φ8 mm 的孔，既可作为孔加工的粗加工，也可作为内轮廓加工的工艺孔。此外，本例工件的加工难点在于轮廓倒角，本例选用 R10 mm 球头刀并采用导入刀具半径补偿参数的方法编程与加工轮廓倒圆。

（2）编写加工程序。

FANUC 程序；

O301

M06 T01； 加工中心自动换刀

G90 G94 G40 G54 H01 G21 Z100；

G91 G28 Z0.0；

G90 G00 X60.0 Y-80.0；

M03 S600 F100；

Z10.0 M08；

#100= -10.0； 设定外轮廓的加工深度

M98 P1； 加工外轮廓

G00 G53 G49 Z0 M09；

M05；

M06 T2；

G54 G90 G0 G43 H02 G21 Z100；

M3 S450；

G00 Z10.0；

X0.0 Y0.0；

#101=0

N100 G68 X0 Y0 R#101； 旋转角度设定初值

M98 P2； 加工梅花形内轮廓

G69； 取消旋转

#101=#101+72.0； 旋转角度每次增加 72°

IF[#101 LE 360.0]GOTO 100； 条件判断

G91 G28 Z0.0 M09；

M05；

M6 T3；

G90 G94 G40 G54 G21； 铰孔加工程序

G91 G28 Z0.0；

G90 G00 X0.0 Y100.0；

M03 S120；

Z10.0 M08；

G85 X-60.0 Y35.0 Z-25.0 R5.0 F100；

X-60，0 Y35.0；

X60.0；

X55.0 Y-15.0；

X-55.0；

G80 G49 M09；

G91 G28 Z0

M05；

M06 T04；　加工中心自动换刀

G90 G94 G40 G54 G21；　采用 R10 mm 球头铣刀进行轮廓倒圆角

G91 G28 Z0.0；

G90 G00 X60.0 Y-80.0；

M03 S600 F500；

Z10.0 M08；　倒圆角可取较大的进给速度

#102=0.0；　角度赋值

#103=3.0；　倒角半径赋值

#104=10.0；　刀具半径赋值

N110：#100=（#103+#104）*SIN（#102）-#103；

球心 Z 坐标值

#105=（#103+#104）*COS（#102）-#103；　导入系统的刀具半径补偿变量

M98 P1；

#102=#102+5.0；　角度变量

IF[#102 LE 90.0]GOTOB 100；　条件判断

G91 G28 Z0.0；

M05；

M30；

O1　加工外轮廓子程序

G01 Z=#100；

G41 G01 X60.0 Y-30.0；　轮廓延长线上建立刀补

X42.679；

G03 X37.679 Y=31.340 R10.0；

G01 X10.0 Y-47.321；

G02 X-10.0 R20.0；

G01 X-37.679 Y-31.340；

G03 X-42.679 Y-30.0 R10.0；

G01 X-55.0 Y-30.0；

G02 X-67.434 Y-6.610 R15.0；

G01 X-45.593 Y25.762；

G02 X45.593 R55.0；

G01 X67.434 Y-6.610；

G02 X55.0 Y-30.0 R15.0；

G40 G01 X60.0 Y-80.0；

M99；

O2 加工内轮廓子程序

G01 Z-8.0 F100；

G41 G01 X-9.511 Y-33.090；

G03 X9.511 R-10.0；

G02 X28.532 Y-19.271 R20.0；

G40 G01 X0.0 Y0.0；

M99

SIMENS 程序；

AA301.MPF

G90 G94 G40 G54 G17；

M6 T1； 加工中心自动换刀

G74 Z0.0；

G90 G00 X60.0 Y-80.0；

M3 S600 F100；

Z10.0 M8；

R20= -10.0； 设定外轮廓的加工深度

L1； 加工外轮廓

G0 G53 G49 Z0 M9；

M5；

M6 T2； 加工中心自动换刀

G54 G90 G0 G43 H02 Z100；

M3 S450；

G00 Z10.0；

X0.0 Y0.0；

R1=0

MA1：ROT RPL=R1； 旋转角度设定初值

L2； 加工梅花形内轮廓

ROT； 取消旋转

R1=R1+72.0； 旋转角度每次增加 72°

IF R1<360.0 GOTOB MA1； 条件判断

G74 Z0.0；

M5；

T1D1；

G74 Z0.0；

G90 G0 X55.0 Y-15.0；

M3 S120；

Z10.0 M08；

R101=10 R102=4 R103=0 R104=-35

R105=0 R107=100 R108=100

LCYC85；

X60.0 Y35.0；

LCYC85；

X-60.0 Y35.0；

LCYC85；

X-55.0 Y-15.0；

LCYC85；

G90 G49 M9；

G74 Z0.0；

M05；

M6 T4； 加工中心自动换刀

G90 G94 G40 G54 G71； 采用 R10 mm 球头铣刀进行轮廓倒圆角

G74 Z0.0；

G90 G0 X60.0 Y-80.0；

M03 S600 F500；

Z10.0 M8； 倒圆角可取较大的进给速度

R1=0.0； 角度赋值

R2=3.0； 倒角半径赋值

R3=10.0； 刀具半径赋值

MA1：R20=（R2+R3）*SIN（R1）-R2； 球心 Z 坐标值

R5=（R2+R3）*COS （R1）-R2； 导入系统的刀具半径补偿变量

L1；

R1=R1+5.0； 角度变量

IF R1<=90.0 GOTOB MA1； 条件判断

G74 Z0.0 M9；

M5；

M30；

L1.SPF； 加工外轮廓子程序

G0 Z=R20；

G41 G1 X60.0 Y-30.0； 轮廓延长线上建立刀补

X42.679；

G3 X37.679 Y=31.340 CR=10.0；

G1 X10.0 Y-47.321；

G2 X-10.0 CR=20.0；

Gl X-37.679 Y-31.340；

G3 X-42.679 Y-30.0 CR=10.0；

G1 X-55.0 Y-30.0；

G2 X-67.434 Y-6.610 CR=15.0；

G1 X-45.593 Y25.762;

G2 X45.593 CR=55.0;

G1 X67.434 Y-6.610;

G2 X55.0 Y-30.0 CR=15.0;

G40 G1 X60.0 Y-80.0;

RET;

L2.SPF 加工内轮廓子程序

G0 Z-8.0 F100;

G4l G1 X-9.511 Y-33.090;

G3 X9.511 CR=-10.0;

G2 X28.532 Y-19.271 CR=20.0;

G40 G1 X0.0 Y0.0;

RET;

16.2 综合实训（二）

加工如图 16-2 所示的零件。

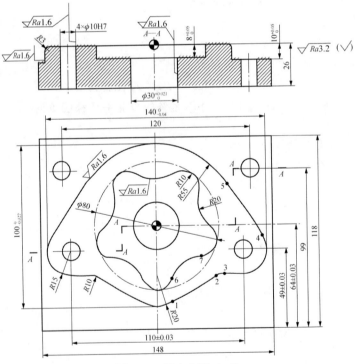

图 16-2 综合实训（二）

基点坐标：

1	（58.000,16.436）	3	（43.291,35.062）
2	（52.783,23.937）	4	（36.571,41.415）

技术要求：

（1）未注尺寸公差为 IT13；

（2）锐边去毛刺。

材料：45。

（1）分析工艺。加工本例工件时程序较简单，内轮廓编程可采用坐标旋转，结合宏程序进行，以简化编程。

（2）编写加工程序。

FANUC 程序：

O302 内、外轮廓加工主程序

M06 T01； 加工中心自动换刀

G90 G94 G40 G54 G21；

G91 G28 Z0.0；

G90 G00 X-80.0 Y-70.0；

M03 S600；

Z10.0 M08；

G01 Z-8.0 F100.0；

M98 P1；

M09 M05；

M06 T02；

G90 G94 G40 G54 G21；

G91 G28 Z0.0；

M03 S600；

G90 G00 Z5.0；

X0.0 Y0.0 M08；

G01 Z-4.0；

#101=0； 旋转角度设定初始值

N120 G68 X0 Y0 R#101； 坐标旋转

M98 P2；

G69；

#100=#101+90.0； 旋转角度每次增加 90°

IF[#100 LE 360.0]GOTO 120； 条件判断

G91 G28 Z0.0 M09；

M05；

M06 T03；

G90 G94 G40 G54 G21； 铰孔程序

G91 G28 Z0.0；

G90 G00 X0.0 Y0.0；

Z10.0 M08；

M03 S600；

G85 X-58.0 Y38.0 Z-25.0 R5.0 F100；

X58.0；

Y-38.0；

X-58.0；

G80；

G91 G28 Z0；

M05；

M30；

O1 加工外轮廓子程序

G41 G01 X-58.0 Y-30.0 D01；

Y16.436；

G02 X-52.783 Y23.937 R8.0；

G03 X-43.291 Y35.062 R15.0；

G02 X-36.571 Y41.415 R8.0；

X36.571 R260.0；

X43.291 Y35.062 R8.0；

G03 X52.783 Y23.937 R15.0；

G02 X58.0 Y16.436 R8.0；

G01 X58.0 Y-16.436；

G02 X52.783 Y-23.937 R8.0；

G03 X43.291 Y-35.062 R15.0；

G02 X36.571 Y-41.415 R8.0；

X-36.571 R260.0；

X-43.291 Y-35.062 R8.0；

G03 X-52.783 Y-23.937 R15.0；

G02 X-58.0 Y-16.436 R8.0；

G40 G01 X-80.0 Y-70.0；

M99；

O2 加工内轮廓子程序

G41 G01 X9.0 Y10.0 D01；

X9.0 Y25.0；

G03 X-9.0 R9.0；

G01 X-9.0 Y17.860；

G03 X-17.860 Y9.0 R20.0；

G40 G01 X0.0 Y0.0；

M99；

★注 意　将上述程序中的"G85"改成"G81"即可变成加工这 4 个孔的钻孔和扩孔程序。本例采用 G76 指令进行精镗孔，程序略。

SIMENS 程序：

AA302.MPF 内、外轮廓加工主程序

```
G90 G94 G40 G54 G71；
M6 T1；  加工中心自动换刀
G74 Z0.0；
G90 G0 X-80.0 Y-70.0；
M3 S600；
Z10.0 M08；
G1 Z-8.0 F100.0；
L1；
M9 M5；
M6 T2；
G90 G94 G40 G54 G71；
G91 G74 Z0；
M3 S600；
G90 G0 Z5.0；
X0.0 Y0.0；
G1 Z-4.0；
R1=0；  旋转角度设定初始值
MAl：ROT RPL=R1；  坐标旋转
L2；
ROT；
R1=R1+90.0；  旋转角度每次增加90°。
IF R1<=360.0 GOTOB MA1；  条件判断
G74 Z0.0 M9；
M5；
M6 T3；
G90 G94 G40 G54 G7l；  铰孔子程序
G74 Z0.0；
G90 G0 X58.0 Y38.0；
Z10.0 M08；
M3 S600；
R101=10 R102=4 R103=0 R104=-25
R105=0 R107=100 R108=100
LCYC85；
X-58.0 Y-38.0；
LCYC85；
X-58.0 Y-38.0；
LCYC85；
X-58.0 Y-38.0；
LCYC85；
G74 Z0；
```

M5；

M30；

Ll.SPF 加工外轮廓子程序

G41 Gl X-58.0 Y-30.0；

Y16.436；

G2 X-52.783 Y23.937 CR=8.0；

G3 X-43.291 Y35.062 CR=15.0；

G2 X-36.571 Y41.415 CR=8.0；

X36.571 R260.0；

X43.291 Y35.062 CR=8.0；

G3 X52.783 Y23.937 CR=15.0；

G2 X58.0 Y16.436 CR=8.0；

G1 X58.0 Y-16.436；

G2 X52.783 Y-23.937 CR=8.0；

G3 X43.291 Y-35.062 CR=15.0；

G2 X36.571 Y-41.415 CR=8.0；

X-36.571 CR=260.0；

X-43.291 Y-35.062 CR=8.0；

G3 X-52.783 Y-23.937 CR=15.0；

G2 X-58.0 Y-16.436 CR=8.0；

G40 G1 X-80.0 Y-70.0；

RET；

L2. SPF 加工内轮廓子程序

G41 G1 X9.0 Y10.0；

X9.0 Y25.0；

G3 X-9.0 CR=9.0；

G1 X-9.0 Y17.860；

G3 X-17.860 Y9.0 CR=20.0；

G40 G1 X0.0 Y0.0；

RET；

16.3 综合实训（三）

加工如图 16-3 所示的零件。

基点坐标：

1	（52.582,-42.917）	5	（40.0,28.763）
2	（65.0,-28.243）	6	（29.082,21.078）
3	（65.0,20.989）	7	（20.767,21.650）
4	（50.634,43.117）		

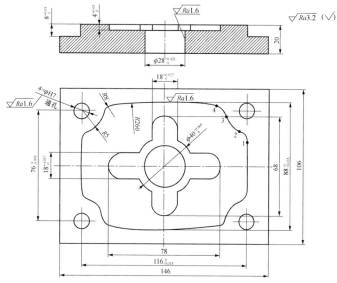

图 16-3　综合实训（三）

技术要求：

（1）未注尺寸公差为 IT13；

（2）锐边去毛刺。

材料：45。

（1）分析工艺。加工本例工件的外轮廓时，应注意宏程序的编写，特别是圆弧与椭圆切点处的宏程序编写。加工内轮廓对应注意刀具的半径应小于内凹圆弧的半径。

（2）编写加工程序。

FANUC 程序：

O303　外轮廓加工主程序

M06 T01；　加工中心自动换刀

G90 G94 G40 G54 G21；

G91 G28 Z0；

G90 G00 X90.0 Y0.0；

Z10.0 M08；

M03 S600；

M98 P1；

M09 M05；

M06 T02；

G90 G94 G40 G54 G21；

G91 G28 Z0.0；

M03 S600；

G00 Z5.0；

X0.0 Y0.0 M08；

M98 P2；　调用子程序加工外轮廓

G91 G28 Z0.0 M09；

```
M05；
M06 T03；
G90 G94 G40 G54 G21；  粗加工钻孔程序
G91 G28 Z0.0；
G90 G00 X0.0 Y0.0；
Z10.0 M08；
M03 S600.0；
G81 X0.0 Y40.0 Z-30.0 R5.0 F100；
Y-40.0；
X-40.0 Y0；
X40.0；
G80 M09；
G91 G28 Z0；
M05；
M30；
O1
G01 Z-10.0 F100.0；
G90 G41 G01 X65.0 Y25.0 D01；
X65.0 Y-27.6119；
#101=54.6532；  X 坐标赋值
#102=-41.871；  Y 坐标赋值
G02 X#101 Y#102 R15.0；
N100 #101=#101-0.5；  X 坐标变量
#102=SQRT[130*130-#101*#101]*50/130；  Y 坐标变量
G01 X=#101 Y=#102；
IF[#101 GE-54.653]GOTO 100；  条件判断
G02 X-65.0 Y-27.6ll R15.0；
G01 X-65.0 Y23.9266；
#103=-50.633；  X 坐标赋值
#104=43.116；  Y 坐标赋值
G02 X#103 Y#104 R20.0；
N200 #103=#103+0.5；  X 坐标变量
#104=SORT[130*130-#103*#103]*50/130；  Y 坐标变量
G01 X=#103 Y=#104；
IF[#103 LE 50.633]GOTO 200；
G02 X65.0 Y23.9266 R20.0；
G40 G01 X80.0 Y0.0；
M99；
O2
G0l Z-8.0 F100.0；
```

G41 G01 X50.0 Y23.5 D01；

G03 X39.685 Y28.763 R6.5；

G01 X29.082 Y21.078；

G02 X20.767 Y21.650 R6.5；

G03 X-20.767 Y21.650 R30.0；

G02 X-29.082 Y21.078 R6.5；

G01 X-39.685 Y28.763；

G03 X-50.0 Y23.5 R6.5；

G01 Y-23.5；

G03 X-39.685 Y-28.763 R6.5；

G01 X-29.082 Y-21.078；

G02 X-20.767 Y-21.650 R6.5；

G03 X20.767 R30.0；

G02 X29.082 Y-21.078 R6.5；

G01 X39.685 Y-28.763；

G03 X50.0 Y-23.5 R6.5；

G01 Y23.5；

G40 G01 X0.0 Y0.0；

M99；

SIMENS 程序：

AA303.MPF 外轮廓加工主程序

G90 G94 G40 G54 G71；

M6 T1；　加工中心自动换刀

G74 Z0；

G90 G0 X90.0 Y0.0；

Z10.0 M08；

M3 S600；

L1；

M9 M5；

M6 T2；

G90 G94 G40 G54 G71；

G91 G74 Z0；

M3 S600；

G0 Z5.0；

X0.0 Y0.0 M8；

L2；　调用子程序加工外轮廓

G91 G74 Z0.0；

M05；

M6 T3；

G90 G94 G40 G54 G71；　粗加工钻孔程序

G74 Z0.0；

G90 G0 X0.0 Y40.0；

Z10.0 M08；

M3 S600.0；

R101=10 R102=4 R103=0 R104=-33

R105=1

LCYC82；

X0.0 Y-40.0；

LCYC82；

X-40.0 Y0.0；

LCYC82；

X40.0 Y0.0；

LCYC82；

G74 Z0 M9；

M5；

M30；

L1.SPF

G0 Z-10.0 F100.0；

G41 G1 X65.0 Y25.0；

X65.0 Y-27.6119；

R1=54.6532；　X 坐标赋值

#102=-41.871；　Y 坐标赋值

G2 X=R1 Y#102 CR=15.0；

MAL：R1=R1-0.5；　X 坐标变量

R2=SQRT[130*130-R1*R1]*50/130；　Y 坐标变量

G1 X=R1 Y=R2；

IF R1<=-54.653 GOTO MAL；　条件判断

G2 X-65.0 Y-27.6ll CR=15.0；

G1 X-65.0 Y23.9266；

R3=-50.633；　X 坐标赋值

R4=43.116；　Y 坐标赋值

G2 X=R3 Y=R4 R20.0；

MAL：R3=R3+0.5；　X 坐标变量

R4=SQRT[130*130-R3*R3]*50/130；　Y 坐标变量

G1 X=R3 Y=R4；

IF R3< 50.633 GOTO MAL；

G2 X65.0 Y23.9266 CR=20.0；

G40 G1 X80.0 Y0.0；

RET；

L2.SPF

```
G0 Z-8.0 F100.0；
G41 G1 X50.0 Y23.5；
G3 X39.685 Y28.763 CR=6.5；
G1 X29.082 Y21.078；
G2 X20.767 Y21.650 CR=6.5；
G3 X-20.767 Y21.650 CR=30.0；
G2 X-29.082 Y21.078 CR=6.5；
G1 X-39.685 Y28.763；
G3 X-50.0 Y23.5 CR=6.5；
G1 Y-23.5；
G3 X-39.685 Y-28.763 CR=6.5；
G1 X-29.082 Y-21.078；
G2 X-20.767 Y-21.650 CR=6.5；
G3 X20.767 CR=30.0；
G2 X29.082 Y-21.078 CR=6.5；
G1 X39.685 Y-28.763；
G3 X50.0 Y-23.5 CR=6.5；
G1 Y23.5；
G40 G1 X0.0 Y0.0；
RET；
```

16.4 习　　题

1. 编程并加工如图 16-4 所示零件，零件材料为铝块，毛坯为 60×60×20 的板材，且底面与 4 个侧面已经加工好。

2. 编程并加工如图 16-5 所示零件，零件材料为 45 钢，毛坯为 110×100×25 的板材，且底面与 4 个侧面已经加工好。

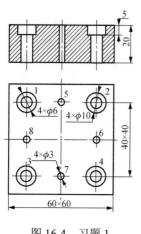

图 16-4　习题 1

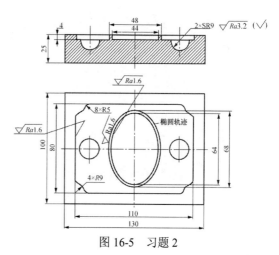

图 16-5　习题 2

项目 4

数控电火花线加工技术

第 17 章　数控电火花线切割加工技术

知识目标

☑ 了解数控电火花线切割与成型机床加工工艺。

☑ 掌握数控电火花线切割与成型机床结构原理及加工特点。

☑ 掌握数控电火花线切割程序的编写。

☑ 了解数控电火花线切割机床自动编程软件。

能力目标

☑ 分析数控电火花线切割与成型机床加工工艺。

☑ 会操作数控电火花线切割与成型机床。

☑ 能编写数控电火花线切割结构程序。

☑ 会使用数控电火花线切割机床自动编程软件。

17.1　数控电火花线切割机床简介

17.1.1　电火花线切割机床分类

根据电极丝的运行速度，电火花线切割机床主要分为 3 大类：高速走丝（或称快走丝）电火花线切割机床（WEDM-HS）、低速走丝（或称慢走丝）电火花线切割机床（WEDM-LS）、中速走丝电火花线切割机床。

（1）高速走丝电火花线切割机床。其电极丝做高速往复运动，一般走丝速度为 8～10 m/s，电极丝可重复使用，加工速度较高，但快速走丝容易造成电极丝抖动和反向时停顿，使加工质量下降，是我国生产和使用的主要机种。

（2）低速走丝电火花线切割机床。其电极丝做低速单向运动，一般走丝速度低于 0.2 m/s，电极丝放电后不再使用，工作平稳、均匀、抖动小、加工质量较好，但加工速度较低，是国外生产和使用的主要机种。

（3）中速走丝电火花线切割机床。中速走丝线切割机床属往复高速走丝电火花线切割机床范畴，在高速往复走丝电火花线切割机上吸收了慢走丝机床多次切割的特点，对数控柜、主机加工工艺进行较大改进，使其成为性能趋近于慢走丝，又有快走丝特性的新型往复走丝电火花线切割机，被俗称为"中走丝线切割"。其原理是对工件作多次反复地切割，开头用较快丝筒速度、较强高频来切割，最后一刀则用较慢丝筒速度、较弱高频电流来修光，从而提高了加工光洁度。

17.1.2　电火花线切割加工原理

电火花线切割的基本工作原理是利用连续移动的细金属丝（称为线切割的电极丝，常用钼丝）作为电极，对工件进行脉冲火花放电蚀除金属，由计算机控制，配合一定的水基乳化液进行冷却排屑，将工件切割加工成型。线切割主要用于加工各种形状复杂和精密细小的工件，例如，线切割可以加工冲裁模的凸模、凹模、凸凹模、固定板、卸料板等，成型刀具、样板，线切割还可以加工各种微细孔槽、窄缝、任意曲线等。线切割具有加工余量小、加工精度高、生产周期短、制造成本低等突出优点，在生产中获得广泛的应用。

快走丝电火花线切割工艺及装置的示意图如图 17-1 所示。它是利用细钼丝 4 作为工具电极进行切割，钼丝穿过工件上预钻好的小孔，经导向轮 5 由储丝筒 7 带动钼丝作正反向交替移动，加工能源由脉冲电源 3 供给。工件安装在工作台上，由数控装置按加工要求发出指令，控制两台步进电机带动工作台在水平 X、Y 两个坐标方向移动，从而合成各种曲线轨迹，将工件切割成型。在加工时，由喷嘴将工作液以一定的压力喷向加工区，当脉冲电压击穿电极丝和工件之间的放电间隙时，两极之间即产生火花放电而蚀除工件。

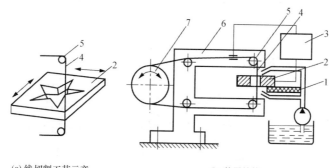

(a) 线切割工艺示意　　　　　(b) 装置结构

图 17-1　高速走丝电火花线切割加工原理

1-绝缘底板；2-工件；3-脉冲电源；4-钼丝；5-导向轮；6-支架；7-储丝筒

这类机床的电极丝运行速度快，而且是双向往返循环地运行，即成千上万次地反复通过加工间隙，一直使用到断线为止。电极丝主要是钼丝（0.1～0.2 mm），工作液通常采用乳化液，也可采用矿物油（切割速度低，易产生火灾）、去离子水等。相对来说高速走丝电火花线切割机床结构比较简单，价格比低速走丝机床便宜。但是，由于它的运丝速度快、机床的振动较大，电极丝的振动也大，导丝导轮损耗也大，给提高加工精度带来较大的困难。另外电极丝在加工反复运行中的放电损耗也是不能忽视的，目前能达到的精度为 0.01 mm，表面粗糙度 Ra 为 0.63～1.25 μm，但一般的加工精度为 0.015～0.02 mm，表面粗糙度 Ra 为 1.25～2.5 μm，可满足一般模具的要求。

低速走丝机床的运丝速度慢，可使用纯铜、黄铜、钨、钼和各种合金以及金属涂覆线作为电极丝，其直径为 0.03～0.35 mm。这种机床电极丝只是单方向通过加工间隙，不重复使用，可避免电极丝损耗给加工精度带来的影响。工作液主要是去离子水和煤油。使用去离子水工作效率高，没有引起火灾的危险。这类机床的切割速度目前已达到 350～400 mm2/min，最佳表面粗糙度 Ra 可达到 0.05 μm，尺寸精度大为提高，加工精度能达到±0.001 mm，但一般的加工精度为 0.002～0.005 mm，表面粗糙度为 0.03 μm。低速走丝电火花线切割加工机床由于解决了能自动卸除加工废料、自动搬运工件、自动穿电极丝和自适应控制技术的应用，因而已能实现无人操作的加工。但低速走丝电火花线切割加工机床目前的造价以及加工成本均要比高速走丝数控电火花线切割机床高得多。

17.1.3　电火花线切割加工的特点

（1）加工范围宽，只要被加工工件是导体或半导体材料，无论其硬度如何，均可进行加工。

（2）由于线切割加工线电极损耗极小，所以加工精度高。

（3）除了电极丝直径决定的内侧角部的最小半径（电极丝半径+放电间隙）的限制外，任何复杂形状的零件，只要能编制加工程序就可以进行加工。该方法特别适于小批量和试制品的加工。

（4）能方便调节加工工件之间的间隙，如依靠线径自动偏移补偿功能，使冲模加工的凸凹模间隙得以保证。

（5）采用四轴联动可加工上、下面异型体，扭曲曲面体，变锥度体等工件。

17.2　数控电火花线切割加工的基本工艺

1. 装夹工件

工件支撑方式如图 17-2 所示。

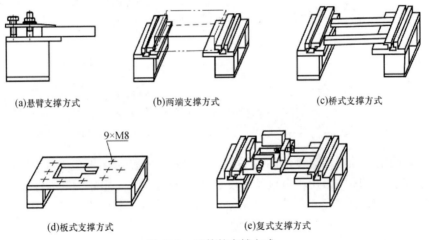

(a)悬臂支撑方式　　　(b)两端支撑方式　　　(c)桥式支撑方式

(d)板式支撑方式　　　(e)复式支撑方式

图 17-2　工件的支撑方式

2. 选择电极丝

常用电极丝的种类及其特点见表 17-1。

表 17-1　常用电极丝种类及其特点

材　　料	线径/mm	特　　　点
纯铜	0.1～0.25	适合于切割速度要求不高或精加工时用，丝不易卷曲，抗拉强度低，容易断丝
黄铜	0.1～0.30	适合于高速加工，加工面的蚀屑附着少，表面粗糙度和加工面的平直度也比较好
专用黄铜	0.05～0.35	适合于高速、高精度和理想的表面粗糙度加工以及自动穿丝，但价格高
钼丝	0.06～0.25	由于它的抗拉强度高，一般用于快速走丝，在进行微细、窄缝加工时，也可用于慢速走丝
钨丝	0.03～0.10	由于抗拉强度高，可用于各种窄缝的微细加工，但价格昂贵

3. 选择与配制工作液

线切割工作液的种类、特点及应用见表 17-2。

表 17-2　线切割工作液的种类、特点及应用

种　　类	特点及应用
水类工作液（自来水、蒸馏水、去离子水）	冷却性能好，但洗涤性能差，易断丝，切割表面易黑、脏。适用于厚度较大的零件加工用
煤油工作液	介电强度高、润滑性能好，但切割速度低，易着火，只有在特殊情况下才采用
皂化液	洗涤性能好，切割速度较高，适用于加工精度及表面质量较低的零件
乳化型工作液	介电强度比水高，比煤油低；冷却能力比水弱，比煤油好；洗涤性比水和煤油都好。切割速度较高，是普通使用的工作液

4. 确定切割路线

确定切割路线是指确定线切割加工的起始点和走向。一般情况下，应将切割起点安排在靠近夹持端，然后转向远离夹具的方向进行加工，最后转向零件夹具的方向。如图 17-3 所示，其中（b）图切割路线正确，（a）和（c）图切割路线都不好。

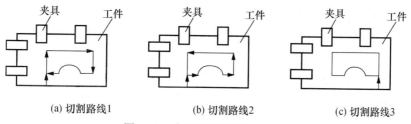

(a) 切割路线1　　　　　　(b) 切割路线2　　　　　　(c) 切割路线3

图 17-3　线切割加工路线的选择

5. 确定间隙补偿量 *t*

间隙补偿量 *t* 为所加工图形与电极丝中心轨迹间的距离，在圆弧的半径方向和线段的垂直方向都相等，此距离称为间隙补偿量，间隙补偿量 *t* 的计算如下：

$$t = r_{丝} + \delta_{电}$$

式中，*r* 丝——电极丝半径；

δ 电——单边放电间隙。

17.3　数控电火花线切割机床编程

数控线切割编程与数控车床、铣床、加工中心的编程过程一样，也是按要加工的工件编制出控制系统能接受的指令。

17.3.1　3B 格式编程

我国独创的 3B 格式只能用于快走丝线切割，其功能少、兼容性差，只能用相对坐标编程而不能用绝对坐标编程，但其针对性强，通俗易懂，且被我国绝大多数快走丝线切割机床生产厂采用。

（1）程序格式。3B 格式的程序没有间隙补偿功能，其程序格式见表 17-3。表中的 B 为分隔符号，它在程序单上起着把 X、Y 和 J 数值分隔开的作用。当程序输入控制器时，读入第一个 B 后的数值表示 X 坐标值，读入第二个 B 后的数值表示 Y 坐标值，读入第三个 B 后的数值表示计数长度 J 的值。

表 17-3　3B 程序格式

B	X	B	Y	B	J	G	Z
B	X坐标值	B	Y坐标值	B	计数长度	计数方向	加工指令

在加工圆弧时，程序中的 X、Y 必须是圆弧起点对圆心的坐标值。加工斜线时，程序中的 X、Y 必须是该斜线段终点对其起点的坐标值，斜线段程序中的 X、Y 值允许把它们同时缩小相同的倍数，只要其比值保持不变即可，因为 X、Y 值只用来确定斜线的斜率，但 J 值不能缩小。对于与坐标轴重合的线段，在其程序中的 X 或 Y 值可不必写或全写为零。X、Y 坐标值只取其数值，不管正负。X、Y 坐标值都以 μm 为单位，1 μm 以下的按四舍五入计。

（2）计数方向 G 和计数长度 J。

① 计数方向 G 及其选择。在加工斜线段时，必须用进给距离比较大的一个方向作为进给长度控制。若线段的终点为 A (X,Y)，当 $|Y| > |X|$ 时，计数方向取 G_Y；当 $|Y| < |X|$ 时，计数方向 G_X。当确定计数方向时，可以 45° 为分界线，斜线在阴影区内时，取 G_Y；反之取 G_X。若斜线正好在 45°线上时，可任意选取 G_X、G_Y，如图 17-4 所示。

加工圆弧时，其计数方向的选取应视圆弧终点的情况而定，从理论上来分析，应该是当加工圆弧达到终点时，走最后一步的是哪个坐标，就应选哪个坐标作为计数方向，这很麻烦。因此以 45° 线为界，如图 17-5 所示。若圆弧坐标终点为 B (X,Y)，当 $|X| < |Y|$ 时，即终点在阴影区内，计数方向取 G_X；当 $|X| > |Y|$ 时，计数方向取 G_Y；当终点在 45°线上时，可任意取 G_X、G_Y。

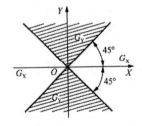

图 17-4　斜线段计数方向选择

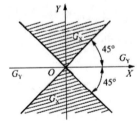

图 17-5　圆弧计数方向选择

② 计数长度 J 的确定。对于斜线，如图 17-6（a）所示取 $J=X_e$，如图 17-6（b）所示取 $J=Y_e$ 即可。

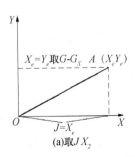

图 17-6　直线 J 的确定

对于圆弧，它可能跨越几个象限，如图 17-7 所示的圆弧都是从 A 加工到 B。如图 17-7（a）所示，计数方向为 G_X，$J=J_{X1}+J_{X2}$；在如图 17-7（b）所示中，计数方向为 G_Y，$J=J_{Y1}+J_{Y2}+J_{Y3}$。

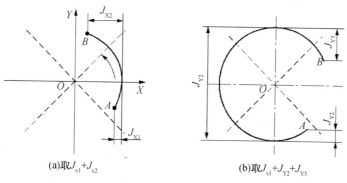

(a)取 $J_{x1}+J_{x2}$ (b)取 $J_{x1}+J_{Y2}+J_{Y3}$

图 17-7　圆弧 J 的确定

（3）加工指令 Z。加工指令 Z 包括直线插补指令（L）和圆弧插补指令（R）两类。

直线插补指令（L_1、L_2、L_3、L_4）表示加工的直线终点分别在坐标系的第一、第二、第三、第四象限。如果加工的直线与坐标轴重合，根据进给方向来确定指令（L_1、L_2、L_3、L_4）。如图 4-9（a）、（b）所示。

★**注 意**　坐标系的原点是直线的起点。

圆弧插补指令（R）根据加工方向又可分为顺圆弧插补（SR_1、SR_2、SR_3、SR_4）和逆圆弧插补（NSR_1、NSR_2、NSR_3、NSR_4）。字母后面的数字表示该圆弧的起点所在象限，SR 表示顺圆弧插补，其起点在第一象限，如图 17-8（c）所示，NSR 表示逆圆弧插补，其起点在第一象限，如图 17-8（d）所示。

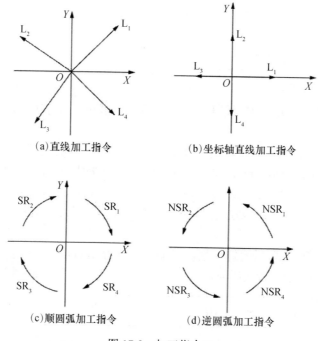

(a)直线加工指令　　　　　　　(b)坐标轴直线加工指令

(c)顺圆弧加工指令　　　　　　(d)逆圆弧加工指令

图 17-8　加工指令 Z

★注意 坐标系的原点是圆弧的圆心。

（4）程序的输入方式。将编制好的线切割加工程序，输入机床有以下方式。

① 手工键盘输入。这种方法直观，但费时麻烦，且容易出现输入错误，适合简单程序的输入。

② 由通信接口直接传输到线切割控制器。这种方法应用更方便，且不容易出现输入错误，是最理想的输入方式。

（5）应用实例

使用 3B 代码编制加工如图 17-9（a）所示的凸模零件的线切割加工程序。已知线切割加工用的电极丝直径为 0.18 mm，单边放电间隙为 0.01mm，图中 A 点为穿丝孔，加工方向沿 A—B—C—D—E—F—G—H—B—A 进行。

① 分析工艺。现用线切割加工凸模状的零件图，实际加工中由于钼丝半径和放电间隙的影响，钼丝中心运行的轨迹形状如图 17-9（b）中所示虚线，即加工轨迹与零件图相差一个补偿量，补偿量的大小为钼丝半径 r+单边放电间隔 δ=0.09 mm+0.01 mm=0.1 mm，在加工中需要注意的是 $E'F'$圆弧的编程，圆弧 EF 与圆弧 $E'F'$有较多不同点，它们的特点比较见表 17-4。

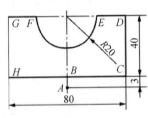
(a)线切割加工程序

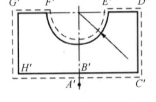
(b)钼丝中心运行的轨迹形状

图 17-9　凸模零件

表 17-4　圆弧 EF 和 E'F'特点比较

	起　点	起点所在象限	圆弧首先进入象限	圆弧经历象限
圆弧 EF	E	X 轴上	第四象限	第二、三象限
圆弧 E'F'	E'	第一象限	第一象限	第一、二、三、四象限

② 计算并编制圆弧 $E'F'$的 3B 代码。如图 17-9（b）所示，最难编制的是圆弧 $E'F'$，其具体计算过程如下：

以圆弧 $E'F'$的圆心为坐标原点，建立直角坐标系，则 E'点的坐标为：YE'=0.1mm，XE'=（20-0.1）2 mm-0.12 mm=19.900 mm。根据对称原理可得 F'的坐标为（-19.900,0.1）。

根据上述计算可知圆弧 $E'F'$的终点坐标的 Y 的绝对值小，所以计数方向为 Y。圆弧 $E'F'$在第一、二、三、四象限分别向 Y轴投影得到长度的绝对值分别为 0.1mm、19.9 mm、19.9 mm、0.1mm，故 J=40 000。

圆弧 $E'F'$首先在第一象限顺时针切割，故加工指令为 SR1。

由上可知，圆弧 $E'F'$的 3B 代码为：

$E'F'$	B	19 900	B	100	B	40 000	GY	SR₁

③ 经过上述分析计算，可得轨迹形状的 3B 程序，见表 17-5。

表 17-5　切割轨迹 3B 程序单

程　序	B	X	B	Y	B	J	G	Z	备注
1	B	0	B	0	B	2 900	G_Y	L2	加工 A'B'线段
2	B	40 100	B	0	B	40 100	G_X	L1	加工 B'C'线段
3	B	0	B	40 200	B	40 200	G_Y	L2	加工 C'D'线段
4	B	0	B	0	B	20 200	G_X	L3	加工 D'E'线段
5	B	19 900	B	100	B	40 000	G_Y	SR1	加工 E'F'圆弧线段
6	B	20 200	B	0	B	20 200	G_X	L3	加工 F'G'线段
7	B	0	B	40 200	B	40 200	G_Y	L4	加工 G'H'线段
8	B	40 100	B	0	B	40 100	G_X	L1	加工 H'B'线段
9	B	0	B	2 900	B	2 900	G_Y	L4	加工 B'A'线段
10	停机代码						DD		

17.3.2　4B 格式编程

4B 格式程序具有间隙补偿功能。将补偿量（计算方法下面介绍）先输入计算机控制装置，加工程序按零件平均尺寸编制，计算机控制系统自动进行间隙补偿计算，然后去控制机床的运动，也就是说虽然按工件轮廓尺寸编程，但实际走的路线是电极丝中心轨迹，因此可保证加工出符合尺寸要求的零件。4B 程序格式见表 17-6。

表 17-6　4B 程序格式

B	X	B	Y	B	J	B	R	G	Z
B	X 坐标值	B	Y 坐标值	B	计数长度	B	圆弧半径	计数方向	加工指令

表中 R 为加工圆弧半径，对于加工图纸各尖角一般取 $R=0.1\text{mm}$ 的过渡圆弧来过渡，这样在加工直线时，程序不变；加工圆弧时，计算机控制系统自动做补偿计算。

17.3.3　ISO 格式编程

ISO 格式是指国际通用的 ISO（G）代码，其优点是功能齐全、通用性强，我国的数控线切割系统使用的指令代码与 ISO 基本一致。数控线切割机床常用的指令代码见表 17-7。

表 17-7　数控线切割机床常用的指令代码

代　码	功　能	代　码	功　能
G00	快速点定位	G55	加工坐标系 2
G01	直线插补	G56	加工坐标系 3
G02	顺时针方向圆弧插补	G57	加工坐标系 4
G03	逆时针方向圆弧插补	G58	加工坐标系 5
G05	X 轴镜像	G59	加工坐标系 6
G06	Y 轴镜像	G80	接触感知
G07	X、Y 轴交换	G82	半程移动
G08	X 轴镜像，Y 轴镜像	G84	微弱放电找正
G09	X 轴镜像，X、Y 轴交换	G90	绝对坐标

代 码	功 能	代 码	功 能
G10	Y 轴镜像，X、Y 轴变换	G91	相对坐标
G10	Y 轴镜像，X、Y 轴变换	G91	相对坐标
G11	Y 轴镜像，X 轴镜像，X、Y 轴交换	G92	定起点
G12	消除镜像	M00	程序暂停
G40	取消间隙补偿	M02	程序结束
G41	左偏间隙补偿，D 偏移量	M05	接触感知解除
G42	右偏间隙补偿，D 偏移量	M96	主程序调用文件程序
G50	消除锥度	M97	主程序调用文件结束
G51	锥度左偏 A 角度值	W	下导轮中心到工作台面高度
G52	锥度右偏 A 角度值	H	工件厚度
G54	加工坐标系 1	S	工作台面到上导轮中心高度

（1）G92——建立工件坐标系指令。

编程格式为：G92 X__Y__；

X、Y——为切割起点在工件坐标系中的坐标值。

（2）G00——0 快速点定位指令。

编程格式：G00 X__Y__；

如 G00 X45000 Y75000；

（3）G01——直线插补指令。

编程格式：G01 X__ Y__ U__V __；

X、Y——为直线的终点坐标值；

U、V——坐标轴在加工锥度时使用。

线切割机床一般有 X、Y、U、V 四轴联动功能，即四坐标，其加工速度由电参数决定。

（4）G02、G03——圆弧插补指令。

G02 为顺时针圆弧插补指令，G03 为逆时针圆弧插补指令。

编程格式为：G02（或 G03） X__ Y__ I__ J__；

X、Y——为圆弧终点的坐标；

I、J——圆心坐标和圆心相对圆弧起点的增量值，I 是 X 方向坐标值，J 是 Y 方向坐标值，其值不得省略。与正方向相同，取正值；反之取负值。

（5）G41、G42、G40——间隙补偿指令。

编程格式：G41/G42 D___；

G40；

★注意 ① 左偏间隙补偿（G41）沿着电极丝前进的方向看，电极丝在工件的左边；右偏间隙补偿（G42）沿着电极丝前进的方向看，电极丝在工件的右边，如图 17-10 所示。G40 为取消间隙补偿指令。

② 左偏间隙补偿 G41、右偏间隙补偿 G42 程序段必须放在进刀线之前。

③ D 为电极丝半径与放电间隙之和，单位为 μm。

④ 取消间隙补偿 G40 指令必须放在退刀线之前。

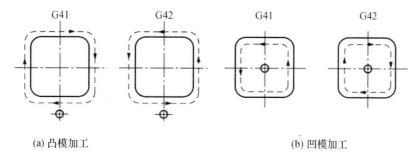

(a) 凸模加工　　　　　　　　　　　　　(b) 凹模加工

图 17-10　G41 与 G42 的判别方法

（6）G05、G06、G07、G08、G09、G10、G11、G12——镜像、交换加工指令。

镜像、交换加工指令单独成为一个程序段，在该程序段以下的程序段中，X、Y 坐标按照指定的关系式发生变化，直到出现取消镜像加工指令为止。

G05　为 X 轴镜像，关系式：$X=-X$。

G06　为 Y 轴镜像，关系式：$Y=-Y$。

G08　为 X 轴镜像，Y 轴镜像，关系式：$X=-X$，$Y=-Y$，即 G08 = G05+G06。

G07　为 X、Y 轴交换，关系式：$X=Y$，$Y=X$。

G09　为 X 轴镜像，X、Y 轴交换，即 G09 = G05 + G07。

G10　为 Y 轴镜像，X、Y 轴交换，即 G10 = G06 + G07。

G11　为 X 轴镜像，Y 轴镜像，X、Y 轴交换，即 G11 = G05 + G06 + G07。

G12　为取消镜像，每个程序镜像后都要加上此指令，取消镜像后程序段的含义就与原程序相同了。

（7）G50、G51、G52——锥度加工指令。

G51　为锥度左偏，沿着电极丝前进的方向看，电极丝上段在底平面加工轨迹的左边。

指令格式：G51 A___；

G52　为锥度右偏，沿着电极丝前进的方向看，电极丝上段在底平面加工轨迹的右边。

指令格式：G52 A___；

G50　为取消锥度加工指令。

★ **注 意**　① 锥度左偏（G51）、锥度右偏（G52）程序段都必须放在进刀线之前。

② A 为工件的锥度，用角度表示。

③ 取消锥度加工指令（G50）必须放在退刀线之前。

④ 下导轮中心到工作台面的高度 W、工件的厚度 H、工作台面到上导轮中心的高度 S 需在使用 G51、G52 之前输入。

（8）G80、G82、G84——手工操作指令。

G80　为接触感知指令，使电极丝从现在的位置移动到接触工件，然后停止。

G82　为半程移动指令，使加工位置沿指定坐标轴返回一半的距离，即当前坐标系坐标值的一半。

G84　为微弱放电找正指令，通过微弱放电校正电极丝与工作台面垂直，在加工前一般要先进行校正。

（9）应用实例。

编制如图 17-11 所示锥孔零件的加工程序，工件厚度 *H*=8 mm，刃口锥度 *A*=15°，下导轮中心到工作台面的高度 *W*=60 mm，工作台面到上导轮中心的高度 *S*=100 mm。用直径为 0.13 mm 的电极丝加工，取单边放电间隙为 0.01 mm。

建立如图 17-11 所示坐标系，各基点的坐标值 *A*（-11.000, 11.619）、B（-11.000,-11.619）；取 O 点为穿丝点，加工顺序为 O→A→B→A→O。若锥孔零件作为凹模使用，考虑凹模间隙补偿 R=0.13/2+0.01=0.075（mm）。同时要注意 G41 与 G42、G51 与 G52 之间的区别。加工程序如下：

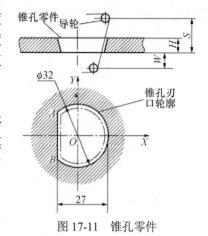

图 17-11　锥孔零件

```
O0002
N010 G90 G92 X0 Y0；
N020 W60000；
N030 H8000；
N040 S100000；
N050 G51 A0.150；
N060 G42 D75；
N070 G01 X-11000 Y11619；
N080 G02 X-11000 Y-11619 I11000 J-11619；
N090 G01 X-11000 Y11619；
N100 G50；
N110 G40；
N120 G01 X0 Y0；
N130 M02；
```

17.4　数控线切割机床应用操作

DK-M 系列中走丝线切割机床实体图与其机械部分平面图如图 17-12 所示。

中走丝线切割是在快走丝的基础上加以改进形成的一种新型线切割机床。可以进行多次切割，也可以根据需要调整丝的运行速度，使零件达到与慢走丝相近的加工精度及表面粗糙度。

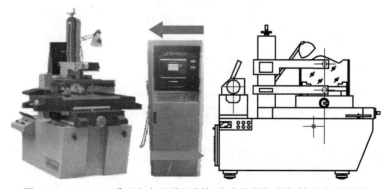

图 17-12　DK-M 系列中走丝线切割机床实体图与其机械部分平面图

17.4.1　中走丝线切割机床应用

（1）广泛应用于加工各种冲模。

（2）可以加工微细异形孔、窄缝和复杂形状的工件。

（3）加工样板和成型刀具。

（4）加工粉末冶金模、镶拼型腔模、拉丝模、波纹板成型模。

（5）加工硬质材料、切割薄片，切割贵重金属材料。

（6）加工凸轮、特殊的齿轮。

（7）适合于中小批量、多品种零件的加工，减少模具制作费用，缩短生产周期。

中走丝线切割与慢走丝线切割主要特点的比较见表 17-8。

表 17-8　不同线切割机床类型特点比较

比较项目	快（中）走丝线切割	慢走丝线切割
走丝速度/m·s^{-1}	1～11	0.001～0.25
电极丝工作状态	往复供丝，反复使用	单向运行，一次性使用
运丝系统结构	简单	复杂
电极丝振动	较大	较小
加工精度/mm	0.01～0.04	0.002～0.01

17.4.2　线切割机床主要结构

数控中走丝线切割机床的机械部分由床身、工作台、运丝装置、线架、工作液装置、机床电器、夹具、防护罩及附件等部分组成。

（1）床身。床身是箱形结构的铸件，其上安装工作台、线架及贮丝筒、照明灯等。周边有流水槽。床身有较好的刚性，是保证机床精度的基础。

（2）工作台。主要由工作台上拖板（工作台面）、中拖板、滚珠丝杠及变速齿轮箱等组成，如图 17-13 所示。拖板的纵、横运动是采用"-∨-平"滚动导轨结构，分别由步进电机经两对消隙齿轮及滚珠丝杠传动来实现的。由于控制系统采用开环控制，因此工作台运动精度将直接影响加工精度。

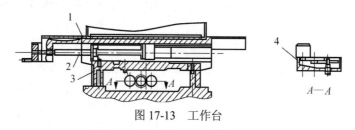

图 17-13　工作台

1—上拖板；2—滚珠丝杠；3—中拖板；4—齿轮箱

滚珠丝杠前端采用两只向心推力球轴承消除轴向间隙，可调整预紧力，使间隙接近零，具有传动轻便灵活、精度高、寿命长等优点。

（3）运丝装置。由贮丝筒、贮丝筒拖板、拖板座及传动系统组成，如图 17-14 所示。贮丝筒由薄壁不锈钢管制成，具有重量轻、惯性小、耐腐蚀等优点。

贮丝筒左、右撞块间的距离可调节，一般根据钼丝的长短来确定，钼丝两端留有一定的余量，撞块上备有过载保护装置，当行程开关失灵时，可切断电机电源，使马达停止运动，并蜂鸣报警（此功能开启时）。另有超行程保护装置，确保机床安全。其排丝间距小于 0.2 mm，故一般选用钼丝直径以 0.12～0.18 mm 为佳。

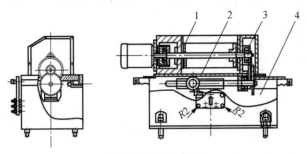

图 17-14　运丝装置

1—贮丝筒；2—贮丝筒拖板；3—传动系统；4—拖板座

（4）线架。线架由立柱、上下悬臂构成，下悬臂为固定的。线架的刚性对加工精度有很大影响，故本线架采用铸件结构，如图 17-15 所示。线架被安装在贮丝筒与工作台之间，为了满足不同厚度工件的加工要求，本机床采用可变跨距结构的线架。松开上线架固定螺钉，用升降手轮旋转立柱、丝杠，可使上悬臂沿立柱导轨做上、下升降。确保上、下导轮与工件的最佳距离，减少钼丝的抖动，提高加工精度的目的。

导轮置线架悬臂的前端，采用密封式结构，组装在悬臂上。

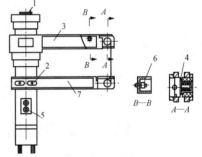

图 17-15　线架

1—上线架升降轮；2—紧固螺钉；3—上线架；4—导轮；
5—进水阀；6—导电块；7—下线架

钼丝的垂直调整：在 X 方向上应调整下臂固定在立柱上的两只 M10 螺钉，调整好后再固紧这两只螺钉，X 方向即可与工作台面在 X 方向的垂直；在 Y 方向上应调整导轮座，调整时应首先将装在线架前面固定导轮座的两只 M4 螺钉松开，然后调整固定导轮座的左右两只调整螺母，使之导轮座左右移动，即可调整 Y 方向与工作台面在 Y 方向的垂直，若选用 U、V 两坐标锥度装置，则可以方便地通过调整 U、V 轴，校正钼丝与工件的垂直性。

采用完全敞开的穿丝方式，并在导轨边缘设有滑丝槽，保证钼丝顺利嵌入导轨槽内。

（5）工作液装置及冷却系统。

在切割过程中，水泵把工作液送至加工区域，钼丝与工件间的加工区需要不断地供给充分的工作液，使加工间隙不断地被冷却，恢复放电间隙的绝缘及将蚀除物排出加工区，为此要求工作液自喷嘴强而有力地沿着钼丝喷出，其流量可由线架上的进水阀旋钮控制，工作液将蚀除物带入箱内。为保证高效加工，工作液需定期更换，工作液可选用 DX-1、DX-2 乳化液或南光一号乳化皂，如图 17-16 所示。

（6）恒涨紧力装置。

① 钼丝涨紧力因丝径不同而变，φ 0.18 mm 钼丝宜为 1 kg，用户在加工前可造不同重量的重锤来达到选不同涨紧力的目的。

② 涨紧钼丝时需将滑轮放在最左边以便有足够的涨丝余地。

③ 按如图 17-17 所示的顺序上钼丝。

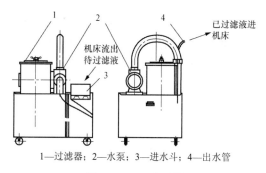

1—过滤器；2—水泵；3—进水斗；4—出水管

图 17-16　工作液箱

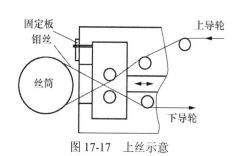

图 17-17　上丝示意

（7）挡丝机构。

① 挡丝有利于提高加工件表面粗糙度，可调整偏心轴使其压紧钼丝，压紧量建议为 0.05 mm。

② 加工件如有锥度或粗糙要求不高时，不宜使用该机构。

（8）附件。

① 专用夹具。它由两块平板，中间以绝缘体连接而构成线切割专用夹具，工件置于夹具上表面，用压板螺钉紧固，此时工件与机床之间为绝缘状态。

② 摇把。贮丝筒转动手柄，用于手动绕丝或紧丝。

③ 上丝机构。首先将 M8 螺母、压簧、压紧套取下，将钼丝盘套在轴上，再装上压紧套、压簧及 M8 螺母。上钼丝时调整 M8 螺母，将钼丝盘压紧（松紧适度），M8 螺母对钼丝盘压得越紧，钼丝张力越大。如图 17-18 所示。

④ 电极丝垂直检具。将垂直检具置于工件表面上。打开高频电源，慢慢移动工作台，使钼丝接近垂直检具，当钼丝沿检具侧表面全部长度上放火花，说明钼丝已垂直。如上或下一端无火花，说明无火花端与检具表面距离较远，应调整钼丝位置，达到全部有火花为止（或用垂直校正器，在 X、Y 方向上下透光一致即可）。

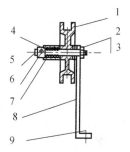

图 17-18　上丝机构

1—钼丝盘；2—六角螺母 M8；3—弹簧垫圈；
4—压簧；5—锁紧螺栓；6—滚花螺母；
7—弹簧套；8—支撑杆；9—固定螺栓

⑤ 紧丝轮。用于手动张紧钼丝。

（9）机床润滑系统。本机床各运动机构的润滑均采用人工定期润滑方式。机床润滑方式见表 17-9。

表 17-9　机床润滑方式

编　　号	加油部位	加油时间	加油方法	润滑油
1	X 向丝杠、导轨副	每班一次	油枪	32 号机油
2	Y 向丝杠、导轨副	每班一次	油枪	32 号机油
3	U 向丝杠、导轨副	每班一次	油枪	32 号机油
4	V 向丝杠、导轨副	每班一次	油枪	32 号机油
5	贮丝筒各传动齿轮	每班一次	油枪	32 号机油
6	运丝丝杠螺母副	每班一次	油枪	32 号机油
7	贮丝筒拖动油槽	每班一次	注满	32 号机油
8	线架导轮、排丝轮	每周一次	填充	高速润滑油

（10）安装与调整。附件箱中有 4 只 M20 的起重拴，将其安装在床身上，起吊用的钢丝绳宜长不宜短，绳与机床有可能接触处应加以防护，机床吊装示意图如图 17-19 所示。将机床安放在已准备好的地基上，再拆去压紧螺栓、角铁等。用水平仪校正机床水平（机床调平要求为 0.04/1 000）。通常使用钢质调整楔铁置于床身下进行调整，校正后用水泥封固。机床平面放置示意图如图 17-20 所示。

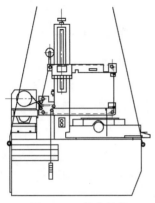

图 17-19　机床吊装

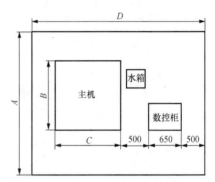

图 17-20　机床平面放置示意

17.4.3　线切割机床操作

1. 正确使用线切割机床机床的必备条件

（1）人员要求。熟悉线切割机床的操作技术、设备润滑要求、切割加工工艺以及恰当地选取电加工参数，按顺序操作加工。

（2）钼丝的保存条件。应放在不含酸碱性有害气体和相对湿度不高于 65%的室内，正常真空包装的产品保质期为 6 个月。

（3）机床使用环境要求。机床运行的环境温度为 10～40℃，相对湿度为 30%～75%，机床周围无冲床、剪床、龙门刨等存在冲击震源的设备，不得有激光、焊接等存在磁场源的设备。

（4）电加工液的要求。线切割机床专用加工液，切勿使用磨床加工液。加工液配比比例根据加工工艺指标确定，一般在 5%～20%，（水 95%～80%）范围内。

2. 使用前的准备工作

启动电源开关，让机床空运行，观测其工作状态是否正常。

（1）数控柜要运行 10 min 以上。

（2）机床各部件运动应正常工作。

（3）脉冲电源和机床电器工作正常无误。

（4）各个行程开关触点动作灵敏。

工作液各个进出管路、阀门畅通无阻，压力正常，扬程符合要求。

3. 添加或更换工作液

一般每个星期换一次为宜。

4. 调整线架跨距

根据工件的厚度不同来调整线架跨距，一般以上悬臂喷嘴到零件表面距离为 10 mm 左右为宜。

5. 检查工作台

按下数控柜键盘控制步进电机的键，手摇工作台纵横向手轮，检查步进电机是否吸住。输入一定位移量，使刻度盘正转、反转各一次，检查刻度是否回零位。

6. 装夹工件

将专用夹具固定在工作台面上，再将工件放在专用夹具上，根据加工范围确定工件恰当位置，用压板及螺钉固定工件。对加工余量较小或有特别要求的工件，必须精确调整工件与工作台纵横方向移动的平行性，记下纵横坐标值。

7. 穿丝及涨丝

将涨紧的钼丝整齐地绕在贮丝筒上，因钼丝具有一定的涨力。使上下导轮间的钼丝具有良好的平直度，确保加工精度和粗糙度。所以，加工前应检查钼丝的涨紧程度。

对加工内封闭型孔，如凹模、卸料板、固定板等，选择合理的切入部位，工件上应预置穿丝控孔，钼丝应通过上导轮经过穿丝孔，再经过下导轮后固定在贮丝筒上。此时应记下工作台纵横向（X、Y 的坐标）起点的刻度值。

8. 校正钼丝的垂直度

（1）一般校正方法将校器与工作台面之间放一张平整的白纸将校直器在 X、Y 方向采用光透方法即可。如 X、Y 方向上下光透一致即垂直。

（2）放电校正方法。将工件正极接至校直器上启动高频及运动丝，分别用手摇 X、Y 方向上的拖板，使钼丝靠近校直器产生放电，如上下放电火花即可垂直。

9. 线切割机床加工

线切割机床加工顺序如图 17-21 所示。

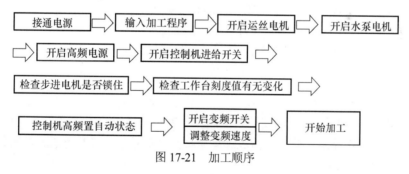

图 17-21 加工顺序

10. 机床加工结束顺序

机床加工结束顺序如图 17-22 所示。

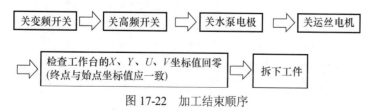

图 17-22 加工结束顺序

11. 锥度切割注意事项

（1）钼丝必须垂直工件。

（2）上下导轮中心尺寸，下导轮与基准面尺寸，工件厚度尺寸必须正确设定。

（3）切割大锥度时必须使用导轮补偿功能。

（4）按工件厚薄尺寸正确选用导柱（四连杆机构中近立柱部分的连杆）。

（5）U、V坐标行程应为±15 mm。

17.4.4　机床加工工艺特点

1. 电气部分加工工艺特点

（1）当矩形波加工时，脉宽一般为 5～80 μs，脉间一般不小于脉宽的 4 倍，脉宽加大可以提高加工速度，但表面粗糙度会增加，减速小脉间，一般不影响加工表面的粗糙度，可以提高加工效率，但是过小的脉间，会使加工不稳定，严重时会烧断钼丝；对于大厚度工件一般采用大脉宽与大脉间加工；加工电流一般不大于4A。

（2）当采用分组脉冲加工时，一般脉宽为 2～10 μs，脉间为 2～10 μs，分组宽设为脉宽+脉间值的 5～15 倍，分组间隔应使总脉间大于总脉宽的 4 倍；可以在提高效率的同时兼顾光洁度，但不适合加工大厚度工件，同时钼丝损耗会有所增加，加工电流一般不大于3A。

（3）加工电压一般采用第 1 档或第 2 档，当加工大厚度工件及导电性不好的材料时，可适当地提高加工电压。

（4）多次切割一般采用 3 次切割即可，第一次的偏移量一般为 0.06～0.08 mm，第二次的偏移量一般为 0.05～0.015 mm，最后一次必须为 0 mm。

（5）采用前阶梯波可以降低钼丝损耗，一般选用 F 档。

（6）多次切割功能。机床的电控柜采用了全数字化高频电源，是多次切割的理想电源。

本机床可以实现多次切割，多次切割基本工艺选择原则如下：

（1）根据工件粗糙度要求来决定切割次数和电参数。

（2）根据切割次数选择变频频率大小。

（3）根据钼丝直径和放电间隙决定工件补偿量。

（4）根据切割工件厚度和偏移量选择电流大小。

2. 线切割机床加工工艺特点

为了更好地发挥线切割机床的使用效能，操作者在使用机床时注意以下几点：

（1）根据图纸尺寸及工件的实际情况计算坐标点编制程序，但要考虑工件的装夹方法和电极丝直径，并选择合理的切入部位。

（2）按已编制的程序，正确输入数控装置。

（3）装夹工件时注意位置、工作台移动范围，使加工型腔与图纸要相符。对于加工余量较小或有特殊要求的工件，调整工件在工作台中间的位置，并精确调整工件与工作台纵横移动方向的平行度，避免余量不够而报废工件，并记下工作台起始纵横向坐标值。

（4）加工凹模、卸料板、固定板及某些特殊行腔时，均需先把电极丝穿入工件的预钻孔中。

（5）必须熟悉线切割加工工艺中一些特性，影响电火花线切割加工精度的主要因素和提高加工精度的具体措施。在线切割加工中，除了机床的运动精度直接影响加工精度外，电极丝与工件间的火花间隙的变化和工件的变形加工精度亦有不可忽视的影响。

（6）机床精度。在机床加工精密工件之前，须对机床进行必要的精度检查和调整。

（7）检查导轮。加工前，应仔细检查导轮的 V 形槽是否损伤，并应除去堆积在 V 形槽中的电蚀物。

检查工作台纵横向丝杆副传动间隙。

电极丝与工件间的火花间隙的大小随工件材质、切割厚度的不同而变化；由于材料的化学、物理、机械性能的不同以及切割时排屑、消电离能力的不同也会影响火花间隙大小。

① 火花间隙的大小与切割速度的关系。在有效的加工范围内，绝不能超过电腐蚀速度，否则就会产生短路。在切割过程中保持一定的加工电流，那么工件与电极丝之间的电压也就一定，则火花间隙大小一定。因此，要想提高加工速度，在切割过程中应尽量做到变频均匀，加工电流也基本稳定，切割速度也就能保持匀速。

② 火花间隙的大小与冷却液的关系。冷却液成分不同，其电阻率不同，排屑和消电离能力不同，从而影响火花间隙的大小。因此，在加工高精度工件时，一定要实测火花间隙而进行编程或选定间隙补偿量。

（8）减少工件材料变形的措施。

① 合理的工艺路线。以线切割加工为主要工序时，钢件的加工路线为：下料、锻造、退火、机械、粗加工、淬火与回火、磨加工、线切割加工、钳工修整。

② 工件材料的选择。工件的材料应选择变形量小、渗透性好、屈服极限高的材料，如用作凹凸模具的材料应尽量选用 CrWMn、 Cr12Mn、GCr15 等合金工具钢。

③ 提高锻造毛坯的质量。锻造时要严格按规范进行，掌握好始锻、终锻温度，特别是高合金工具钢还应该注意炭化物的偏析程度，锻造后需要进行球化退火，以细化晶粒。尽可能降低热处理的残余应力。

④ 注意热处理的质量。

⑤ 热处理淬、回火时应合理选择工艺参数，严格控制规范，操作要正确，淬火加热温度尽可能采用下限，冷却要均匀，回火要及时，回火温度尽可能采用上限，时间要充分，尽量消除热处理后产生的残余应力。

⑥ 合理的工艺措施。

⑦ 正确安排冷热工艺顺序，以消除机加工产生的应力。

⑧ 从坯料切割凸模时，不能从外部切割进去，要在离凸模轮廓较近处做穿丝孔，同时要注意到切割部位不能离毛坯周边的距离太近，要保证坯料还有足够的强度，否则会造成切割工件变形。

⑨ 切割起点最好在图形重量平衡处，并处于二段轮廓的结交处，这样切割出来的工件开口变形小。

⑩ 切割较大工件时，应边切割边加夹板或用垫铁垫起，以便减少因已加工部分下垂引起的变形。

⑪ 对于尺寸很小或细长的工件，影响变形的因素复杂，切割时采用试探法，边切边测量，边修正程序，直到满足图纸要求为止。

17.4.5 机床的维护与保养

正确合理地调整、使用及维护与保养机床，不但可以保证机床的精度，而且还可以延长机床的使用寿命。

1. 定期维修

当机床累计工作 5 000 h 以上（两年时间）时，应进行检查和必要的维修一次。

2. 日常保养

（1）机床应保持清洁，飞溅出来的工作液应及时擦除。停机后，应将工作台面上的蚀物清理干净，特别是运丝系统的导轮、导电块、排丝轮等部位，应经常用煤油清理干净，保持良好的工作状态。

（2）防锈。当停机 8 h 以上时，除应将机床擦干净外，加工区域的部分应涂油防护。

17.4.6　数控中走丝线切割机床电气操作

电气部分整体结构组成如图 17-23 所示。

1. 操作面板布局与说明

DK77-M 系列精密数控中走丝线切割机床操作面板如图 17-24 所示。

（1）电压表（V）。指示整流直流电压。

（2）电流表（A）。指示加工电流。

（3）传输错误指示灯。加工电参数传输指示灯，当传输数据或传输数据出错时，指示灯亮。

（4）电源指示灯。当电柜送上电时，指示灯亮。

（5）USB 接口。外部文件可由此输入电脑。

（6）急停按钮。按下此按钮后，电柜总电源断电。

（7）蜂鸣器。当钼丝断丝、运丝机构冲程、加工结束时，蜂鸣器报警。

（8）丝筒开/关。控制运丝机构电机的启动与停止。

（9）水泵开/关。控制水泵电机的启动与停止。

（10）复位。当按水泵开/关与丝筒开/关及手控盒上的按键没反应时，单片机可能死机，按下此键后，单片机复位。

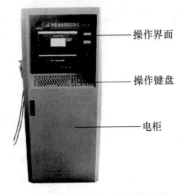

图 17-23　电气部分结构组成

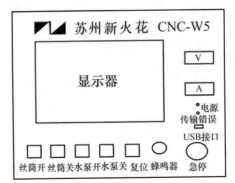

图 17-24　DK77-M 系列精密数控中走丝线切割机床操作面板

2. 开机说明

（1）在确定输入电源准确无误的情况下，关上电柜的前后门即弹出两个急停按钮（否则会因电柜开门断电功能而合不上开关），合上电柜左侧的断路器，电柜即通电，风机运转，面板上绿色电源指示灯亮。

（2）启动电脑主机。本电柜电脑可通过键盘软开机，当电柜接通电源后，按下键盘上的 P 键或是按下电脑电源开关，电脑主机开启。

（3）本电柜所有的工作软件出厂时，均安装在 C 盘，并在 E 盘有备份，以便于电脑数据的恢复，在 D 盘装有说明书的电子文件与培训教材等。

（4）本电柜采用 HF 编控一体化软件，具有类似慢丝的多次切割功能，每次切割的加工参数可以在编程时设定，使用前应仔细认真地阅读该软件的使用说明书。

3. 安装 HF 软件

由于一些未知原因，当高频打开后，钼丝与工件相碰有火花，CMOS 设置也正常，但是加工时，软件不切割，总是提示短路，重新读取加工的图形后仍不能切割，这种情况下就需要重新安装 HF 软件，安装方法如下。

（1）打开安装 HF 软件的文件夹，双击可执行文件"FHGD-C（重庆华明）"，然后输入 A 再按 Enter 键，执行完毕后关闭。双击此文件夹中的"install"文件，当电脑提示"install ok"后软件安装完毕。

（2）在安装好的文件中找到 FHGD 可执行文件，创建快捷方式于桌面，运行此文件进入 HF 软件主界面，单击"系统参数"按钮后，得到如图 17-25 所示的界面。

将"手控盒通信口"改为串口 2；"单击不可随意改变的参数"检查其中的"内置卡跳线"项的"ISA 跳线"是否与 CMOS 设置的 IRQ 号相一致（一般为 10），设置完成后返回主菜单，记下软件序列号。

（3）单击"加工"按钮进入加工界面，再单击"参数"，进入如图 17-26 所示的界面。将其中的"回退步数"设为 1 000～2 000 步，"回退速度"设为 20～100 步，"切割时最快速度"设为 300 步及一般方式，"导轮参数"可以根据实际情况设定，这在锥度加工时必须正确，单击"其它参数"→"高频组号与参数（多次切割用）"→"送组号或参数"后，输入软件主界面右上角序列号的后 4 位数。到此，软件就能正常工作了。

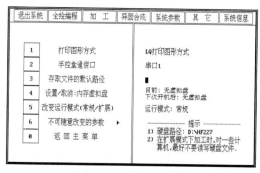

图 17-25 运行 HF 软件

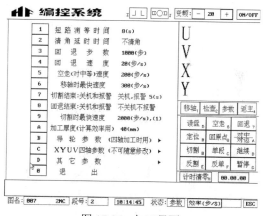

图 17-26 加工界面

4. HF 软件操作使用

HF 线切割数控自动编程软件系统，是一个高智能化的图形交互式软件系统。它通过简单、直观的绘图工具，将所要进行切割的零件形状描绘出来，再通过系统处理成一定格式的加工程序。

为了更好地学习和应用此软件，下面介绍一下该软件中的一些基本述语。

● 辅助线：用于求解和产生轨迹线（也称切割线）几何元素。它包括辅助点、辅助直线、辅助圆——统称辅助线，在软件中点用红色表示，直线用白色表示，圆用高亮度白色表示。

● 轨迹线：具有起点和中点的曲线段，它包括轨迹线、轨迹圆弧（包含圆）——统称轨迹线。在软件中，直线段用淡蓝色表示，圆弧用绿色表示。

● 切割线方向：切割线起点到终点的方向。

● 引入线和引出线：一种特殊的切割线，用黄色表示。它们应该是成对出现的。

在 HF 软件的主菜单下，单击"全绘编程"按钮，出现下列显示框，界面的主要组成如图
17-27 所示。

如图 17-28 所示的界面，随着功能选择框、功能的不同所显示的内容不同。

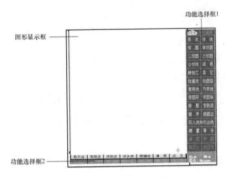

图 17-27　HF 软件界面组成

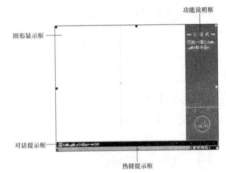

图 17-28　HF 软件功能区

取交点					取轨迹	消轨迹	消多线	删辅线	清界	返主
显轨迹					全显	显向	移图	满屏	缩放	显图

● 取交点：在图形显示区内，定义两条线的相交点。

● 取轨迹：在某一曲线上两个点之间选取该曲线的这一部分作为切割的路径；取轨迹时
这两个点必须同时出现在绘图区域内。

● 消轨迹：它是上一步的反操作，也就是删除轨迹线。

● 消多线：对首尾相接的多条轨迹线的删除。

● 删辅线：删除辅助的点、线、圆的功能。

● 清屏：对图形显示区域的所有集合元素的清除。

● 返主：返回主菜单的操作。

● 显轨迹：在图形显示区域内只显示轨迹线，将辅助自动线隐藏起来。

● 全显：显示全部几何元素（辅助线、轨迹线）。

● 显向：预览轨迹线的方向。

● 移图：移动图形显示区域内的图形。

● 满屏：将图形自动充满整个屏幕。

● 缩放：将图形的某一部分进行放大或缩小。

★注意　① HF 控制软件的有关参数已由厂方设置好，用户切记不要随意设置，以免造成机床无法正常工
作；当电脑有 COMS 掉电后，可能会造成 HF 无法正常工作，此时要按照 HF 说明书中的说明
重新设置 COMS，并保存。

② 加工对中对边时，必须将工件表面清理干净，无锈、无油污、无毛刺等，多对几次，减小误差。

③ 本电柜所有的工作软件出厂时均安装在 C 盘，并在 E 盘有备份；HF 控制软件的安装方法参
见其使用说明书，安装完成后需要进行相关的参数设置，设置方法请与厂家联系。

④ 移机或换外电源开关时，应注意检查水泵电机与丝筒电机的运转方向是否正确。

⑤ 机床与电柜一定要接地。电柜要注意防尘、防潮；电柜机床必须按时由专业人员进行保养、维护。

⑥ 电柜断电后，电柜前后板上的大电容上留有残余高压，谨防电击，必要时需对其进行放电。

5. 设置加工电参数

进入 HF 编控一体化软件，可通过按键命令，进入高频电源参数编辑页面（具体操作方法，详见后面内容）；表中共有 13 项参数，各项参数可通过键盘选择设置和修改，见表 17-10。

表 17-10　高频电源参数

代码	A	B	C	D	E	F	G	H	I	J	K	L	M
组号	脉宽	脉间	分组宽	分组间隔	短路电流	分组状态	高压状态	等宽状态	梳状波状态	前阶梯波代码	后阶梯波代码	走丝速度	电源电压
M10	XX	XX	XX	XX	XX	XX	XX	XX	XX	XX	XX	X	XX
M11	XX	XX	XX	XX	XX	XX	XX	XX	XX	XX	XX	X	XX
M12	XX	XX	XX	XX	XX	XX	XX	XX	XX	XX	XX	X	XX
M13	XX	XX	XX	XX	XX	XX	XX	XX	XX	XX	XX	X	XX
M14	XX	XX	XX	XX	XX	XX	XX	XX	XX	XX	XX	X	XX
M15	XX	XX	XX	XX	XX	XX	XX	XX	XX	XX	XX	X	XX
M16	XX	XX	XX	XX	XX	XX	XX	XX	XX	XX	XX	X	XX
M17	XX	XX	XX	XX	XX	XX	XX	XX	XX	XX	XX	X	XX

其中

- A. 脉宽：设置范围 1～250（单位为 us），通过键盘设置。
- B. 脉间：设置范围 1～2 000（单位为 us），通过键盘设置。
- C. 分组宽：设置范围 1～250（脉冲个数），通过键盘设置。
- D. 分组间隔：设置范围 1～250（脉冲个数），通过键盘设置。
- E. 短路电流：固定为 3.7、7.5、11、15、22.5、30、37.5、45、52.5、56 档（单位 A）。
- F. 分组状态：ON/OFF，当为 ON 时，加工波形为分组脉冲，此时 A、B 两项设置的是小脉宽小脉间值，C、D 两项设置的是大脉宽大脉间值，都为 A、B 两项值产生的脉冲个数。
- G. 高压状态：ON/OFF，当为 ON 时，加工波形的脉间自适应保持设定值或拉宽。
- H. 等宽状态：ON/OFF，当为 ON 时，加工波形为等宽脉冲。
- I. 梳状脉冲状况：ON/OFF；当为 ON 且高压状态为 ON 时，加工波形的脉间自适应拉宽或缩窄。
- J. 前阶梯波：0H，8H，9H，AH，BH，CH，DH，EH，FH 共 9 档。
- K. 后阶梯波：0H，8H，9H，AH，BH，CH，DH，EH，FH 共 9 档。
- L. 走丝速度：0H，1H，2H，3H，4H，5H，6H，7H。
- 0H：不定值设定走丝速度，走丝速度通手控盒上电位器调整，范围为 0～50 Hz。
- 1H：设定的丝速 3 Hz（可通过变频器的参数 Pr-16 进行修改）。
- 2H：设定的丝速 5 Hz（可通过变频器的参数 Pr-17 进行修改）。
- 3H：设定的丝速 10 Hz（可通过变频器的参数 Pr-18 进行修改）。
- 4H：设定的丝速 20 Hz（可通过变频器的参数 Pr-19 进行修改）。

- 5H：设定的丝速 30 Hz（可通过变频器的参数 Pr-20 进行修改）。
- 6H：设定的丝速 40 Hz（可通过变频器的参数 Pr-21 进行修改）。
- 7H：设定的丝速 50 Hz（可通过变频器的参数 Pr-22 进行修改）。
- M、电源电压。01H，02H，04H，08H，10H。
- 01H：交流电压 50 V（相当于直流约为 70 V）。
- 02H：交流电压 60 V（相当于直流约为 85 V）。
- 04H：交流电压 70 V（相当于直流约为 100 V）。
- 08H：为厂家预留，不可使用。
- 10H：为厂家预留，不可使用。

（1）调用方式。

① 手动方式。编辑好当前加工的高频电源的各项参数后返回，选择好参数的文件名，单击送高频组号，输入组号后按"Enter"键，当前组的 13 个参数即从端口送出。

② 自动方式。对于多次切割，可以根据加工图形的电参数组号代码，在加工过程自动调用，在调用该组号的参数时，这组号内的 13 个参数值通过端口送出。

（2） 编辑、存储和调用参数。

① 在桌面双击"FHGD"快捷方式，进入到 HF 编控软件的主界面，如图 17-29 所示。

② 单击"加工"按钮，进入加工界面，如图 17-30 所示。

图 17-29　HF 编控软件

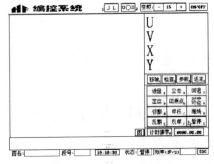

图 17-30　HF 加工界面

③ 单击"参数"按钮，进入以下界面，如图 17-31 所示。

④ 单击"其他参数"按钮，进入以下界面，如图 17-32 所示。

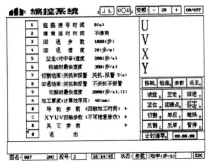

图 17-31　参数界面

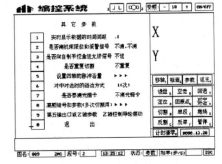

图 17-32　其他参数界面

⑤ 单击"高频组号和参数"按钮，进入以下界面，如图 17-33 所示。

⑥ 单击"编辑高频参数"按钮，输入密码（主界面右上角 HF 软件的序列号后 4 位反输），按提示输入一个文件名（如 007）按"Enter"键（或是直接按"Enter"键，选择一个已有的高频频数文件名），进入高频参数的编辑界面，如图 17-34 所示。

图 17-33　高频组号和参数界面

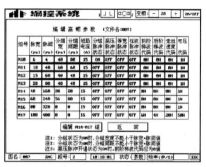

图 17-34　编辑高频参数界面

⑦ 在此页面可以编辑所需加工参数，在此种状态下，只能编辑组号为 M10-M13 的参数，单击"编辑 M14-M17"可编辑余下的 4 组参数（新建文件时，系统默认的知路电流 56 需重新设定，否则短路电流参数将按 0 送出）；编好后，单击"返回"按钮，进入到第五步的界面，将编好的高频参数发送到电柜的控制芯片中，如图 17-35 所示。

⑧ 单击如图 17-33 所示中"参数的文件名"按钮，进入以下界面，如图 17-36 所示。选择加工参数的文件名（如 007），每次修改文件名中的参数后，均需要重新选择参数的文件名，即使是同一参数文件名也需如此。

⑨ 左键单击"007.H^F"后，自动返回到参数文件编辑、调用、发送界面，如图 17-37 所示，此时参数文件名变为"007.H^F"。

⑩ 如果是多次切割，则加工电参数的设置完成，单击"返回"按钮，回到加工界面；如果是一次切割，可单击"送高频参数"按钮，出现以下界面，如图 17-38 所示。

图 17-35　编辑高频参数

图 17-36　参数文件名界面

图 17-37　编辑、调用、发送界面

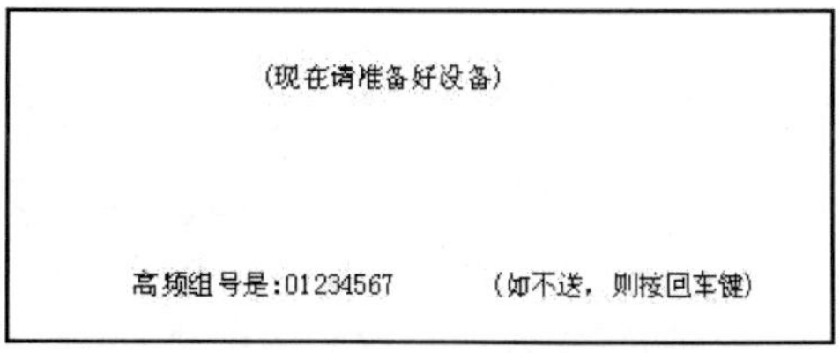

图 17-38　完成加工电参数设置

键入所需的加工参数的组号（0～7，对应于 M10-M17）后按"Enter"键，高频参数开始向外传送（在传数过程中，面板上的传输错误指示灯亮，传输结束且正确，指示灯灭；如果指示灯常亮，则说明加工电参数传输不成功，需重新传送，直到成功为止），单击"返回"按钮回到加工界面。

6. 编制、存储和调用加工图形

（1）单击"全绘式编程"按钮，进入 HF 编控软件的主界面，如图 17-39 所示。

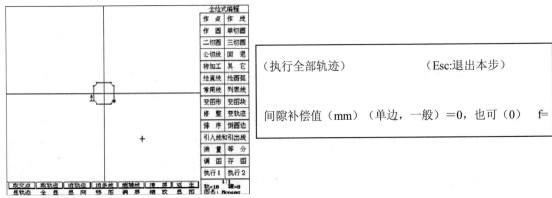

图 17-39　HF 编控软件主界面　　　　　　　　　　　　图 17-40　输入补偿值

（2）绘制出所需加工的工件图形（例为圆角四方形），绘好引入引出线，选加工方向，具体绘制方法见 HF 编控软件的说明书，然后单击"执行 1"或"执行 2"按钮，进入以下界面，如图 17-40 所示。

（3）输入补偿值（补偿值=钼丝半径+单边放电间隙），然后按"Enter"键，进入以下界面，如图 17-41 所示。

（4）单击"后置"按钮，进入以下界面，如图 17-42 所示。

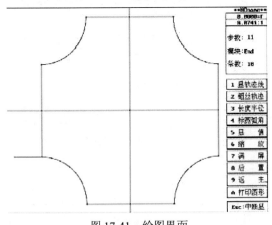
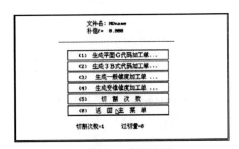

图 17-41　绘图界面　　　　　　　　　　　　　　图 17-42　后置界面

（5）单击"切割次数"按钮，进入到以下界面，如图 17-43 所示。

（6）单击"过切量（mm）"按钮，可输入过切量值，以消除工件接缝，单击"切割次数（1-7）"按钮，输入切割次数，按"Enter"键，如果切割次数为 1，则单击"确定"按钮，返回到上一界面；否则进入以下界面，如图 17-44 所示为 3 次切割的界面，过切量为 0.3 mm。

图 17-43　设置切割次数

图 17-44　输入过切量值

（7）如图 17-44 所示，"凸模台阶宽 mm"为加工凸模时，为防止工件脱落，将工件分为两段加工，此值为第二段加工的长度，大小以防止第一段加工完成时，加工缝隙不变形为准；"偏离量"为每次切割出的工件实际尺寸与目标尺寸的差值，大小与放电参数有关，太大则影响下次切割的效率，太小又不能消除前次放电的凹痕；"高频组号"的 0～7 对应于电参数文件中的组号 M10-M17；"开始切割台阶时高频组号"指的是工件引入引出线的加工参数组号。根据加工工艺，设定好相应的值，单击"确定"按钮返回到第四步的界面，根据加工需要，可选择单击（1）～（4）选项，例如单击（1），则进入下面的界面，如图 17-45 所示。

（8）单击"G 代码加工单存盘（平面）"按钮，提示输入文件名（如 002），如图 17-46 所示。

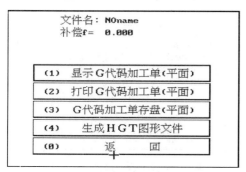

图 17-45　显示 G 代码加工单界面

图 17-46　输入文件名

（9）输入文件名后，按 Enter 键，然后单击"返回"按钮，返回到第四步的界面，如图 17-47 所示。

（10）单击"返回主菜单"按钮，则返回到 HF 编控软件的主界面。如要调用编辑好的 002 号加工工件，在主界面中，单击"加工"按钮，进入到 HF 编控软件的加工界面，如图 17-48 所示。

图 17-47　返回主菜单

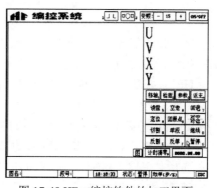

图 17-48 HF　编控软件的加工界面

（11）单击"读盘"按钮或输入快捷方式 5，进入到以下界面，如图 17-49 所示。

（12）单击"读 G 代码程序"或"读 G 代码程序（变换）按钮"，进入以下界面，如图 17-50 所示。

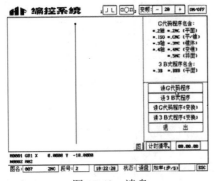

图 17-49　读盘

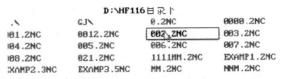

图 17-50　读 G 代码程序

（13）选择"002.2NC"选项，如果选"读 G 代码程序（变换）按钮"则可以为加工的图形进行旋转，选好后程序自动将图形调入加工界面，如图 17-51 所示。

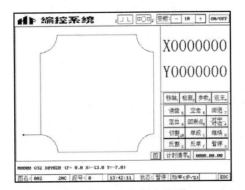

图 17-51　调入加工界面

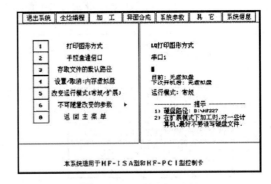

图 17-52　修改存储路径

（14）加工参数文件与加工工件文件存储路径的修改（系统默认为 HF 软件安装路径）。先在电脑硬盘中建立相应的文件夹，然后单击"系统参数"按钮，进入到以下界面，如图 17-52 所示，单击 3 按钮，输入路径后按 Enter 键即可，再单击 0 按钮，返回到主菜单。

★ 注 意　本软件里面的其他所有参数不得任意更改，否则可能会导致软件不能正常工作。

7. 手控盒

（1）手控盒分两部分，一部分是可以直接使用的水泵、丝筒开与关及断丝保护；其余功能必须在 HF 软件"手控盒移轴"状态下才有效，同时需将手控盒的传输线插在电脑的串口 COM2（COM1 为 HF 系统默认，但易造成 HF 软件不能正常工作，故上图中"手控盒通信口"都应设为串口 2）上，手控盒向电脑发送数据时，W508 板上的 SEND 发光管会闪亮发光。

（2）使用手控盒移轴，需在加工界面的参数设置中，设定移轴时的最大速度，以保证步进电机不掉步，一般 X、Y、U、V 四轴移动速度不得大于 300 步/s，同时，在加工界面的"移轴"设置中选择"手控盒移轴"，将移轴方式设为手控盒移轴。

（3）XY/UV 键为移轴切换键，指示灯不亮为 XY 轴，灯亮为 UV 轴；"速度"键为移轴速度切换键，指示灯不亮为慢速，灯亮为快速，"断丝"键为断丝保护键，指示灯不亮，当钼丝断时自动停丝筒，灯亮，当钼丝断时丝筒不停，正常工作时此灯应不亮。

8. 工件加工流程

（1）水箱内准备好工作液，配比浓度以工作液的说明为准，一般需加工精度及光洁度时，配比浓度需适当大一些，大的加工效率及加工大厚度工件（200mm 以上），配比浓度需适当小一些。

（2）除去工件表面的油污或氧化层，装夹好工件，调整好上丝架的高度，一般上下水嘴到工件的距离约 10mm。

（3）机床穿好钼丝，将钼丝放在导电块与导轮上，调好钼丝涨紧力，X、Y 两个方向校正垂直。

（4）进入到 HF 编控软件，按图纸要求编制加工程序；按工件的材质、厚度和精度要求，编辑加工电参数。

（5）进入到 HF 加工界面，调入所要加工工件的文件，再单击加工界面中"检查"按钮，可进行"轨迹模拟"，检查加工轨迹是否正确，显示"加工数据"，检查加工工件是否超出机床行程等，正确无误后单击"退出"按钮，返回到加工界面。

（6）移动拖板，钼丝调整到工件的起割点，电锁紧拖板；开丝筒，开水泵，调节好上下水嘴的出水，以上下水包裹住钼丝为佳。

（7）调用加工电参数。对于多次切割，只需将所需加工的电参数文件名设为当前文件名即可，在切割过程中，软件会根据加工程序自动调用该文件下对应的组号加工电参数；而一次切割，需手动将该文件所需组号的加工电参数送出。

（8）单击"切割"按钮进行加工，根据面板电流表指针的摆动情况来合理调节变频（加工界面的右上角，"−"表示进给速度加快，"+"表示进给速度减慢），使电流表指针摆动相对最小，稳定地进行加工。

（9）如在加工过程中，发现加工电参数不适合，可以在加工态下，单击"参数"→"其他参数"→"高频组号和参数"→"送高频参数"按钮，进到以下界面，如图 17-53 所示，可以对当前加工的电参数进行修改、存储。

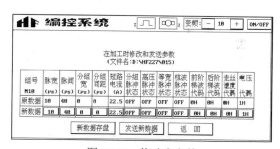

图 17-53　修改电参数

★**注 意**　① HF 控制软件的有关参数已由厂方设置好，用户切记不要随意设置，以免造成机床无法正常工作；当电脑 CMOS 掉电后，可能会造成 HF 无法正常工作，此时要按照 HF 说明书中的说明或是本说明书的第十一项重新设置 CMOS，并保存。

② 加工对中对边时，必须将工件表面清理干净，无锈、无油污、无毛刺等，不能开丝筒，至少对两次以减小误差。

③ 本电柜所有的工作软件在出厂时均安装在 C 盘，并在 E 盘作有备份；HF 控制软件的安装方法见其使用说明书，安装完成后，需要进行相关的参数设置，设置方法请与厂家联系。

④ 移机或换外电源开关时，请注意检查水泵电机与丝筒电机的运转方向是否正确。

⑤ 机床与电柜一定要接地。电柜要注意防尘、防潮；电柜机床必须按时由专业人员进行保养、维护。

⑥ 电柜断电后，电柜前后板上的大电容上留有残余高压，谨防电击，必要时需对其进行放电。

9. 电气部分

（1）步进部分。

① X、Y 轴采用五相十拍反应式步进电机，最大步进速度不得大于 300 步/s。W503B 号板为这两轴电机的驱动电路板，POWER 为主电源的指示灯，XA、XB、XC、XD、XE 为 X 轴电机每相的指示灯，YA、YB、YC、YD、YE 为 Y 轴电机每相的指示灯，这 10 只指示灯用于指示驱动电路的好坏及步进指示，在不锁电机的情况下，有灯亮则说明此电路有故障，需更换。

② U、V 轴采用三相六拍反应式步进电机，最大步进速度不得大于 300 步/s。W503A 号板为这两轴电机的驱动电路板，该板提供 4 轴电机的 12VDC 驱动电源及 HF 软件接口电路板的 12VDC 隔离电源，12V 为此电源的指示灯，PW 为主电源的指示灯；U1、U2、U3 为 U 轴电机每相的指示灯，V1、V2、V3 为 V 轴电机每相的指示灯，这 6 只指示灯用于指示驱动电路的好坏及步进指示，在不锁电机的情况下，有灯亮则说明此电路有故障，需更换。

（2）脉中电源部分。

① W506 板信号发生板。产生脉冲信号、电压控制信号、运丝速度控制信号，其中 CLK 为晶振信号灯，此灯不亮，脉冲信号将不能产生；D0、D1、STB 三指示灯为 HF 软件的电参数数据传输指示灯，在传送数据过程中，这三只指示灯将闪烁。

② W505 板光电隔离板。对 06 板的输出信号及外部输入信号进行隔离，24V、VCC1、+12V、−12V、VCC、+5 为电源指示灯，KGJ 为脉冲信号允许输出信号，灯亮才会有脉冲信号输出，换向时该灯应灭，脉冲信号输出指示如图 17-54 所示。

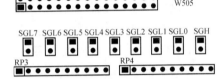

图 17-54　W505 板光电隔离板

其中共有 9 路脉冲信号输出，用于去选通 W501 板的功放管，灯亮表示有脉冲信号输出，其中指示灯与短路电流的对应关系见表 17-11。

表 17-11　指示灯与短路电流的对应关系

电流 / 灯	3.7A	7.5A	11A	15A	22.5A	30A	37.5A	45A	52.5A	56A
SGL0				亮	亮	亮	亮	亮	亮	亮
SGL1				亮	亮	亮	亮	亮	亮	亮
SGL2					亮	亮	亮	亮	亮	亮
SGL3	亮		亮							亮
SGL4		亮	亮			亮	亮	亮		亮
SGL5							亮	亮	亮	亮
SGL6								亮	亮	亮
SGL7									亮	亮

③ W501 脉冲电源功放板。12V、5V 为电源指示灯，PL0～PL7 指示灯为功放管的开关指示灯，其中 PL0～PL7 与 SGL0～SGL7 相对应，测试时需将板上接插件 J3 与 J6 的接线拔下，按下按钮 S1 即可，这种方法也可以测试功放电路的好坏，在不开脉冲（即 KJG 灯不亮）的情况下，按下 S1 按钮，如果 PL0～PL7 有灯亮，对应的 P0～P7 功放电路有故障，应及时维修，否则加工时会引起烧丝。

（3）辅助电路。

① 变频器。使用及维护方法详见其使用说明书。有关参数，工厂出厂前已设定好，不要随意更改；运行速度共有 8 档，由 HF 软件进行控制，其中"0"档，为手动档，运行频率可以通过变频器面板上的调节旋钮调节，从 0 Hz 到 50 Hz，严禁修改变频器的参数将电机的运行频率超过 50Hz，1～7 档，电机的运行频率逐渐变大，丝速逐渐变快，这 7 档为自动档，不可像 0 档那样调节；丝速小可以减小钼丝的振动，有利于提高切割光洁度与精度，但速度太小，会造成排屑困难，影响加工速度或是烧断钼丝。

② W504 继电器板。产生换向信号、开加工信号、最终电压控制信号及速度控制信号；POWER 灯为电源指示灯，SQ1、SQ2 为换向限位开关压下指示，HX 为运丝方向灯，V1～V3 灯为电压信号指示灯，V1～V3 分别对应于电压参数的 01H、02H、04H，灯亮表示设为该档电压，自 V1～V3 电压逐级的变大；S1～S3 灯为速度信号指示灯；参数设置与灯的对应关系见表 17-12。

表 17-12　参数设置与灯的对应关系

参数-灯	0H	1H	2H	3H	4H	5H	6H	7H
S1		亮		亮		亮		亮
S2			亮	亮			亮	亮
S3					亮	亮	亮	亮

10. 加工工艺

当矩形波加工时，脉宽一般为 5～80 μs，脉间一般不小于脉宽的 4 倍，脉宽加大可以提高加工速度，但表面粗糙度会增加，减速小脉间，一般不影响加工表面的光洁度，可以提高加工效率，但是过小的脉间，会使加工不稳定，严重时会烧断钼丝；对于大厚度工件一般采用大脉宽（60～80 μs）与大脉间（脉宽的 8～12 倍），短路电流为 45A 以上，电压最好为 2H，平均加工电流一般不大于 3.5A。

当采用分组脉冲加工时，一般脉宽为 2～10 μs，脉间为 2～10 μs，分组宽设为脉宽+脉间值的 5～15 个，分组间隔应使总脉间大于总脉宽的 4 倍；可以在提高效率的同时兼顾光洁度，但不适合加工大厚度工件，同时钼丝损耗会有所增加，加工电流一般不大于 3A。

加工电压一般采用 1H 或 2H，当加工大厚度工件及导电性不好的材料时，可适当提高加工电压。

多次切割一般采用三次切割即可，第一次的偏移量一般为 0.05～0.08 mm，第二次偏移量一般为 0.05～0.015 mm，最后一次必需为 0 mm。

采用前阶梯波可以降低钼丝损耗，一般选用 B、C、D 档。

11. CMOS 的设置

当 CMOS 掉电时，应重设电脑的 CMOS 的用户中断（一般为中断 10，有时可能是中断 9，由 HF 软件接口卡左下方跳线帽位置决定），否则 HF 软件将无法进行切割，设置方法如下（不同的计算机可能有所不同，设置时请灵活运用）：

（1）开机后按键盘上的"DEL"键进入到"BIOS"设置界面。

（2）用方向键选中"PNP/PCI CONFIGURATION"选项后按 Enter 键。

（3）将光标移到"RESOURCE CONTROLLED BY[]"选项，将其改为"MANUAL"，然

后移到"IRQ RESOURCES"按"Enter"键，在出现的界面中将"IRQ-10 assigned to"按提示改为"LegacyISA"（有时为 IRQ-9）。

（4）然后按"Esc"键返回到"BIOS"设置界面，按 F10 键，保存 CMOS 设置，重启计算机即可。

12．应用实例

切割如图 17-55 所示的一个正八方，对边尺寸为 28 mm，厚度为 20～40 mm，精度要求：纵剖面上的尺寸差为 0.012 mm，横剖面上的尺寸差为 0.015 mm

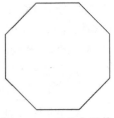

图 17-55　正八方零件

（1）单击"全绘编程"按钮，进入绘图界面。

（2）单击"绘直线"按钮。

（3）单击"多边形"按钮，系统提示三种方式：①外切多边形；②内接多边形；③一般多边形，单击"外切多边形"按钮。

（4）按提示输入已知圆（X0,Y0,R）——（0,0,14），回车。

（5）提示几边形，N 输入"8"回车，八方在图形显示框中自动绘出，按"Esc"键退出，单击"退出"按钮，回车。

（6）单击"引入线、引出线"按钮，选择作引线（长度法）输入引线长度 3 mm，回车输入终点，在八方的交点处确认。

（7）确定钼丝的补偿方向和加工方向，单击"退出"按钮。

（8）单击"执行"按钮，输入钼丝的补偿值，单击"后置"按钮。

（9）确认切割次数，并生成平面 G 代码加工单。

（10）G 代码加工单存盘，输入存盘文件名，如，KK，回车。

（11）在加工界面上单击"读盘"按钮，再单击"读 G 代码"程序，选择"kk..2NC"选项。

17.5　课堂实训

完成如图 17-56 所示的凸模零件的数控线切割自动编程与加工。

1．线切割加工基本步骤

线切割加工步骤如图 17-57 所示。

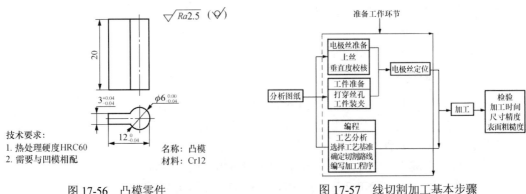

图 17-56　凸模零件　　　　　　图 17-57　线切割加工基本步骤

2. 分析图纸工艺→编程工艺准备

（1）图纸工艺分析确定设备类型。分析凸模零件工艺如下：

① 分析图纸工艺参数。①热处理硬度 60HRC；②尺寸精度公差 0.04 mm；③表面粗糙度 Ra2.5；④没有较小的内尖角及圆角。

② 选择设备、加工次数。①中走丝线切割机床，使用钼丝直径为 0.18 mm；②三次切割（一修二）。

（2）分析图纸选择工艺基准。选择工件的左端面为工艺基准面，以左端面 B 点处为零件编程的起点，如图 17-58 所示。

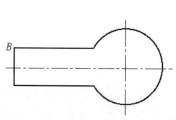

图 17-58　选择凸模工艺基准

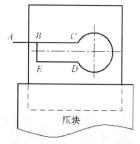

图 17-59　确定凸模编程路线

（3）确定编程路线。A 点为穿丝孔（起丝点）的位置，加工方向沿 A→B→C→D→E→B→A 进行。切记不要沿 A→B→E→D→C→B→A 进行切割。如图 17-59 所示（零件与坯料的主要连接部位被过早地割离，余下的材料被夹持部分少，工件刚性大大降低，容易产生变形，从而影响加工精度）。

（4）确定编程工艺参数。

① 间隙补偿值确定。一刀进行切割：间隙补偿值=0.09+0.01=0.1mm；多刀进行切割：间隙补偿值略小，经验值一般为 0.075～0.08 mm。

② 主要高频参数的选择，见表 17-13。

表 17-13　选择高频参数

	脉冲宽度/ μs	脉冲间隔/ μs	短路电流/A
引导段程序	40	200	45
第一刀切割	30	150	37.5
第二刀切割	8	48	15
第三刀切割	3	21	11

选择原则：根据工件厚度和偏移量，选择短路电流；根据切割工件粗糙度和切割次数，选择脉冲宽度和脉冲间隙。

③ 选择偏离量（加工余量），如图 17-60 所示。

第一刀切割：0.065 mm；

第二刀切割：0.003 mm；

第三刀切割：0 mm。

④ 设置凸模台阶宽（残留宽）。如图 17-61 所示，选择左侧面为凸模台阶宽。凸模台阶宽=3+2×0.078=3.156 mm。

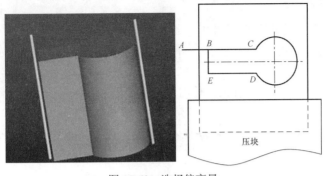

图 17-60   选择偏离量

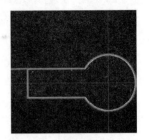

图 17-61   设置凸模台阶宽

3. HF 自动编控软件编程

（1）进入 HF 自动编控软件主界面单击"全绘编程"按钮，如图 17-62 所示。

图 17-62   HF 自动编控软件主界面

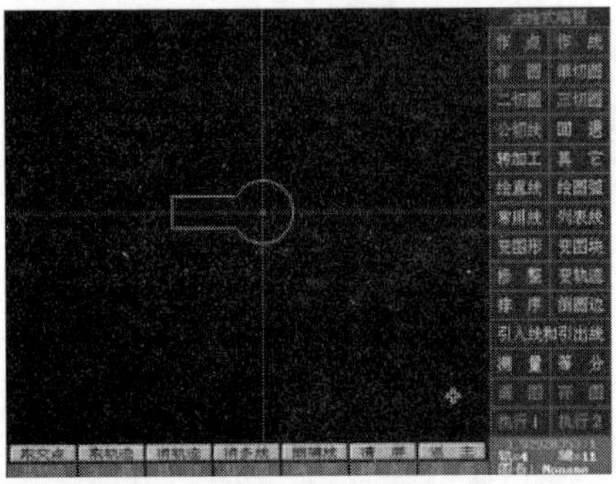

图 17-63   绘制凸模零件图形

（2）绘制零件图形，如图 17-63 所示。

（3）确定引入和引出线段的绘制及加工方向，如图 17-64 所示。

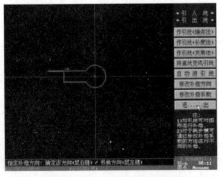

图 17-64   确定引入和引出线段的绘制及加工方向

图 17-65   输入间隙补偿值

（4）输入间隙补偿值。在全绘图系统中单击"执行 1"按钮，进入补偿值输入界面输入间隙补偿值，如图 17-65 所示。

（5）显示钼丝轨迹。单击该界面"2 钼丝轨迹"按钮，单击"8 显示钼丝轨迹"按钮，如图 17-66 所示。

（6）确定切割次数。单击"（5）切割次数"按钮，确定切割次数界面，如图 17-67 所示。

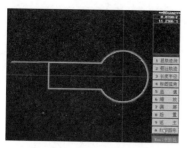

图 17-66　显示钼丝轨迹

图 17-67　切割次数

（7）设定切割次数。设定切割次数，如图 17-68 所示。

（8）生成平面 G 代码加工单。单击"（1）生成平面 G 代码加工单"按钮，如图 17-69 所示。

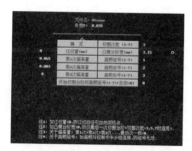

图 17-68　设定切割次数

图 17-69　生成平面 G 代码加工单

（9）生成 G 代码存盘。生成 G 代码，如图 17-70 所示。

（10）调出保存的 G 代码图形文件。进入加工界面，单击"读盘"按钮，调出保存的 G 代码图形文件，如图 17-71 所示。

图 17-70　生成 G 代码

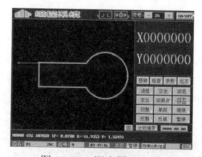

图 17-71　调出图形文件

（11）显示 G 代码加工程序。单击"检查"按钮，进行 G 代码加工程序的显示，如图 17-72 所示。

G 代码加工程序：

N0000 G92 X0Y0Z0 {f= 0.0780 x=-13.5435 y= 1.5315}；定义电极丝初始位置为原点

N0001 G01 X4.1656 Y 0.0433 { LEAD IN }；　引线加工

N0002 G01 X4.4005 Y0.1115；

N0003 M11；　第一次切割参数

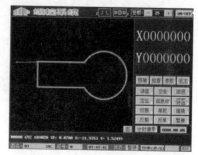

图 17-72　显示 G 代码加工程序

N0004 G01 X 10.8642Y0.1115；　除凸模台阶宽外零件的第一次切割

N0005 G02 X10.8642 Y-3.1745 I13.5435 J-1.5315；

N0006 G01 X4.4005 Y-3.1745；

N0007 G01 X4.4625 Y-3.1125；

N0008 M12；　第二次切割参数

N0009 X10.8991Y-3.1125；　除凸模台阶宽外零件的第二次切割

N0010 G03 X10.8991Y0.0495 I 13.5435 J-1.5315；

N0011 G01 X 4.4625 Y0.0495；

N0012 G01 X4.4655 Y0.0465；

N0013 M13；　第三次切割参数

N0014 G01 X10.9008 Y0.0465；　除凸模台阶宽外零件的第三次切割

N0015 G02 X10.9008 Y-3.1095I13.5435 J-1.5315；

N0016 G01 X4.4655 Y-3.1095；

N0017 G01 X4.4005 Y-3.1745；

N0018 M11；　第一次切割参数

N0019 G01 X4.4005 Y0.1115；　凸模台阶宽加工

N0020 G01 X4.4625 Y0.0495；

N0021 M12；　第二次切割参数

N0022 G01 X4.4625 Y-3.1125　凸模台阶宽加工

N0023 G01 X4.4655 Y-3.1095

N0024 M13；　第三次切割参数

N0025 G01 X4.4655 Y0.0465；　凸模台阶宽加工

N0026 G01 X4.1656 Y0.0433；

N0027 M10；　引线切割参数

N0028 G01 X0.0000 Y0.0000 ｛LEAD OUT｝；　引线退出

N0029 M02；　程序结束

（12）加工界面的定位。单击加工界面的"定位"按钮，如图 17-73 所示。

（13）设置凸模台阶宽。单击"设置结束点"按钮，设置凸模台阶宽，如图 17-74 所示。

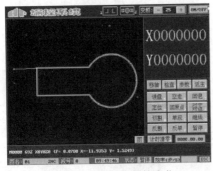

图 17-73　加工界面的定位

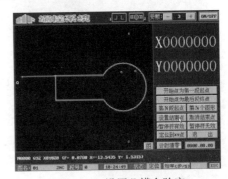

图 17-74　设置凸模台阶宽

（14）其他参数设置。在加工界面下单击"参数"按钮，该界面下单击"其它参数"按钮，如图 17-75 所示。

（15）设置高频参数，如图 17-76 所示。

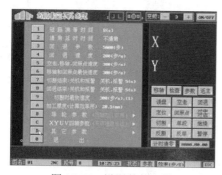

图 17-75　设置其他参数

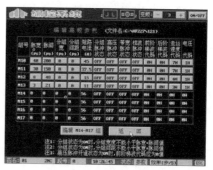

图 17-76　设置高频参数

（16）单击编辑高频参数的"返回"按钮，进行高频参数的存盘，如图 17-77 所示。

（17）发送高频参数。如图 17-78 所示。

图 17-77　高频参数的存盘

图 17-78　发送高频参数

（18）机床准备，开始加工。如图 17-79 所示。

4. 解析零件加工过程

如图 17-80 所示为加工路径。

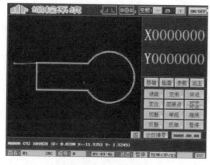

图 17-79　开始加工

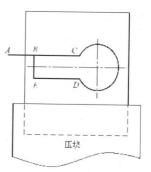

图 17-80　加工路径

（1）首先引入段 A→B 的切割。

（2）零件轮廓 B→C→D→E 的第一次切割。

（3）零件轮廓 E→D→C→B 的第二次切割。

（4）零件轮廓 B→C→D→E 的第三次切割。

（5）机床暂停，发出蜂鸣报警声。

（6）进行凸模台阶宽的切割准备。

① 一刀切割，磨床进行修磨。

② 使用磁铁吸附。

③ 插钼丝，粘胶水。

（7）进行凸模台阶宽 E→B 的第一次切割。

（8）进行凸模台阶宽 B→E 的第二次切割。

（9）进行凸模台阶宽 E→B 的第三次切割。

（10）进行引出段程序 B→A 的切割。

17.6 习 题

一、判断题

1. 中速走丝电火花线切割机床，是在高速往复走丝电火花线切割机上吸收了慢走丝机床多次切割的特点，因此属于往复高速走丝电火花线切割机床范畴。 （ ）

2. 高速走丝电火花线切割机床，其电极丝做高速往复运动，一般走丝速度为 8～10 m/s。 （ ）

3. 钼丝的保存条件应放在不含酸碱性有害气体和相对湿度不高于 65% 的室内。（ ）

4. 线切割机床加工液可以使用磨床加工液。 （ ）

二、填空题

1. 根据电极丝的运行速度，电火花线切割机床主要分为_____、_____、_____3 大类。

2. 线切割机床的机械部分由_____、_____、_____、_____、_____、_____、_____、防护罩及附件等部分组成。

3. 线切割工作液种类有_____、_____、_____、_____等。

4. 线切割机床的日常保养主要包括_____、_____等。

三、选择题

1. 快走丝电火花线切割电极丝主要选用（ ）。
   A. 铜丝   B. 钼丝   C. 铝丝   D. 铁丝

2. 快走丝电火花线切割工作液不能采用的是（ ）。
   A. 乳化液   B. 矿物油   C. 汽油   D. 去离子水

3. 低速走丝机床的运丝速度慢，不可使用（ ）作为电极丝。
   A. 纯铜或黄铜丝   B. 铝丝   C. 钨丝   D. 钼丝

4. 线切割不能加工的材料是（ ）。
   A. 导体材料   B. 塑料板   C. 超硬材料   D. 半导体材料

四、简答题

1. 介绍高速走丝电火花线切割机床、低速走丝电火花线切割机床和中速走丝电火花线切割机床主要特点。

2. 叙述电火花线切割的基本工作原理。

3. 电火花线切割加工的特点。

4. 中走丝线切割机床应用范围。

5. 电火花线切割机床操作步骤。

6. 介绍电火花线切割机床的保养。

五、编程题

1. 分别编制加工如图 17-81 所示的线切割加工 3B 代码和 ISO 代码，已知线切割加工用的电极丝直径为 0.18 mm，单边放电间隙为 0.01 mm，O 点为穿丝孔，加工方向为 O→A→B→⋯→。

2. 完成如图 17-82 所示的连接件零件的数控线切割自动编程与加工，工件材料为 45 号钢，经淬火处理，厚度 40 mm。工件毛坯长宽尺寸为 120 mm×50 mm。选用钼丝直径为 φ0.2 mm，单边放电间隙为 0.01 mm。

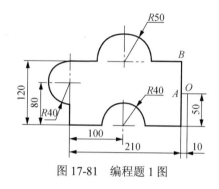

图 17-81　编程题 1 图

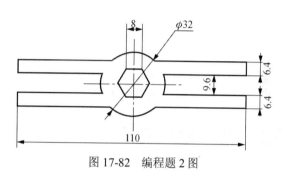

图 17-82　编程题 2 图

第 18 章　数控电火花成型加工技术

知识目标

- ☑ 掌握数控电火花成型加工原理与基本工艺。
- ☑ 了解电火花成型机床结构、工艺特点。
- ☑ 了解电火花成型机床的操作应用与维护。

能力目标

- ☑ 分析数控电火花成型加工原理。
- ☑ 分析数电火花成型加工基本工艺。
- ☑ 能操作维护电火花成型机床。

18.1　数控电火花成型加工简介

电火花成型加工又称放电加工（EDM），它是一种电、热能加工方法。在加工时，工件与加工所用的工具为极性不同的电极对，电极对之间多充满工作液，主要起恢复电极间的绝缘状态及带走放电时产生的热量的作用，以维持电火花成型加工的持续放电，故称为电火花成型加工。日本、美国、英国等国家通常称为放电加工。

电火花成型加工机床主要由机床主体、脉冲电源、自动进给调节系统及工作液过滤和循环系统几部分组成。如图 18-1 所示为立柱式电火花成型加工机床。

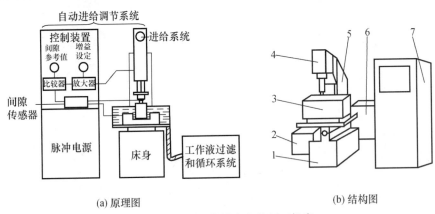

(a) 原理图　　　　　　　　　　　　　　(b) 结构图

图 18-1　立柱式数控电火花加工机床

1—床身；2—液压油箱；3—工作液槽；4—主轴头；5—立柱；6—工作液箱；7—控制柜

18.1.1　电火花成型加工的基本原理

使用火花放电产生的电蚀现象对工件进行加工时，必须具备以下基本条件。

（1）保证有合理的放电间隙。放电间隙是指利用火花放电进行加工时，工具表面和工件表面之间的距离。放电间隙一般在几微米到几百微米之间合理选用。放电间隙过大，会使工作电压不能击穿绝缘介质；而放电间隙过小则形成短路，将导致电极间电流为零，不能产生火花放电，从而不能对工件进行加工。

（2）火花放电必须是瞬时的脉冲性放电，放电延续一段时间后（$1\sim1\,000\,\mu s$），需停歇一段时间（$50\sim100\,\mu s$）。这样才能使放电所产生的热量来不及传导扩散到其余部分，把每一次的放电蚀除点分别局限在很小的范围内；否则会形成电弧放电，使工件表面烧伤而无法用作尺寸加工。因此，电火花成型加工必须采用脉冲电源。

（3）火花放电必须在具有一定绝缘性能的液体介质中进行。绝缘介质的作用有：一是绝缘作用；二是在达到击穿电压后，绝缘介质要尽可能地压缩放电通道的横截面积，从而提高单位面积上的电流强度；三是在放电完成后，迅速熄灭火花，使放电间隙消除电离从而恢复绝缘；四是对电极和工件表面具有较好的冷却作用，并能将电蚀产物从放电间隙中带走。

对导电材料进行加工时，两极间为液体介质；进行材料表面强化时，两极间为气体介质。目前，大多数电火花成型加工机床均采用煤油作为工作液。但是对大型复杂零件进行加工时，由于功率较大，可能会引起煤油着火，这时可以采用燃点较高的机油或者是煤油与机油的混合物等作为工作液。另外，新开发的水基工作液也逐渐应用在电火花成型加工中，这种工作液可使粗加工效率大幅度提高，并且降低了因加工功率大而引起着火的隐患。

（4）脉冲放电要有足够的能量。也就是说放电通道要有很大的电流密度（一般为$105\sim106A/cm^2$）。这样可以保证在火花放电时产生较高的温度，将工件表面的金属熔化或气化，以达到加工的目的。

综合以上的基本条件，电火花成型加工原理如图18-2所示。

（1）脉冲电源1的两个输出端分别与工件2和工具4连接。自动进给调节装置3（此处为液压缸及活塞）使工件与工具之间经常保持一个很小的放电间隙。微观下两极表面是粗糙的，距离最近点处液体介质被电离、击穿，形成一个微小的放电通道，如图18-3所示。

（2）因为通道半径极小，但通道内电流密度极大，使通道内形成瞬时高温，将电极材料融化、气化，使通道产生热膨胀，如图18-4所示。

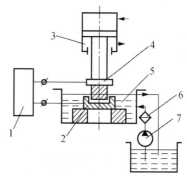

图 18-2　电火花成型加工原理

1—脉冲电源；2—工件；3—自动进给调节装置；4—工具；
5—工作液；6—过滤器；7—工作液泵

（3）膨胀到达极限时，通道爆炸使电极材料抛出，如图18-5所示。

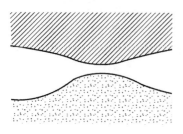

图 18-3　放电通道

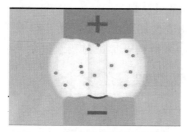

图 18-4　放电通道产生热膨胀

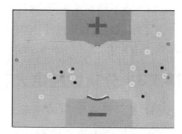

图 18-5　放电通道爆炸

（4）当加在两极间的脉冲电压足够大时，便使两极放电间隙最小处或绝缘强度最低处的介质被击穿，在该处形成火花放电，瞬时达到高温使工具和工件表面都蚀掉一小部分金属，脉冲放电结束后，经过一段时间间隔（即脉冲间隔），液体介质消除电离状态，恢复绝缘，通道消失，电极表面各自形成一个小凹坑，如图 18-6 所示，表示单个脉冲放电后的电极表面。

（5）下一个脉冲到来，放电在另一些高点上再次进行，这样随着相当高的频率，连续不断地重复放电，在伺服系统控制下，工具电极不断地向工件进给，从而保持一定的放电间隙，就可将工具端面和横截面的形状复制在工件上，加工出具有所需形状的零件，整个加工表面将由无数个小凹坑所形成。如图 18-6 所示为多次脉冲放电后的电极表面。

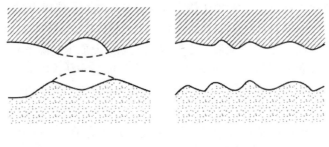

(a) 单脉冲放电痕   (b) 多脉冲放电痕

图 18-6　脉冲放电痕

18.1.2　电火花成型加工的特点

（1）电火花成型加工的优点。

① 能加工用切削的方法难以加工或无法加工的高硬度导电材料。工件的加工不受工具硬度、强度的限制，实现了用软质的材料（如石墨、铜等）加工硬质的材料（如淬火钢、硬质合金和超硬材料等）。

② 便于加工细长、薄、脆性的零件和形状复杂的零件。工具与工件之间没有机械加工的切削力，机械变形小，因此可以加工复杂形状的零件并进行微细加工。

③ 工件变形小，加工精度高。电火花成型加工的精度可达 0.01～0.05 mm，在精密光整加工时可小于 0.005 mm。

④ 易于实现加工过程的自动化。

（2）电火花成型加工的缺点。

① 只能对导电材料进行加工。

② 加工精度受到电极损耗的限制。

③ 加工速度慢。

④ 最小圆角半径受到放电间隙的限制。

目前，电火花成型加工电火花成型加工已广泛应用于机械（特别是模具制造）、航空航天、电子、电器和仪器仪表等行业，用来解决难加工材料及复杂形状零件的加工问题。

18.1.3　分析数控电火花成型加工工艺

1. 电火花成型加工过程

由于数控电火花成型加工过程中，需要综合考虑各方面的因素对加工的影响，针对不同的加工对象，其工艺过程也有一定差异。现以常用的型腔加工工艺为例说明。

（1）工艺分析。对零件图进行分析，了解工件的结构特点、材料，明确加工要求。

（2）选择加工方法。根据加工对象、精度及表面粗糙度等要求和机床功能选择采用单电极加工、多电极加工、单电极平动加工、分解电极加工、二次电极法加工或是单电极轨迹加工。

（3）选择与放电脉冲有关的参数。根据加工的表面粗糙度及精度要求确定选择与放电脉冲有关的参数。

（4）选择电极材料。常用电极材料可分为石墨和铜，一般精密、小电极用铜来加工，而大的电极用石墨加工。

（5）设计电极。按图样要求，并根据加工方法和与放电脉冲设定有关的参数等设计电极纵横切面尺寸及公差。

（6）制造电极。根据电极材料、制造精度、尺寸大小、加工批量、生产周期等选择电极制造方法。

（7）加工前的准备。对工件进行电火花成型加工前钻孔、攻螺纹加工、磨平面、去磁、去锈等。

（8）热处理安排。对需要淬火处理的型腔，根据精度要求安排热处理工序。

（9）编制、输入加工程序。一般采用国际标准 ISO 代码。

（10）装夹与定位。

① 根据工件的尺寸和外形选择或制造的定位基准。

② 准备电极装夹夹具。

③ 装夹和校正电极。

④ 调整电极的角度和轴心线。

⑤ 工件定位和夹紧。

（11）开机加工。选择加工极性，调整机床，保持适当液面高度，调节加工参数，保持适当电流，调节进给速度、充油压力等。随时检查工件稳定情况，遵守安全操作规程正确操作。

（12）加工结束。检查零件是否符合加工要求，对零件进行清理。

2. 电火花成型机床安全操作规程

（1）检查机床各部位的润滑，显示页面是否正确，行程限位开关是否可靠。

（2）检查空压过滤器是否良好可靠。

（3）工作被面高于工件 40 cm 才能加工。

（4）操作人员应随时观察加工情况，以免出现短路、拉弧烧伤工件。

（5）若机床出现故障应停机，及时维修。

18.2 数控电火花成型加工

数控电火花成型加工是用工具电极对工件进行复制加工的工艺方法，主要分为穿孔加工和型腔加工两大类。

18.2.1 电火花穿孔加工

随着电火花成型加工工艺和机床的发展，电火花成型穿孔加工应用也日趋广泛，主要用于冲压模具零件（包括凸凹模、卸料板和固定板等）、粉末冶金模具零件、挤压模具零件和各种型腔模具（包括锻模、压铸模和塑料模等）零件的制造。

使用电火花方法加工通孔称为电火花穿孔加工,主要用于加工那些用机械方法难以加工或无法加工的零件,例如,硬质合金、淬火钢等硬度较大的金属材料和具有复杂形状的零件的通孔加工等。

冲裁模具在生产中应用较为广泛,但是由于冲裁模具具有形状复杂、硬度高和尺寸精度要求高等特点,所以用一般的机械加工方法加工是非常困难的,有时甚至无法用通用机床进行加工,而只能靠钳工进行加工,这样将增大劳动量,加工精度难以保证。采用电火花成型加工就能很好地解决上述困难。

1. 分析电火花穿孔加工工艺

对于冲裁模具来说,冲裁凸模与凹模配合间隙的大小和均匀性,直接影响到冲裁产品的质量和模具的寿命。在电火花成型加工过程中,为了满足这一要求,常用的加工工艺方法有直接电极法、混合电极法、修配凸模法和二次电极法。

由于电火花线切割加工技术的发展,加工冲模已主要采用线切割加工,但用电火花穿孔加工冲模比用电火花线切割更容易达到好的配合间隙、表面粗糙度和刃口斜度,因此,一些要求较高的冲模仍采用电火花穿孔加工工艺。

2. 设计电极

电极的精度直接影响电火花穿孔加工的精度,所以合理选择电极材料和确定电极尺寸就显得尤为重要。

(1)电极材料的选择。电极材料必须具有导电性能好、损耗小、造型容易、加工过程稳定、生产效率高、来源丰富和价格低廉等特点。生产中常用的电极材料(石墨、黄铜、紫铜、铸铁、钢和铜钨合金)的性能见表 18-1。选择时应根据加工对象、工艺方法和脉冲电源的类型等因素综合考虑。

表 18-1　常用电极材料的性能

电极材料	电火花成型加工性能	机械加工性能	说明
石墨	加工稳定性较好,电极损耗较小,抗高温、变形小、质量轻;但精加工时电极损耗大,加工光洁度低于紫铜电极,并且容易脱落、掉渣,易拉弧烧伤	机械强度差,制造电极时粉尘较大,易崩	适用于穿孔加工和大型型腔模加工
黄铜	加工稳定性较好,加工速度低于紫铜,电极损耗大	难以采用磨削加工,很少用机械方法加工	适用于简单形状的穿孔加工
紫铜	加工性能优异,电极损耗小,但密度大,所以不易做大、中型电极	因材质软,易产生瑕疵,所以磨削加工困难	适用于穿孔加工和小型型腔模加工
铜	加工稳定性差,电极损耗一般	机械加工性能优异	适用于穿孔加工
铸铁	加工稳定性一般,电极损耗中等	机械加工性能优异	适用于穿孔加工
铜钨合金	加工精度稳定性好,电极损耗小	切削或磨削时工具磨损较大,有一定的弯曲变形,价格昂贵	适用于精密穿孔加工和精密型腔模具加工
银钨合金	加工精度稳定性好,电极损耗小	切削或磨削时工具磨损较大,但弯曲变形较小,价格昂贵	适用于精密穿孔加工和精密型腔模具加工

（2）电极结构。电火花成型加工用的工具电极一般可以分为整体式电极、镶拼式电极和组合式电极 3 种类型。

（3）电极尺寸。电极的尺寸包括电极横截面尺寸和电极长度尺寸。

① 电极横截面尺寸的计算。在加工凹模型孔时，电极横截面的轮廓 2 一般应比型孔 1 均匀地缩小一个放电间隙值，如图 18-7 所示。

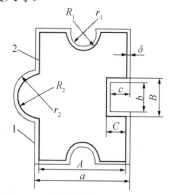

A、B、C、R_1、R_2——电极横截面基本尺寸；

a、b、c、r_1、r_2——型孔基本尺寸；

δ——单边放电间隙

由图可知，存在以下三类尺寸。

尺寸增大的有：$R_1 = r+2\delta$，$B = r + 2\delta$；

尺寸减小的有：$R_2 = r-2\delta$，$A = r-2\delta$；

尺寸不变的有：$C = c$。

图 18-7 电极横截面尺寸的计算

1——型孔；2——电极横截面的轮廓

② 电极长度尺寸的计算。工具电极的长度 L 一般与加工深度、电极材料、加工方式和型孔复杂程度等因素有关，一般可以用下面的公式进行估算：

$$L = KH + H_1 + H_2 + （0.4～0.8）（n-1）KH$$

式中，H——电火花成型加工深度，mm；

H_1——当凹模下部挖空时，电极需要加长的长度，mm；

H_2——电极夹持部分长度，mm；

n——电极的使用次数；

K——与电极材料、加工方式和型孔复杂程度等因素有关的系数。对于不同材料 K 值的经验数据为：紫铜（2～2.5）、黄铜（3～3.5）、石墨（1.7～2）、铸铁（2.5～3）、钢（3～3.5）。电极材料损耗小、型孔简单、电极轮廓无尖角时，K 取小值；反之取大值。

当电极损耗较大时，如加工硬质合金时，电极长度可以适当加长。

3. 制造电极

电火花穿孔加工用电极的长度尺寸一般无严格要求，而对其横截面尺寸要求则较高。

对这类电极，一般先经过普通机械加工，然后再进行成型磨削。不易用磨削加工的材料，可在机械加工后，采用钳工精修的方法达到要求。

对于整体式电极（一般采用钢作为电极），如果模具的配合间隙较小，可用化学溶液侵蚀作为电极的部分，使电极部分的端面轮廓均匀地缩小，在加工时就可以选用较大的放电间隙；如果模具的配合间隙较大，可用镀铜或镀锌的方法，均匀地增大作为电极部分的尺寸。

对于镶拼式电极一般采用环氧树脂或聚乙烯醇缩醛胶黏接，当黏合面积小不易黏牢时，可采用钎焊的方法进行固定。

随着电火花线切割技术的发展，目前，电火花成型加工用的电极一般都采用数控电火花线切割的方法制造。

4. 选择电参数

数控电火花成型加工中的电参数主要包括电流峰值、脉冲宽度和脉冲间隔等，这些参数值选择的好坏，不仅影响电火花成型加工精度，还直接影响加工的生产率和经济性。电参数的确定主要取决于工件的加工精度要求、加工表面要求、工件和工具电极材料以及生产率等因素。由于影响电参数的因素较多，实际判断困难，所以在生产中主要是通过工艺实验的方法来确定的。

加工速度与加工精度和表面质量是相互制约的，即提高加工速度的同时，必然会降低加工精度和表面质量。为了解决这一矛盾，电火花成型加工过程一般分为粗加工、半精加工和精加工3个阶段，每个阶段电参数选择的原则都不同。3个阶段的加工电参数见表 18-2。

表 18-2　加工电参数

工序名称	脉冲宽度	电流峰值	加工精度	表面质量	生产率
粗加工	长（一般取 20～60 μs）	大	低	差（一般 Ra 为 3.2～6.3μm）	高
半精加工	较长（一般取 6～20μs）	较大	较高	较好（一般 Ra 为 1.6～3.2μm）	较低
精加工	短（一般取 2～6 μs）	小	高	好（一般 Ra≤1.6 μm）	低

由表 18-2 可知，在粗加工时，在留有一定加工余量的前提下，应尽量加大单个脉冲能量来提高生产率；在半精加工和精加工时，则以保证精度和表面质量为目的，采用小的电流峰值、高的频率和短的脉冲宽度。这样既加快了加工速度、提高了生产率，又能获得较好的精度。

★注意　在整个加工过程中，工具电极损耗会影响加工精度。特别是粗加工时，脉冲能量大，工具电极损耗同样也会较大。这时就应该在加工之前很好地利用极性效应，或者在精加工时更换工具电极来提高加工精度。

18.2.2　数控电火花加工型腔

用数控电火花成型加工方法加工型腔与用机械加工法加工相比，具有加工质量好、粗糙度小、操作简单、劳动强度低、生产周期短，适合各种硬质材料和复杂形状型腔的加工的优点。随着电火花成型加工机床和工艺的日趋完善，电火花成型加工已经成为型腔加工的主要方法之一。

数控电火花型腔加工要比型孔加工困难得多，主要表现在：型腔加工属于盲孔加工，金属蚀除量大，工作液循环困难，生成的电蚀产物不易排除，较易产生二次放电；电极损耗不能像型孔加工一样，用增加电极长度和进给来补偿；加工面积大，加工过程中要求电参数的调节范围大、型腔形状复杂、电极损耗不均匀等。因此，在实际生产中，在保证加工表面质量的前提下，可以提高工件电极的蚀除量，从而提高生产率。通过降低工件电极的损耗和改善工作液的循环条件来提高加工精度。

1. 分析电火花型腔加工工艺

型腔模电火花成型加工主要有单电极平动法、多电极更换法和分解电极加工法等。

（1）单电极加工法。单电极加工法是指在电火花成型加工过程中不更换电极，用一个电极完成整个型腔加工的一种工艺方法。单电极加工法只需要制造一个电极，进行一次装夹定位，适用于加工形状简单、精度要求不高的型腔；对于加工量较大的型腔模具，可以先用其他加工方法（例如机械加工方法）去除大量的加工余量，再用电火花的加工方法加工到精度要求，这样可以大大提高加工效率。为了解决工具电极损耗对加工精度的影响以及提高加工效率，在生产中通常采用下面几种单电极加工法。

① 单电极平动法。单电极平动法在型腔模电火花成型加工中应用最广泛。它采用一个电极完成型腔的粗、中、精加工，如图 18-8 所示，其中每个质点运动轨迹的半径称为平动量，其大小可以由零逐渐调大，以补偿粗、中、精加工的电火花放电间隙之差，从而达到修光型腔的目的。

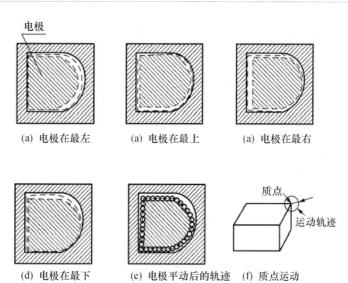

(a) 电极在最左　　　　(a) 电极在最上　　　　(a) 电极在最右

(d) 电极在最下　　(e) 电极平动后的轨迹　(f) 质点运动

图 18-8　平动头扩大间隙原理

单电极平动法的最大优点是只需一个电极、一次装夹定位，便可达到±0.05mm 的加工精度，并利于排除电蚀产物。它的缺点是难以获得高精度的型腔模，特别是难以加工出清棱、清角的型腔。

② 单电极摇动法。采用三轴联动的数控电火花成型加工机床时，可以利用工作台按一定轨迹做微量移动来修光侧面，这种方法被称为单电极摇动法。由于摇动是靠数控系统产生的，所以具有灵活多样的模式，除了可以做圆形平动外，还可以做方形平动、十字形平动等，因此更能适应复杂形状的侧面修光的需要，尤其可以做到尖角处的"清根"，这是平动头无法做到的。方形平动加工原理图如图 18-9 所示。

（2）多电极更换法。多电极更换法是指在整个电火花成型加工过程中，采用多个形状相同、尺寸不同的电极依次更换加工同一个型腔，通过调节不同的电参数来实现型腔的粗、半精、精加工的一种加工方法。每一个电极都要对型腔的整个被加工表面进行加工，这样就可以将上一个电极的放电痕迹去掉。电极的多少主要取决于加工精度和表面质量的要求，如采用粗、半精、精加工工序，就可以选用 3 个电极进行加工。多电极加工原理图如图 18-10 所示，三个电极分别负责工件的粗、半精、精加工，其使用的电参数不同，放电间隙也不同，故电极的尺寸亦不同。

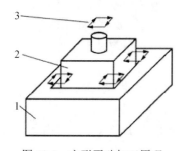

图 18-9　方形平动加工原理

1—工件电极；2—工具电极；3—平动轨迹

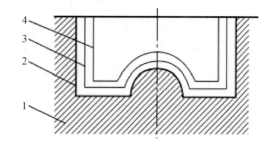

图 18-10　多电极加工原理

1—工件；2—精加工后的型腔；3—半精加工后的型腔；

4—粗加工后的型腔

这种方法的优点是仿形精度高，特别适合带有尖角、窄缝多的型腔模具的加工。其缺点是需要制造多个电极，并且对各个电极的一致性和制造精度都有很高的要求。另外，因为需要更换电极，所以必须确保更换工具电极时的重复定位精度，对机床和操作人员装夹、定位精度要求较高。因此主要适用于没有平动和摇动加工条件或多型腔模具和相同零件的加工场合。一般用两个电极进行粗、精加工就可满足要求，而当型腔模具的精度和表面质量要求很高时，采用3个或多个工具电极进行加工。

多电极更换法一般只用于精密型腔的加工，例如，盒式磁带、收录机、电视机等机壳的模具，都是用多个电极加工出来的。

（3）分解电极法。分解电极法是根据型腔的几何形状，把工具电极分解为主型腔电极和副型腔电极，主、副型腔电极要分别制造和使用，是单电极平动法和多电极加工法的综合应用。分解电极法加工示意图如图18-11所示。

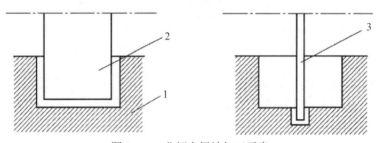

图18-11　分解电极法加工示意

1—工件；2—主型腔电极；3—副型腔电极

这种方法的优点是可以根据主、副型腔的不同加工要求，选择不同的电参数，有利于提高加工速度和加工质量，便于工具电极的制造和修整。其缺点与多电极加工法一样，需要制造多个电极，并且对电极的制造和定位精度要求很高。它主要适用于尖角、窄缝、深孔、深槽多的复杂型腔模具加工。

2. 设计型腔模工具电极

（1）选择电极材料。用于型腔加工的电极材料有紫铜、石墨、铜钨合金和银钨合金。由于铜钨合金和银钨合金价格昂贵，电极成型加工比较困难，所以只用在精密模具的制造上。生产中广泛应用的是紫铜电极和石墨电极，这两种材料的共同特点是在宽脉冲粗加工时都能实现低损耗。

（2）电极结构。电火花型腔加工的电极与穿孔加工一样，也分为整体式、镶拼式和组合式3种类型。其中整体式适用于尺寸不大和复杂程度一般的型腔加工；镶拼式适用于型腔尺寸较大、单块电极坯料尺寸不够，或型腔形状复杂、电极易分块制作的型腔加工条件；组合式适用于一模多腔的条件，可简化型腔的定位工序、提高定位精度。

（3）电极尺寸的确定。电火花型腔加工的电极尺寸包括水平尺寸、垂直尺寸和电极总高度尺寸。

① 水平尺寸的计算。与主轴头进给方向垂直的电极尺寸称为水平尺寸，可用下式确定：

$$a=A\pm K\delta$$

式中，a——电极水平方向的尺寸，mm；

　　　A——型腔图纸的名义尺寸，mm；

δ——电极的单面缩放量，mm；

K——与型腔尺寸注法有关的系数。

在公式中，型腔凸出部分较相对应的电极凹入部分的尺寸应放大，如图 18-12 中的 r_1、a_1 计算时应取 "+"号；反之型腔凹入部分较电极凸出部分的尺寸应缩小，如图 18-12 所示中的 r_2、a_2 计算时应取 "-" 号。

K 值的选取原则：当型腔尺寸以两加工表面为尺寸界限标注时，若蚀除方向相反，取 $K=2$，如图 18-12 中的 A_2；若蚀除方向相同，取 $K=0$，如图 18-12 中的 C。当型腔尺寸以中心或非加工面为基准标注时，取 $K=1$，如图

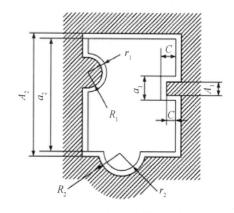

图 18-12　电极水平尺寸缩放示意图

18-12 中的 A_1；凡与型腔中心线之间的位置尺寸及角度尺寸相对应的电极尺寸不缩不放，取 $K=0$。电极的单面缩放量 δ 与电极的平动量、精加工最后一挡的单边放电间隙和精加工时电极侧面损耗有关，一般取 $0.7 \sim 0.9$mm。也可用下式估算：

$$\delta = e + \delta_d - \delta_s$$

式中，e——工具电极平动量，一般取 $0.5 \sim 0.6$mm。

δ_d——精加工最后一挡的单边放电间隙。一般取 0.02mm~ 0.03mm；

δ_s——精加工（平动）时电极侧面损耗（单边），一般不超过 0.1mm，通常忽略不计。

② 计算垂直尺寸。与主轴头进给方向平行的电极尺寸称为垂直尺寸。一般情况下，型腔底部的抛光量很小，所以在计算垂直尺寸时，可以忽略不计。电极的垂直尺寸可用下式确定：

$$b = B \pm K_S$$

式中，b——电极垂直方向的有效加工尺寸，mm；

B——型腔深度方向的尺寸，mm；

K_S——放电间隙与电极损耗要求电极端面的修正量之和，mm。

电极总高度的确定：当确定电极在垂直方向总高度 H 时，要考虑电火花成型加工工艺需要，同一电极使用的次数和装夹要求等因素。如图 18-13 所示为电极总高度确定示意图。

一般用下式确定：

$$H = b + L$$

式中，H——电极在垂直方向的总高度，mm；

b——电极在垂直方向的有效加工尺寸，mm；

L——考虑加工结束时，为避免电极固定板和工件电极相碰，同一电极能多次使用等因素而增加的高度，一般取 $5 \sim 20$mm。

（4）冲油孔和排气孔。由于电火花型腔加工属于盲孔加工，不易排气、排屑，将直接影响加工速度、加工稳定性和加工质量，所以在一般情况下，要在不易排气、排屑的拐角、窄缝处开冲油孔；在蚀除面积较大和电极端部有凹入的位置设置排气孔。

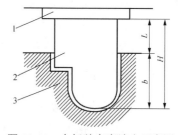

图 18-13　电极总高度确定示意图

1—夹具；2—工具电极；3—工件电极

采用的冲油压力一般为 20 kPa 左右，可随深度的增加而有所增加。冲油孔和排气孔的直径，应不大于缩放量的两倍，一般设计为 $\phi 1$mm$\sim \phi 2$mm。孔径不宜过大，太大则加工后残留的凸起太大，不易清除。孔的数量一般以蚀除产物不产生堆积为宜。各孔间距离一般取 $20 \sim$

40 mm。孔的位置尽量错开，这样可以减少"波纹"的形成。常用形式为如图 18-14 所示的冲油孔的电极和如图 18-15 所示的排气孔的电极。

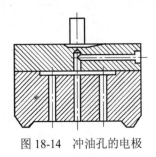

图 18-14　冲油孔的电极

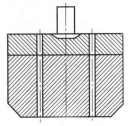

图 18-15　排气孔的电极

3. 选择电规准、分配平动量

在粗加工时，要求生产率高和工具电极损耗小，应优先选择较宽的脉冲宽度（例如在 400 µm 以上），然后选择较大的脉冲峰值电流，并应注意加工面积和加工电流之间的配合关系。加工初期接触面积小，电流不宜过大，随着加工面积增大，可逐步加大电流。通常，石墨电极加工钢时，最高电流密度为 3～5 A/cm^2，纯铜电极加工钢时可稍大些。

中规准与粗规准之间并没有明显的界限，应按具体加工对象划分。一般选用脉冲宽度 t_i 为 20～400 µs、电流峰值 i_e 为 10～25A 进行中加工。

精加工通常是指表面粗糙度 Ra 应优于 2.5 µm 的加工，一般选择窄脉宽（$t_i=2～20$ µs ）、小峰值电流（$i_e<10A$）进行加工。此时，电极损耗率较大，一般为 10%～20%，因加工预留量很小，单边不超过 0.1～0.2 mm，故绝对损耗量不大。

加工规准转换的档数应根据所加工型腔的精度、形状复杂程度和尺寸大小等具体条件确定。每次规准转换后的进给深度应等于或稍大于上档规准形成的表面粗糙度值 R_{max} 的一半，或当加工表面恰好达到本档规准对应的表面粗糙度时就应及时转换规准，这样既达到修光的目的，又可使各档的金属蚀除量最少，得到尽可能高的加工速度和低电极损耗。

分配平动量是单电极平动加工法的一个关键问题，主要取决于被加工表面由粗变细的修光量，此外还和电极损耗、平动头原始偏心量、主轴进给运动的精度等有关。一般情况下，中规准加工平动量为总平动量的 75%～80%，中规准加工后，型腔基本成型，只留很少余量用于精规准修光。原则上每次平动或摇动的扩大量，应等于或稍小于上次加工后遗留下来的最大表面粗糙度值 R_{max}，至少应修去上次留下 R_{max} 值的 1/2。本次平动（摇动）修光后，又残留下一个新的表面粗糙度值 R_{max}，有待于下次平动（摇动）修去其 1/3～1/2。

18.2.3　数控电火花成型机床

1. 电火花成型加工机床型号

我国国家标准规定，电火花成型机床均用 D71 加上机床工作台面宽度的 1/10 表示。例如，D7132 中，D 表示电加工成型机床（若该机床为数控电加工机床，则在 D 后加 K，即 DK）；71 表示电火花成型机床；32 表示机床工作台的宽度为 320 mm。

2. 电火花成型加工机床分类

数控电火花成型加工机床和其他加工机床一样，有很多分类方法，具体介绍如下。

（1）按照机床的数控程度可分为非数控（手动型）、单轴数控及多轴数控型等.随着科学技术的进步,已经能大批量生产三坐标数控电火花机床以及带有工具电极库、能按程序自动更换电极的电火花成型加工中心。

(2)按照机床的规格大小可分为小型(D7125 以下,工作台宽度小于 25cm)、中型(D7125~D7163,工作台宽度为 25~63cm)和大型(D7163 以上,工作台宽度大于 63cm)机床。

(3)按精度等级可分为标准、精密和高精度电火花成型加工机床。

(4)按工具电极的伺服进给系统的类型可分为液压进给、步进电动机进给、直流或交流伺服电动机进给驱动等类型。

(5)按应用范围可分为通用机床和专用机床。

(6)根据机床结构可分为龙门式、滑枕式、悬臂式、框形立柱式和台式电火花成型加工机床,其中框形立柱式应用最为广泛。随着机床工业的发展,模具行业对电火花成型加工机床的需求不断增加,电火花成型加工机床将朝着高精度、高稳定性和高自动化程度等方向发展。国外已经研制出带工具电极库能按程序自动更换电极的电火花成型加工中心。

3. 电火花成型加工机床主要结构

数控电火花成型机主要结构如图 18-16 所示。

其中:

X 轴运动:实现工作台横向移动(手动)。

Y 轴运动:实现工作台纵向移动(手动)。

Z 轴运动:实现主轴(电极)上下移动(伺服电机驱动)。

油槽:作为工作液的存储容器。

加工台:加工工件放置台。

电极头:能实现电极固定和位置调整。

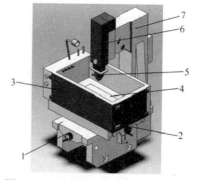

图 18-16 数控电火花成型机主要结构

1—工作台横向(X 轴)移动手柄;2—工作台纵向(Y 轴)移动手柄;3—油槽;4—加工台;5—电极头;6—主轴箱(W 轴)运动;7—立柱

主轴箱(W 轴)运动(二次行程):实现主轴箱进给运动(电机驱动)。

立柱:起支撑主轴箱作用等。

(1)主轴箱立柱部分。该部分由主轴箱体、主轴、滑板等组成。主轴的运动由直流伺服电机驱动,采用精密丝杠副传动方式。主轴移动导轨采用直线滚动导轨。主轴箱装在滑板上。通过交流电机驱动,经链轮传动,带动丝杆转动,从而实现滑板的移动(二次行程)。仅部分规格机床有此配置。主轴箱体的正面装有百分表,可以观察加工状态是否稳定及正常。

(2)X、Y 轴工作台部分。该部分由托板和工作台组成。导轨采用 V-平精密刮研导轨,稳定性、直线性好。导轨表面采用耐磨贴塑材料,具有耐磨、负载能力强和摩擦系数小的优点。采用滚珠丝杠传动实现工作台的水平移动,能保证较高的定位精度。丝杠螺距为 5 mm,手轮刻盘为 250 等分,每等分(刻度)为 0.02 mm。

振动锁紧手把到相应位置,可实现对工作台的锁紧。锁紧后,手轮将不能使工作台移动。该锁紧机构具有结构简单、夹紧可靠、易于维修等优点。

★ **注 意** 机床在 X、Y、Z 三轴上,均留有安装数显尺的位置,用户可根据需要进行配置。

（3）工作液循环过滤系统。

① 工作液循环过滤系统组成。工作液循环过滤系统主要由工作油槽（包括液面保护、液面调节、冲抽油调节等）和工作液油箱（包括供油、滤油等）组成。

工作油槽采用钢板焊接结构，油正面和油侧面门可开合，采用耐油橡胶密封。油槽内左侧液位调节机构、泄油拉杆、冲抽油快换接头等。

工作液油箱即储油箱，其工作液采用工业煤油或专业油。液压泵为涡流泵。油路中设有特制纸质过滤芯，径向过滤，采用两个过滤器分两路同时过滤，以满足过滤要求。工作液泵采用涡流泵。

② 工作液循环过滤系统油路图。如图 18-17 所示，它既能实现冲油，又能实现抽油。其工作过程是：储油箱的工作液首先经过铜过滤网进行粗过滤 1，经单向阀 2 吸入油泵 3，这时高压油经过精过滤器 7 输向机床工作液。6 为快速进油用，能以最快的速度为油槽注入工作液。待油注满油箱时，可及时调节冲油选择阀 7，通过喷油管 8 给油槽喷油，其冲油压力可从冲油压力表 9 中读得。当阀 7 在冲油位置时，这时油杯中的压力由阀 13 控制；当阀 10 在抽油位置时，补油和抽油两路都通，这时压力工作液穿过抽油管 11，利用流体速度产生负压，达到实现抽油的目的，压力可由阀 13 控制，抽油真空度可从抽油真空表 12 中读得。

（4）电极头部分。主轴头下面装夹的电极是自动调节系统的执行机构，其质量的好坏将影响到进给系统的灵敏度及加工过程的稳定性，进而影响工件的加工精度。如图 18-18 所示。

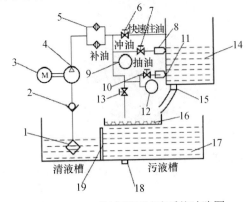

图 18-17 工作液循环过滤系统油路图

1—粗过滤器；2—单向阀；3—电动机；4—液压泵；
5—精过滤器（两并联）；6—快速进油阀；7—冲油选择阀；
8—喷油管；9—冲油压力表；10—抽油选择阀；11—抽油管；
12—抽油真空表；13—压力调节阀；14—油槽；15—回油口；
16—过滤网；17—油箱；18—油箱泄油口；19—隔板

图 18-18 电极头

1—电极角度旋转调整螺栓；2—左右水平调整螺栓；
3—前后水平调整螺栓；4—电极夹头与机体支架的结缘板；
5—电极夹紧螺栓

（5）油箱。油箱外观结构示意图（单泵系统），如图 18-19 所示。

储油箱过滤网：油槽回流的加工液从此处进入油箱。

储油箱：工作液储存容器。

过滤器（含滤芯）：通过两过滤器并联实现精过滤。

加工液注入接头：此接头通过管子与工作液油槽连接。

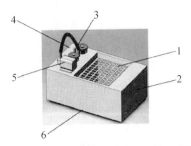

图 18-19 油箱外观结构示意图（单泵系统）

1—储油箱过滤网；2—储油箱；3—过滤器（含滤芯）；
4—加工液注入接头；5—抽油泵；6—油箱泄油口

抽油泵：抽油。

油箱泄油口：（在油箱下部）去到泄油塞，可将油箱中的工作液泄掉。

① 外观部件。油槽外观结构示意图，如图 18-20 所示。

② 内部部件。

单向阀：以防工作液回流。

铜过滤网：达到粗过滤的目的。

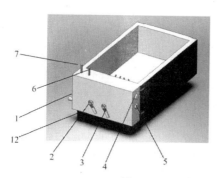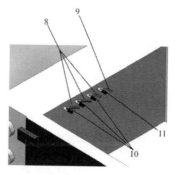

图 18-20　油槽外观结构示意图

1—油箱进油接头；2—快速进油阀；3—压力调节阀；4—冲油压力表；5—抽油真空表；
6—液面调节手柄；7—快速泄油手柄；8—冲油选择阀；9—抽油选择阀；10—喷油管；
11—抽油管；12—回油口

4. 操作与调整电火花成型机床

（1）X、Y 横向、纵向移动操作及调整。纵横向移动前，首先松开纵横向锁紧手柄、插入手轮上插销，然后摇动手轮。手轮刻度每格为 0.02 mm，每转 5 mm。根据工作台需要移动的距离，计算手轮需要摇动的转数。工作台到位后，扳动锁紧手柄将工作台锁紧，同时拉出手轮上的插销，使手轮摇动无效。手轮结构如图 18-21 所示。

（2）主轴箱滑板操作及调整（有两次行程的机床适用）。

立柱侧面有滑板电动开关，如图 18-22 所示。将它打到 UP 位置，滑板上升；打到 DOWN 位置，滑板下架。放开即停止。

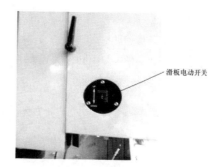

图 18-21　手轮结构　　　　　　　　图 18-22　滑板电动开关

1—手轮摇把；2—插销；3—锁紧手柄

（3）工作液循环系统操作及调整。

① 工作液槽注油、泄油。启动涡流泵，开启快速进油 2，便可向工作液槽内注油。提起液面调节手柄，达到需要的液位。为保持一定的液位也需要向液槽中补充部分工作液，调整 2 的位置

可控制工作液流量。当加工结束后，关闭油泵，拉起快速泄油手柄，即可泄完槽中的工作液。

② 加工区冲油。为改善加工状态，通常需要直接向加工区冲油。打开冲油选择阀 8，关闭抽油选择阀9。旋小快速进油阀2，以保证充足的工作液进入冲油区。通过改变压力调节阀 3 可调节冲油压力同时调节冲油量大小，其压力值可通过冲油压力表读出。

③ 加工区抽油。改善加工状态的另一种方法就是将加工区的电蚀物抽走。打开抽油选择阀 9 和压力调节阀 3，关闭冲油选择阀 8 和快速进油阀 2，抽油量大小可通过调整各阀开合角度。其抽油真空度可通过表读取。

5. 电气操作使用

（1）电柜面板按钮功能。电柜操作面板如图 18-23 所示。

图 18-23　电柜操作面板

① 主要按键开关。按键与功能见表 18-3。

表 18-3　按键与功能

按　键	功　能
	放电开关按钮
	加工液进油开关
指示灯	（1）灯亮表示进到深度定位也可打开蜂鸣器警告 （2）灯亮表示+、–极接触也可打开蜂鸣警告
OFF	打开旋钮开关，即表示进行自动侦测调整理想波形，其灵敏度可以依情况加以适当调整此旋钮

② 紧急停止开关、电源开关，如图 18-24 所示。

紧急停止开关　　　　　　电源开关

图 18-24　开关

③ 蜂鸣器、放电计时器，如图 18-25 所示。

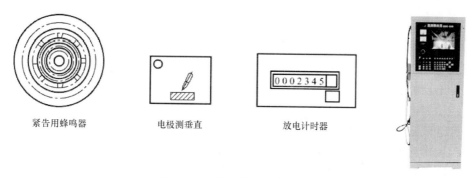

图 18-25　蜂鸣器与放电计时器

（2）电脑操作界面功能。

电脑操作界面如图 18-26 所示，使用按键如下：

F1 表示手动放电设定；F2 表示自动放电设定；F3 表示程式编辑；F4 表示位置归零；F5 表示位置设定；F6 表示找中心点；F7 表示 EDM 参数；F8 表示机械参数；F9 表示放电计时归零；F10 表示放电参数自动匹配移动游标指向轴向。

（3）电火花成型加工电参数选择的一般规律。在电火花成型加工中，电参数的选择对加工的工艺指标起着重要作用，只有正确地选择电参数才能加工出品质优良的产品。

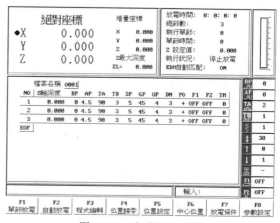

图 18-26　电脑操作界面

影响电参数选择的因素主要有电极材料、工件材料、电极体积、表面粗糙度、放电间隙、电极损耗、加工速度等。

（4）电参数选择的一般规律。

① 脉宽（TA）。一般来说，在峰值电流一定的条件下，脉宽越大，光洁度越差，但电极损耗越小。

② 脉间（TB）。在脉间增大时，电极损耗会增大，但有利于排渣。而机床设有 EDM 自动匹配功能，一般情况下，脉间由自动匹配而定，若发现积碳严重时可将自动匹配后的脉间再加大一档。

③ 高压电流（BP）。高压脉冲的主要作用是形成先导擎穿，有利于加工稳定和提高加工效率。一般加工时高压电流选为 0~2 A，在加工大面积或深孔时可适当加大高压电流，以利于防积碳。

④ 低压电流（AP）。在脉宽和脉间一定时，低压电流增人，加工速度提高，电极损耗增大。低压电流的选择应根据电极放电面积来确定，若电流密度过大，则容易产生拉弧烧伤。

⑤ 间隙电压。粗加工时选取较低值，以利于提高加工效率；精加工时选取较高值，以利于排渣，一般情况下由 EDM 自动匹配即可。

⑥ 伺服敏感度。机头上升、下降时间一般由 EDM 自动匹配而定，在积碳严重时，可通过减少下降时间或加大上升时间来解决。

6. 电火花成型加工技巧

（1）适宜的排屑是保证加工稳定顺利进行的关键。一般排屑常采用在电极或工件上进行冲油（喷流）、抽油（吸流）、电极与工件间侧冲油以及利用抬刀过程进行挤压排屑等方式进行。对排屑条件不良的情况，如在盲孔和在电极或工件上没有冲油孔的型腔加工中，应采用定时抬刀或自适应抬刀以利于排屑。若要求表面粗糙度越小，则每分钟抬刀次数也应越多。

（2）实现无损耗加工或低损耗加工，在起始加工时由于接触面积较小，应设定小电流进行加工，以保护电极不致受损，待电极与工件完全接触后，再逐步增加加工电流。

（3）以降低表面粗糙度为目标时，应采用分段加工的方法，即每一段一组加工参数，使得后一段的加工参数其粗糙度比前一段降低 1/2，直至达到最终要求。

（4）加工极性一般采用负极性加工，即工件接负极。

7. 维护保养电火花成型机

（1）机床的润滑。机床主轴丝杠副润滑采用 40 号机油，每班一次。X、Y 向导轨用 40 号机械油润滑，使用润滑手泵（在机床右下侧），全行程压 10 次，每班一次。机床内轴承采用锂基润滑脂，每 1～2 年更新涂一次机床主轴导轨和 X、Y、W 轴滚珠丝杠采用锂基润滑。每年更换一次。

（2）工作场地安全。工作场地严禁烟火，必须有妥善的防火、通风设施。经常检查外露接头，防止渗漏。

（3）检查过滤器。在正常使用下，过滤器纸芯的使用寿命为 3～6 个月。如果开泵后 2 h，喷嘴冲出的油很黑或者冲油压力不足，则必须更换过滤器。更换纸质过滤芯程序：打开上盖→取出脏滤芯→清洗内壁→上盖→换上新滤芯→拧紧上盖。

（4）主轴头维护保养。主轴头是保证机床具有较高的几何精度、加工精度及加工灵敏度的主要部件，因此在使用时必须注意维护和保养。

主轴头正常使用时，其齿形皮带应松紧合适，如果出现主轴进给动作不均匀或放电加工时主轴反应不灵敏，此时可将主轴头罩取下，检查齿形皮带的松紧程度，是否出现爬齿现象或轮与带的齿间出现间隙，通过调整支架调节螺钉，移动电机座，保证皮带松紧度适当。主轴皮带轮传动机构和齿形带轮传动机构拆卸视图，如图 18-27、图 18-28 所示。

图 18-27　主轴皮带轮传动机构

图 18-28　齿形带轮传动机构拆卸视图

1—Z 轴丝杠皮带轮；2—电机皮带轮；3—皮带；
4—电机；5—皮带松紧调节螺钉

（5）维护保养工作台、托板。工作台是机床几何精度的基准面，对加工质量影响很大。每次工作完毕后工作台面应清洗干净，并涂润滑油。

（6）检查工作液槽。工作液槽在出厂前已检查渗漏，如发现工作液槽与工作台面的结合处渗漏，可将压紧螺钉均匀地紧一遍，如果还有渗漏，可松开螺钉，更换 3 mm 耐油橡胶密封垫及涂硅铜耐油封胶。如果正门密封渗漏，可换密封条，密封条的材料为 12×16 软耐油橡胶。

（7）检查工作液质量。如果加工性能下降，应更换工作液，如图 18-29 所示。

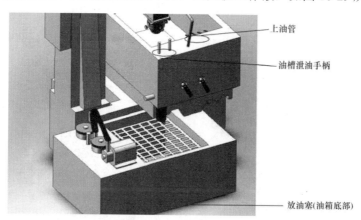

上油管

油槽泄油手柄

放油塞(油箱底部)

图 18-29　更换工作液

工作液的更换程序如下：

拆卸工作液槽上油管→拉起油槽泄油手柄,卸掉油槽中的工作液→接好工作液槽上油管→拧开油箱下部的放油塞将油箱完全放空→清理油箱内残渣→拧紧放油塞→灌上清洁的工作液。

18.3　数控电火花小孔加工

18.3.1　数控电火花小孔加工概述

由于孔径小,电火花穿孔加工中的小孔加工采用的加工工艺与其他穿孔加工有很多不同之处，一般单列出来。电火花小孔加工与型腔加工相比，工具电极的横截面积小，容易变形，不易排屑和散热，电极损耗大。为了解决上述问题，小孔加工应选用刚性好、不易变形、加工稳定性好和损耗小的材料做电极，如钨丝、钼丝、黄铜丝和铜钨合金等。

加工时还可以设置导向装置来防止工具电极弯曲变形。生产中常用的电火花小孔加工主要是高速电火花小孔加工和电火花小孔磨削。

18.3.2　D703 型高速电火花小孔加工机床简介

D703 型高速电火花小孔加工机床，主轴采用直流伺服电机，在 X、Y 拖板上装有二轴光栅数显，可以准确地找到所需的坐标位置，还可根据用户需求加装 Z 轴数显。脉冲电源系统内置 25 组典型加工参数，操作简单方便，加工稳定。

（1）D703 型高速电火花小孔机的组成。如图 18-30 所示，高速电火花小孔机主要由底座、工作台、立柱、主轴、旋转头（D703B 型）、工作液系统、电气箱。整机完成时除工作液系统可以单独拉出外，其余部分都装配成一体。

（2）D703 型小孔机工作原理。电火花高速小孔加工工艺是近年来新发展起来的。其工作原理如下。

① 采用中空的管状黄铜或紫铜电极。

② 电极管中通入高压工作液冲走加工屑。

③ 加工时电极做回转运动，可使端面损耗均匀，不致受高压高速工作液的反作用力而偏斜，可加工出直线度和圆柱度很好的小深孔。

④ 备有 X、Y、Z 三轴光栅尺，定位精确，也可实现定深盲孔加工功能，主轴机械摆动±45°可加工斜孔。

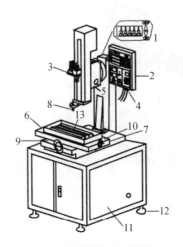

(a) 小孔成型机结构示意图

(b) 小孔成型机实物图

图 18-30　D703 型小孔成型机

1—电容盒；2—操作盒；3—旋转头；4—光栅尺；5—二次行程手柄；6—X轴拖板；7—Y轴拖板；8—导向器；
9—Y轴导轨注油孔×2；10—X轴导轨注油孔×4；11—水泵区域（水泵+过滤器）；
12—水平螺钉（可调节）；13—大理石工作平台

用一般空心管状电极加工小孔，容易在工件上留下毛刺料芯，阻碍工作液的高速流通，且电极过长过细时会歪斜，以致引起短路。为此电火花高速加工小深孔时采用专业厂特殊冷拔的双孔管状电极，其截面上有两个半月形的孔，如图 18-31 所示的 A—A 放大断面图形，加工中电极转动时，工件孔中不会留下毛刺料芯。加工时工具电极作轴向进给运动，管电极中通入 1～6 MPa 的高压工作液（自来水、去离子水、蒸馏水、乳化液或煤油）。由于高压工作液能迅速将电极产物排除，且能强化火花放电的蚀除作用，因此这一加工方法的最大特点是加工速度高，一般小孔加工速度可达 20～60 mm/min，比普通钻削小孔的速度还要快。这种加工方法最适合加工直径为 0.3～3 mm 的小孔。

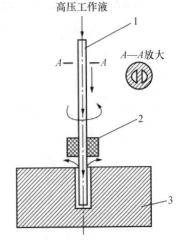

图 18-31　电火花高速小孔加工原理示意

1—管电极；2—导向器；3—工件

（3）小孔机的工艺特性。

① 加工范围。直径为 $\phi0.2\,\text{mm}\sim\phi3\,\text{mm}$，常用电极品种有黄铜和紫铜两种。通常电极规格每隔 0.1mm 一档，被加工工件材料可以是任何导电材料，例如，铝、不锈钢、模具钢、淬火钢、磁钢、硬质合金等。

② 应用领域。加工线切割模具穿丝孔、各种滤板、筛网小孔、喷嘴、气孔化纤喷丝板等。可以加工通孔，也可以加工盲孔。

③ 加工速度。加工速度与孔径、加工材质、工件厚度、电参数、电解液等因素有关。以 φ1 铜管加工 40 mm 厚度工件为例，一般钢材 20～40 mm/min，铝大于 60 mm/min，YG8 硬质合金 3～5 mm/min。加工钢、铝等材质建议采用黄铜电极，加工硬质合金以紫铜电极为宜。

④ 加工深度。在电极直径 φ0.3～φ0.5 mm 的范围内，加工普通材料可以达到深径比大于 100∶1，用 φ1mm 的电极加工的深度可大于 200 mm。

3. 操作 D703 型高速电火花小孔机

（1）小孔机的操作界面。如图 18-32 所示。

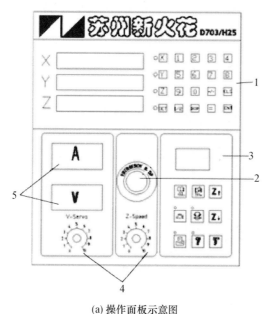

(a) 操作面板示意图   (b) 操作面板实物图

图 18-32 小孔机操作面板

1—光栅数显设定及显示区域；2—急停按钮；3—功能键及参数显示区域；
4—调节按钮；5—电流电压显示

小孔机面板功能及参数如图 18-33 所示。

（2）小孔机的加工液。

① 机床可以采用清洁的自来水、纯净水、高纯水、蒸馏水、去离子水以及专用加工液。其区别在于，自来水杂质比较多，容易形成二次放电，因此孔径很难保证。用专用加工液或者其他加工液对孔径、效率、损耗等都有一定改善，但成本很高。应视情况考虑。

② 加工时必须要有加工液，否则将产生拉弧现象或者是短路回退，0.3 mm 以下的电极可能会烧电极。因此加工前必须确保有加工液体流出，并保持一定的压力。

③ 工作液系统所使用的工作压力为 6 MPa 或 8 MPa 两种规格的泵，在开始加工前应检查其压力是否正确，不应过高或过低。压力阀 4 可以调节工作压力，顺时针方向旋动工作压力升高，反之则工作压力减小。

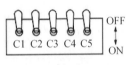

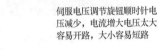

图 18-33　小孔机面板功能及参数

④ 工作液原理如图 18-34 所示。

（3）安装电极。在开始加工之前首先要将工件、电极正确安装。找正基准面，同时要将一根放电线固定在夹具预先开好的固定孔上。电极的安装方法如下。

① 将旋转头升到一定高度。

② 将螺母松开，把钻夹头、螺母、旋转头芯轴取下，然后在旋转头芯轴顶部放置一个橡皮密封圈（圈内小孔应与电极尺寸相匹配）重新将旋转头芯轴、螺母、钻夹头装上，并将螺母拧紧。

③ 将电极丝一端从钻夹头下部往上推，然后将钻夹头 3 个夹爪慢慢拧紧上紧电极。熟练后也可以松开钻夹头后，直接凭手感向上推。

④ 利用手动方法使主轴下降，如图 18-35 所示，将电极丝插入导向器中，并与工件表面保持 2～3 mm 的间距。

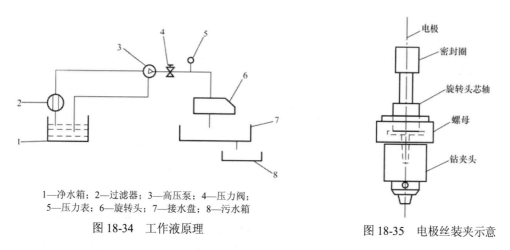

1—净水箱；2—过滤器；3—高压泵；4—压力阀；
5—压力表；6—旋转头；7—接水盘；8—污水箱

图 18-34　工作液原理

图 18-35　电极丝装夹示意

★**注 意**　安装时请将电极置于钻夹头正中，同时必须使电极端部伸出橡皮密封圈。

（4）小孔机的加工操作过程。

① 开始加工前，先要正确安装工件、电极。对于同一规格电极的第一次安装方法如下：利用手动操作方法将旋转头升到一定高度。

将螺母松开，把钻夹头、螺母、旋转头芯轴取下，然后在旋转头芯轴顶部放置一个橡皮密封圈（圈内小孔应与电极尺寸相匹配）重新将旋转头芯轴、螺母、钻夹头装上，并将螺母拧紧。

将电极丝一端从钻夹头下部往上推，然后将钻夹头 3 个夹爪慢慢拧紧上紧电极。

利用手动方法使主轴下降将电极丝插入导向器中。

② 利用 Z 轴手柄将主轴头向下摇，使导向器底部与工件之间保持 2～3 mm 间隙。摇手柄之前要先将主轴定位螺钉松开，摇到指定位置之后再将定位螺钉拧紧。

③ 采用清洁的自来水或纯净水为加工工作液（用特种皂化液可改善孔径误差）。

④ 根据所用的电极及加工材料选择适当的参数，先开泵，再开加工。加工，即开始自动进行。

⑤ 调节适当伺服参数使间隙电压在加工期间基本保持稳定。

⑥ 对电极快要穿透工件时出现的工件底部出水、冒火花现象，采取工件底部加垫块等方法使电极顺利穿出加工工件。

⑦ 加工结束后按下关闭按钮，停止加工，按下泵，关水泵，按住向上，主轴回升，此时蜂鸣器报警。当电极拉出工件后，报警停止，释放向上键将主轴锁定。

（5）维修、保养小孔机。小孔机的维修、保养见表 18-4。

表 18-4 小孔机的维修、保养

维护类型	维护内容
日常维护	1. 通电前：查工作液装置中高压泵油箱内的油是否充足，污水盘内污水是否已处理干净 2. 通电后：检查操作板面上各指示灯是否正常，显示屏是否能正确显示，高压泵的压力表指示是否在范围之内，各控制按键启动后是否能正常实现控制功能，风扇是否能正常运转。机床在运转过程中主轴、拖板是否有异常现象，如声音、温度、裂纹、气味等 3. 操作过程中，对电箱面板上的操作按键、旋钮，操作时应小心，如遇扭不动，不应检查是否已扭到头或有其他故障，以免损坏操作器件 4. 每班后须擦净工作台面，清理水槽污物。X、Y、Z 丝杆，Z 轴导轨应擦净并放上 32 号机油
月维护	1. 检查 X、Y 轴滚珠丝杆，Z 轴导轨和主轴丝杆。若有污垢，应清理干净，若表面干燥，应涂润滑脂 2. 电柜内部用干燥压缩空气将灰尘清理干净（具体清理时间由车间环境决定） 3. 电柜内部的电器接头应重新紧固一次 4. 检查工作液装置、管路及接头，确保无松动、无磨损。高压泵油箱内的油是否充足 5. 检查过滤器滤芯是否干净，否则应清洗或更换 6. 检查机床各有关精度，校准工作台及床身基准的水平 7. 检查各部分功能是否能完全正常工作，各开关和继电器以及按钮能否正常，有无其他异常的噪声 8. 检查一个程序的完整运转情况（即完整的加工一个过程）
其他维护	1. 电箱内部的电器元器件应防尘、防潮、防烟雾、防电磁波干扰 2. 电网应稳定，不出现经常突然断电。确保电源输入电压在波动范围之内，必要时加稳压器 3. 在潮湿的季节每天至少开机 3～4 h，以免因潮湿使器件表面氧化，造成故障 4. 不宜经常打开电柜门，防止车间空气中漂浮的灰尘、油物、金属粉末落在印刷电路板上和电子部件上容易引起元器件绝缘性能下降，从而出现故障

18.4 课堂实训

成型机的基本操作如下：

1. 准备工作

依据要求选择量具（直角尺、百分表、千分表等）和夹具（压板、千斤顶、坚固螺钉、电极极柄、钻夹头、磁力表座等）。

2. 找正

找正包括工件的找正和电极的找正。方法：移动 X 轴、Y 轴及碰边功能找正工件，用主轴头上下移动调节电夹头看百分表的读数找正电极。

3. 定位

用碰边功能及 F4 位置清零定下 X、Y 轴位置，用自动碰边功能确定 Z 轴零点。

4. 选择放电方式

根据工艺要求选择 F1 单节放电（手动放电），F2 自动放电（多节放电）。

5. 设定放电参数

根据要求效率、电极损耗、光洁度设定放电参数。BP-高压电流、AP-低压电流、TA-脉宽、TB-脉间、SP-伺服速度、GP-间隙电压、UP-抬刀时间、DN-加工时间、PO-极性以及 F1-大面积加工、F2-深孔加工，依据由电极正面放电面积和效率设定电流，依据电极损耗的大小以及其他辅助参数（BP、SP、GP、UP、DN、F1、F2）设定脉宽、脉间。

6. 开油泵（DN）

依据工件的高低设定液面高度（液面安全高度为 50～100 mm），上升油面设定高度。

7. 放电加工

开高频（ON）开始放电，直到加工完毕。在加工过程中经常看：看火花的颜色（蓝白、大红色）及放电点，放电点细小，经常转移、分散为正常，冒白烟、大气泡则不正常；听：听火花清脆而连续属正常，火花发闷沉则为不正常。采用多种方法观察机床的运转情况，发现问题及时修改参数直至正常，或停机清洗积碳，调整参数，重新放电直到完成。

8. 加工完毕

关掉油泵（OFF）卸掉电极、工件，清理油槽，关掉电源，收拾好工、夹、测、卡等。

18.5 习　　题

一、填空题

1. 火花放电必须在＿＿＿＿＿＿＿＿＿＿中进行。

2. 电火花成型加工又称＿＿＿＿＿，是一种＿＿＿＿＿、＿＿＿＿＿能加工方法。

3. 电火花成型加工机床主要由＿＿＿＿＿、＿＿＿＿＿、＿＿＿＿＿及＿＿＿＿＿和循环系统几部分组成。

4. 型腔模电火花成型加工主要有＿＿＿＿＿法、＿＿＿＿＿法和＿＿＿＿＿法等。

5. 电火花成型机床 D7132 型号，D 表示＿＿＿＿＿，71 表示＿＿＿＿＿；32 表示＿＿＿＿＿。

6. 电火花成型机床工作液循环过滤系统主要由＿＿＿＿＿和＿＿＿＿＿组成。

二、简答题

1. 电火花火花放电加工须具备的基本条件。

2. 电火花成型加工的特点。

3. 电火花成型加工过程。

4. 电火花成型机床维护保养的主要内容。

项目 5

UG/CAM 自动编程

第 19 章　UG/CAM 简介

知识目标

☑ 掌握 UG 数控加工基本操作流程。

能力目标

☑ 能够独立进入到 UG NX 中文版加工模块。
☑ 能够独立完成程序组、刀具、几何体、加工方法的创建与编辑。
☑ 理解常用选项中的各项功能，为后面的学习打好基础。
☑ 能够独立生成相应机床的后置处理。

19.1　UG/CAM 概述

UG NX CAM 模块可以进行交互式编程，并对铣、钻、车及线切割刀轨进行后处理；通过可定制的配置文件可以定义可用的加工处理器、刀具库、后处理器和其他高级参数，而这些参数的定义可以针对具体的市场，比如模具、冲模和各种机械。通过各个模板，可以定制用户界面，并指定加工设置，这些设置包括机床、切削刀具、加工方法、共享几何体和操作顺序。UG NX CAM 系统拥有非常全面的加工能力，从自动粗加工到用户定义的精加工，都很适合使用 UG NX CAM 系统。

19.2　创建操作加工基本流程

应用 UG NX CAM 进行数控编程时，一般都遵循一定的流程，如图 19-1 所示，它简单描述了从一个零件模型到生成机床可执行的 NC 程序的流程。

该流程图可以归纳为以下 8 个步骤：

（1）加工零件的几何模型准备。

（2）加工工艺路线的制定。

（3）加工环境的选择。

（4）父级组的创建及其参数设定。

（5）加工操作的创建及参数的设定。

（6）刀轨的产生与校核。

（7）刀轨的后处理。

（8）加工工艺卡的制作。

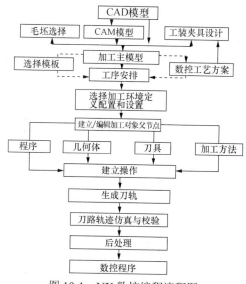

图 19-1　NX 数控编程流程图

19.3　创建操作要素

　　一个操作是包含了刀具、加工几何体、切削方法和切削参数、刀轨显示等信息的一个集合体。如果要加工一个工件，用户必须首先创建操作，当定义了足够的信息后，系统就可以生成刀轨。

　　创建一个操作有以下 3 种方法：（1）从菜单中选择【插入】→【操作】命令；（2）从【加工创建】工具条中选择【创建操作】图标；（3）在操作导航器中选中一个对象后，单击鼠标右键【刀片】→【操作】命令。使用以上任意一种方法，都将弹出如图 19-2 所示的【创建操作】对话框。CAM 设置类型不同，则操作的子类型也不同。

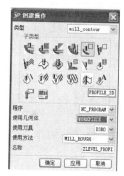

图 19-2　【创建操作】对话框

19.4　生成刀具路径与后处理

　　当设置了所有必需的操作参数后，就可以生成刀轨了，在每一个操作对话框中，有如图 19-3 所示的【生成】按钮，可以用来生成刀轨。

　　如果对创建的操作和刀轨满意后，可以通过屏幕视角的旋转、平移、缩放等操作调整对刀轨的不同观察角度，单击【重播】按钮进行回放，可以确认刀轨的正确性。对于某些刀轨，还可以用 UG 的【切削仿真】按钮进一步检查刀轨。

　　在对所有的刀轨进行处理后，将生成符合机床标准格式的数控程序，最后建立车间工艺文件，把加工信息送达给需要的使用者。

19.5　课堂实训

　　下面以图 19-4 所示的模型为例，介绍 UG NX 数控加工的一般过程。

1. 打开模型并进入加工环境

（1）打开模型文件。

（2）进入加工环境。选择下拉菜单 起始 ·—— 加工(N)... 命令，系统弹出如图 19-5 所示的"加工环境"对话框，在"加工环境"对话框的 CAM 设置: 列表中选择 mill contour 选项，单击 初始化 按钮，进入加工环境。

图 19-3　操作对话框　　　　图 19-4　案例模型　　　　图 19-5　加工环境对话框

2. 创建几何体

（1）创建机床坐标系

① 单击 按钮，进入创建几何体界面。如图 19-6 所示。在"类型"下拉列表框中选择"mill_contour"选项。

② 在"子类型"选项中选择 按钮，单击"确定"按钮，系统弹出如图 19-7 所示的"MCS"对话框。

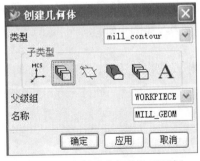

图 19-6　"创建几何体"对话框

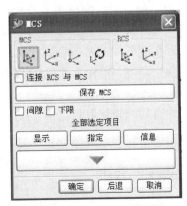

图 19-7　"MCS"对话框

（2）创建部件几何体

① 在"创建几何体"对话框中选择"MILL_GEOM"
选项，其他选项默认设置，单击"确定"按钮，弹出
"MILL_GEOM"对话框，如图 19-8 所示。

② 单击"部件"按钮，再单击下方的"选择"按
钮，弹出"工件几何体"对话框，如图 19-9 所示。单击
该对话框中的"全选"按钮，系统自动选取全部零件为
部件几何体，选取结果如图 19-10 所示。

③ 单击部件几何体中的"确定"按钮，返回到
"MILL_GEOM"对话框。

图 19-8　"MILL_GEOM"对话框

图 19-9　"工件几何体"对话框

图 19-10　部件几何体

（3）创建毛坯几何体

① 在"MILL_GEOM"对话框中单击"隐藏"按钮，然后单击下方的"选择"按钮，
弹出如图 19-11 所示的"毛坯几何体"对话框。

② 确定毛坯几何体。在"选择选项"区域中选择"自动块"单选项，在图形区域中显示
如图 19-12 所示的毛坯几何体，单击"确定"按钮，系统返回到"MILL_GEOM"对话框。

图 19-11　毛坯几何体

图 19-12　毛坯几何体

③ 单击"MILL_GEOM"对话框中的"确定"按钮。

（4）确定切削区域

① 单击"创建几何体"对话框中的"MILL_AREA" 按钮，然后单击"确定"按钮。系统弹出如图 19-13 所示的"MILL_AREA"对话框。

图 19-13　"MILL_AREA"对话框

② 单击"切削区域" 按钮，再单击下方的"选择"按钮。系统弹出如图 19-14 所示的"切削区域"对话框。选取长方体内部小槽的 5 个面，如图 19-15 所示。然后单击确定按钮，系统返回到"MILL_AREA"对话框。

③ 单击"MILL_AREA"对话框中的"确定"按钮，完成切削区域的制定。

图 19-14　切削区域对话框

图 19-15　指定切削区域

3. 创建刀具

（1）点击"创建刀具" 按钮，系统弹出如图 19-16 所示的"创建刀具"对话框。

（2）确定刀具类型。在"类型"下拉列表框中选择"mill_contour"选项。在"子类型"中选择"MILL"按钮 ，在"父级组"下拉列表框中选择"NONE"选项，在"名称"文本框中输入 D3R0，单击"确定"按钮，系统弹出 "Milling Tool-5 Parameters"对话框。

（3）设置刀具参数。在"Milling Tool-5 Parameters"对话框中设置如图 19-17 所示的刀具参数。单击"确定"按钮完成刀具的创建。

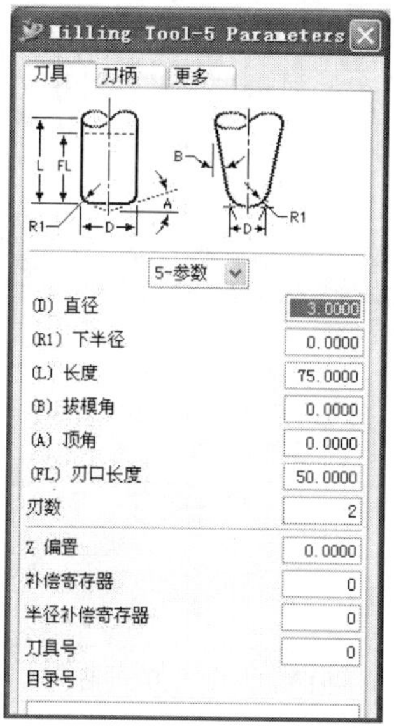

图 19-17 "Milling Tool-5 Parameters"对话框

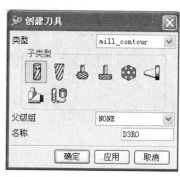

图 19-16 "创建刀具"对话框

4. 创建等高轮廓铣操作

（1）创建操作

① 单击"创建操作"按钮 ，系统弹出如图 19-18 所示的"创建操作"对话框。

② 在"类型"下拉列表框中选择"mill_contour"选项，在"子类型"中单击"ZLEVEL_PROFILE"按钮 ，其他设置如图 19-18 所示。单击"确定"按钮，弹出如图 19-19 所示的"ZLEVEL_PROFILE"对话框。

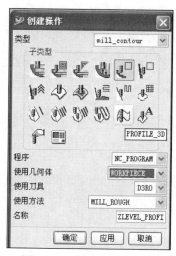

图 19-18 创建操作对话框

图 19-19 "ZLEVEL_PROFILE"对话框

③ 显示刀具。单击"组"选项卡，弹出如图 19-20 所示界面。选择"刀具：D3R0"单选项，再单击右下方的"显示"按钮，则可以在绘图区中显示当前的刀具形状和大小。如图 19-21 所示。

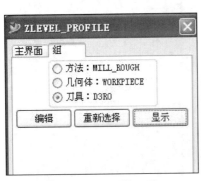

图 19-20　显示的刀具

图 19-21　绘图区中显示的刀具

（2）设置切削参数

① 在"ZLEVEL_PROFILE"对话框中单击"切削"按钮，弹出如图 19-22 所示的"切削参数"对话框。

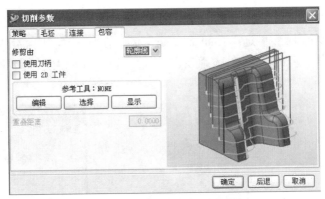

图 19-22　"切削参数"对话框

② 单击"包容"选项卡，在"修建由"区域的下拉列表框中选择"轮廓线"选项。

③ 在"连接"选项卡中的相关参数设置如图 19-23 所示。单击"确定"按钮，系统返回"ZLEVEL_PROFILE"对话框。

（3）设置进刀/退刀参数

单击进刀/退刀区域中的"方法"按钮，设置如图 19-24 所示的参数。单击"确定"按钮，系统返回"CAVITY_MILL"对话框。

（4）设置安全平面

① 单击"避让"按钮，弹出如图 19-25 所示的对话框。

② 单击"Clearance Plane-无"按钮，弹出如图 19-26 所示的"安全平面"对话框。

③ 单击"指定"按钮，弹出如图 19-27 所示的"平面构造器"对话框。

④ 点取几何体的上表面，如图 19-28 所示。设置偏置值为 10。连续单击 3 次"确定"按钮，即设定好了安全平面。系统返回到"CAVITY_MILL"对话框。

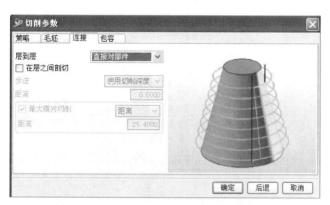

图 19-23 "连接"选项卡参数设置

图 19-24 "进刀/退刀"设置

图 19-25 "避让"对话框

图 19-26 "安全平面"对话框

图 19-27 "平面构造器"对话框

图 19-28 安全平面的设定

（5）设置进给率

① 单击"进给率"选项。弹出"进给和速度"对话框。

② 在"速度"和"进给"选项卡中分别设置如图 19-29 和图 19-30 所示的参数。

图 19-29　速度参数设置

图 19-30　进给参数设置

5. 生成刀位轨迹并仿真

（1）在型腔铣对话框中单击⊫按钮，在图形中生成如图 19-31 所示的刀位轨迹。

（2）使用 2D 仿真，在刀位轨迹生成后，单击⊿按钮，然后单击 2D 动态，再单击"播放"按钮▶，开始仿真。最后结果如图 19-32 所示。

图 19-31　刀位轨迹

图 19-32　仿真结果

6. 保存文件。

★注意　此案例应先在中间凸台周围的大平面进行平面铣操作，然后再进行等高轮廓铣凸台。

19.6　习　　题

1. 简述应用 UG NX CAM 操作加工时需遵循的基本流程。

2. 创建操作要素有哪些？

3. 进入到加工模板，根据个人习惯定义通用性较好的用户界面并认识每个按钮。

4. 创建如下刀具：D50R6、D30R5、D21R4、D17R0.8、D12R0.8、B12、B10。

5. 创建一个模型并完成其几何参数的设置。

第 20 章　平面铣削加工

知识目标

☑ 掌握平面铣操作步骤。

☑ 掌握点位加工操作步骤。

能力目标

☑ 能够独立完成零件的平面铣削加工和点位加工操作过程

20.1　平面铣削概述

20.1.1　平面铣削概念

平面铣只能加工与刀轴垂直的几何体，所以平面铣加工出的是直壁且垂直于底面的零件。平面铣建立的平面边界，定义了零件几何体的切削区域，并且一直切削到指定的底平面为止。每一个刀路除了深度不同外，形状与上一个或下一个切削层严格相同，平面铣只能加工出直壁平底的工件。

20.1.2　平面铣削创建流程

创建平面铣削操作的一般步骤如下所述。

（1）准备模型。工件几何体模型可以由 UG NX 系统生成，也可以是任何其他系统生成的几何数据，几何体的数据类型可以是点、任意曲线、片体和实体模型。

（2）初始化加工环境。指定"CAM 会话配置"为"cam_general"、【CAM 设置】为"mill_planar"。

（3）编辑和创建父级组。包括程序组、刀具、几何体组、加工方法组。在默认情况下，系统已生成各个父级组，用户应该根据实际情况决定是否需要创建新的父级组，但无论如何，用户都应生成刀具、指定机床坐标系和安全平面。

（4）创建平面铣削加工操作。指定合适的加工模板、子操作和父级组，输入操作名字。

（5）指定各种几何体。选择曲线、边缘或面定义边界，确定刀具位置和材料侧。

（6）设置切削层参数。指定分层切削方法及其切削深度。

（7）指定切削模式以及切削步距。根据当前操作的用途、几何体边界的特点，指定合适的切削模式和步进距离。

（8）设置切削移动参数。设置合理余量、切削顺序和刀轨的优化。

（9）设置费切削移动参数。设置进退刀类型和参数。

（10）设置主轴转速和进给。或者直接设置主轴转速和进给量，或者调用库德参数。

（11）指定刀具号及补偿寄存器。如果没有应用自动换到功能，则此步骤可忽略。

（12）编辑刀轨的显示。此步骤只是改变刀轨的显示以方便观察刀具的移动，不会改变刀轨中的刀具定位，故此步骤不是必需的。

（13）生成和确认刀轨。

20.1.3　几何边界创建

在平面铣加工时，其刀路是由边界几何体所限制的，在【平面铣】的操作对话框中，可以看到【几何体】选项中包括【指定部件边界】、【指定毛坯边界】、【指定检查边界】、【指定修剪边界】和【指定底面】5个分项。

- 指定部件边界：用于描述完成的零件，控制刀具运动的范围。
- 指定毛坯边界：用于描述将要被加工的材料范围。
- 指定检查边界：用于描述刀具不能碰撞的区域，如夹具、虎钳和压板位置等。
- 指定修剪边界：用于进一步控制刀具的运动范围，对由零件边界生成的刀轨做进一步的修剪。
- 指定底面：用于描述平面铣加工的刀具运动的底平面位置。一般来说，底面和部件边界是必须定义的，其他几何体可以根据实际操作要求适当忽略。

在【平面铣】对话框中，单击各个指定边界按钮后，都会弹出【边界几何体】对话框，各种几何体都可以通过在【模式】选项中选择"曲线/边"、"边界"、"面"和"点"进行定义。

20.2　点位加工

20.2.1　点位加工概述

在 UG NX 中，点位加工包括钻孔、扩孔、铰孔、镗孔、攻螺纹、点焊和铆接等加工操作，使用"Drill"加工模板，可以编写这些加工的数控程序。

UG NX 点位加工的一般过程如下：刀具快速移动到需要加工的孔的位置上，然后进给切入工件，完成一个孔的加工。对于加工一次切削不能完成的深孔，则需要刀具先从孔中临时提刀排屑，再重新进入待加工处，进入正常切削，如此重复多次，直到达到刀孔需要的深度为止。这时，刀具才快速回到安全平面。至此 UG NX 就完成了一个孔的加工，刀具迅速移动到下一个待加工孔的位置上，等待下一个孔的切削。

20.2.2　创建点位加工的步骤

创建点位加工时需遵循以下步骤。

（1）模型准备。工件几何体模型可以由 UG NX 系统生成，也可以是其他系统生成的几何数据，几何体的数据类型可以是点、圆弧或实体模型中的孔。

（2）初始化加工环境。一般来说，指定【CAM 会话配置】为"cam_general"、【CAM 设置】为"drill"。

（3）编辑和创建父级组。包括程序组、刀具、几何体组、加工方法组，在默认情况下，系统已生成各个父级组，用户可根据实际情况决定是否需要创建新的父级组，但无论如何，用户都应生成刀具、指定机床坐标系和安全平面。

（4）创建点位加工操作。指定合适的加工模板、子操作和父级组，输入操作名字。

（5）指定循环类型及参数。根据不同的循环类型设置合理参数。

（6）指定点位加工几何体。使用各种方法指定点位，确认是否需要有点位钻削顺序、设置避让移动和指定部件表面或者钻孔底面。

（7）设置主轴转速和进给。或者直接设置主轴转速和进给，或者调用库的参数。

（8）指定刀具号及补偿寄存器。如果没有应用自动换刀功能，则此步骤可忽略。

（9）编辑刀轨的显示。此步骤只是改变刀轨的显示以方便观察刀具的移动，不会改变刀轨中的刀具定位，故此步骤不是必需的。

（10）刀轨的生成与确认。

20.2.3　选择循环与参数设置

1. 循环参数

在点位加工操作的对话框中，系统提供了 14 种循环类型，允许用户选择合适的循环类型应用于各种类型的孔加工。这些循环类型可以分为无循环、GOTO 循环和 CYCLE 循环 3 类。

对不同类型的孔可以使用不同类型的加工循环方式来加工。对于相同类型的孔，当加工要求不同（如进给速度不同或加工深度不同）时，可以通过指定不同的循环参数组，并设置循环参数组中的循环参数来加工。

在指定循环参数组时，首先应指定循环参数组的数量，然后设置第一个循环参数组中的循环参数，并指定该循环参数组对应的待加工孔的位置。接着设置第二个循环参数组的循环参数，并指定其对应的加工孔的位置。如此反复，直至完成所有的孔操作。

在 UG NX 的点位加工操作中，如果选择一种循环方式，系统就会弹出如图 20-1 所示的【指定参数组】对话框，其作用是帮助用户设置循环参数组的个数。在【Number of Sets】文本框中输入数值，表示循环参数组的个数。UG NX 规定在一种循环方式下，必须至少指定一个、至多指定五个循环参数组。

图 20-1　【指定参数组】对话框

在【指定参数组】对话框的【Number of Sets】文本框中输入数值后，即设置了循环参数组的个数，单击【确定】按钮，系统弹出【Cycle 参数】对话框，在该对话框中可以设定进给速度、切学深度和退刀距离等循环参数。

根据指定的循环方式的不同，系统将弹出不同的循环参数设置对话框。

2. 通用参数

（1）最小安全距离

在点位加工操作的界面中，有一个【最小安全距离】选项，如图 20-2 所示，该距离是指从钻孔点位置（或部件表面）沿刀具轴方向指定的长度。在默认情况下，刀具将从该高度处以【剪切】进给速度切入工件进行钻削加工，当完成一个步进量或达到孔深后，刀具将以【退刀】进给速度退回到【最小安全距离】高度。

（2）深度偏置

在点位加工操作界面中，【深度偏置】区提供了【通孔】和【盲孔】两个选项，【通孔】选项是指刀具肩部穿过底面的距离，仅当深度循环参数指定为【穿过底面】时才有效，而【盲孔】选项是指盲孔底部的剩余材料量，即孔底面与刀尖的距离，仅当深度循环参数指定为【刀尖深度】和【至底面】时才有效。

图 20-2　【最小安全距离】参数设置

20.2.4　加工案例

下面以如图 20-3 所示的模型为例，介绍点位加工的一般过程。

1. 打开模型并进入加工环境

（1）打开模型文件。

（2）进入加工环境。选择下拉菜单 起始·/ 加工 QD... 命令，系统弹出如图 20-4 所示的"加工环境"对话框，在"加工环境"对话框的 CAM 设置：列表中选择 drill 选项，单击 初始化 按钮，进入加工环境。

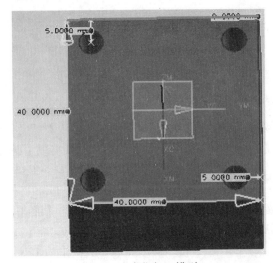

图 20-3　点位加工模型

图 20-4　加工环境对话框

2. 创建几何体

（1）创建机床坐标系

① 单击 按钮进入创建几何体界面。如图 20-5 所示。在"类型"下拉列表框中选择"drill"选项。

② 在"子类型"选项中选择 按钮，单击"确定"按钮，系统弹出如图 20-6 所示的"MCS"对话框。

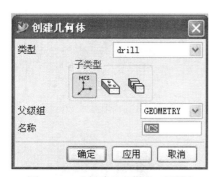

图 20-5　"创建几何体"对话框

图 20-6　"MCS"对话框

③ 将原点移动到如图 20-7 所示的位置。

（2）确定切削区域

① 在"创建几何体"对话框中选择"DRILL_GEOM" 选项，其他选项默认设置，单击"确定"按钮，弹出"DRILL_GEOM"对话框，如图 20-8 所示。

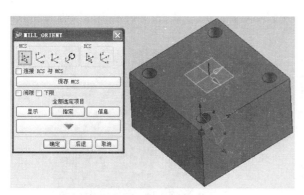

图 20-7　设置坐标原点

图 20-8　"DRILL_GEOM"对话框

② 单击"部件" 按钮，再单击下方的"选择"按钮，弹出"点位加工几何体"对话框，如图 20-9 所示。单击该对话框中的"选择"按钮，系统弹出如图 20-10 所示的对话框，再单击"面上所有孔"，系统弹出如图 20-11 所示的对话框，选取零件的上表面。选取结果如图 20-12 所示。

③ 单击 3 次"确定"按钮，返回到"DRILL_GEOM"对话框。

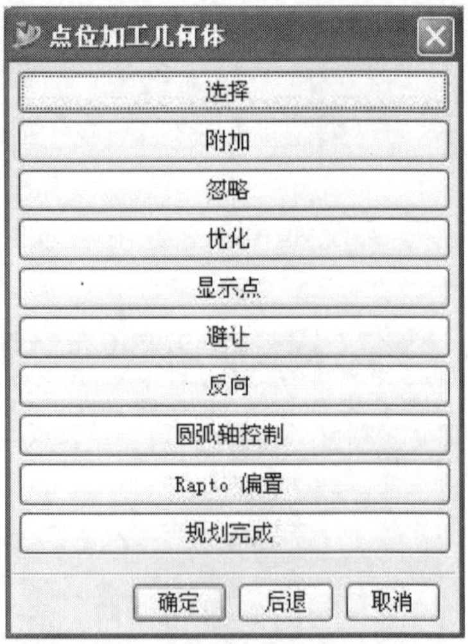

图 20-9 “点位加工几何体”对话框

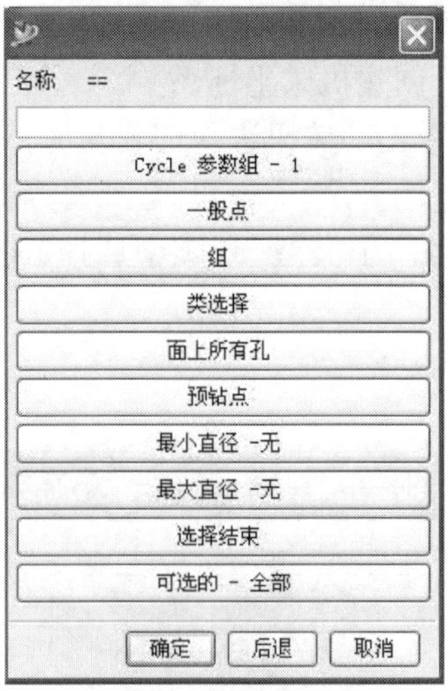

图 20-10 “选择孔”对话框

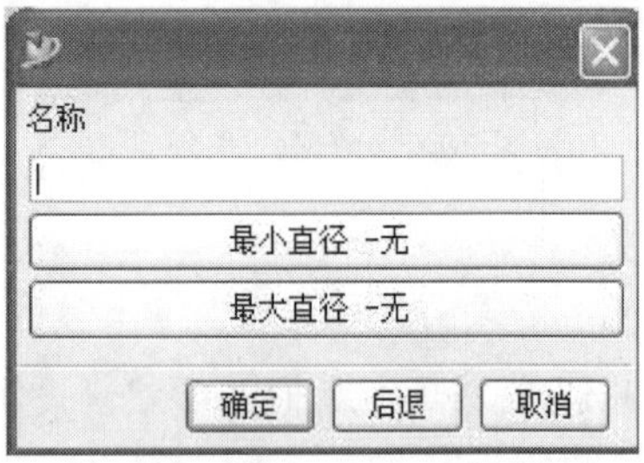

图 20-11 选择“面上所有孔”

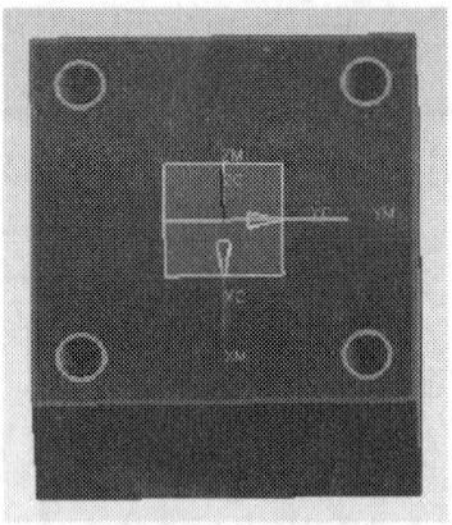

图 20-12 选取结果

④ 单击“部件”按钮，再单击下方的“选择”按钮，弹出“部件表面”对话框，如图 20-13 所示。选取零件的上表面，如图 20-14 所示。

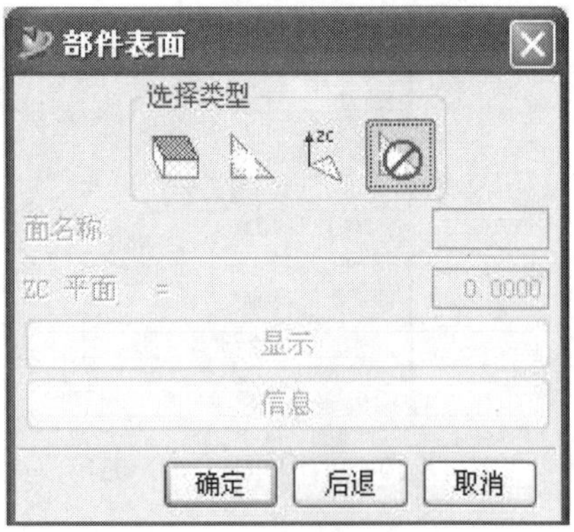

图 20-13 “部件表面”对话框

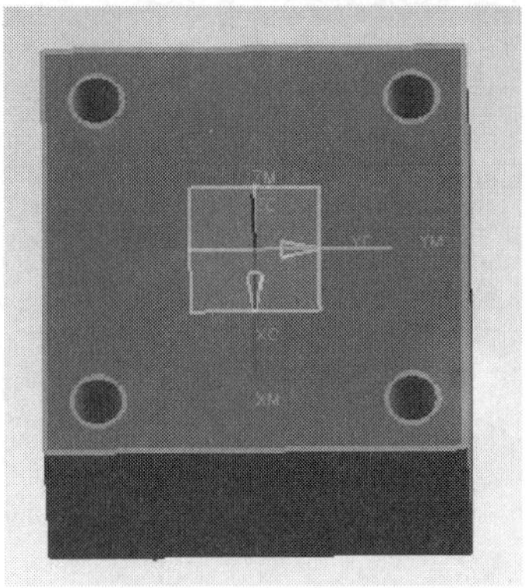

图 20-14 选取结果

⑤ 单击“部件”按钮，再单击下方的“选择”按钮，弹出“部件表面”对话框，如图 20-15 所示。选取零件的下表面，如图 20-16 所示。

图 20-15 "部件表面"对话框

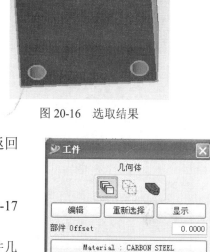

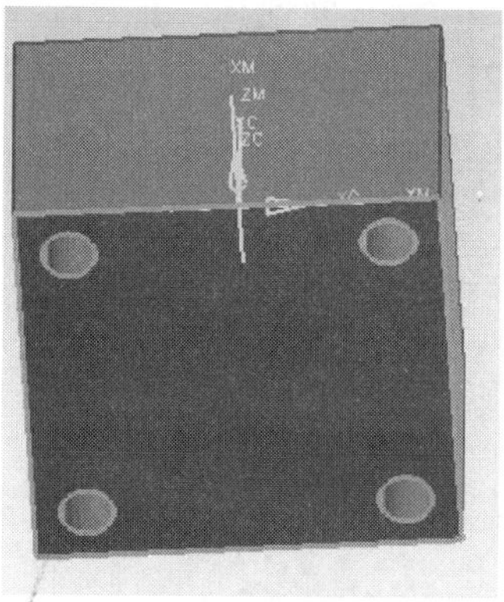

图 20-16 选取结果

⑥ 单击"确定"按钮，按钮确定切削区域。系统返回到"创建几何体"对话框。

（3）创建部件几何体

① 单击"WORKPIECE" 按钮，系统弹出如图 20-17 所示的"工件"对话框。

② 单击部件，系统弹出如图 20-18 所示的"工件几何体"对话框。单击其中的"全选"按钮，选取工件几何体，选取结果如图 20-19 所示。

（4）创建毛坯几何体

① 在"工件"对话框中单击"隐藏"按钮，然后单击下方的"选择"按钮，弹出如图 20-20 所示的"毛坯几何体"对话框。

图 20-17 "工件"对话框

图 20-18 "工件几何体"对话框

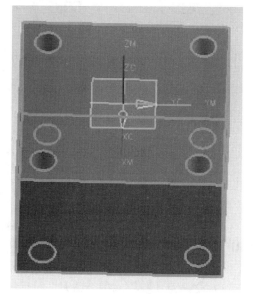

图 20-19 部件几何体

② 确定毛坯几何体。在"选择选项"区域中选择"自动块"单选项，在图形区域中显示如图 20-21 所示的毛坯几何体，单击"确定"按钮，系统返回到"DRILL_GEOM"对话框。

图 20-20　毛坯几何体

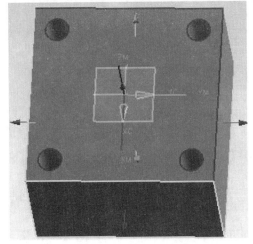

图 20-21　毛坯几何体

③ 单击"DRILL_GEOM"对话框中的"确定"按钮。

3. 创建刀具

（1）单击"创建刀具" 按钮，系统弹出如图 20-22 所示的创建刀具对话框。

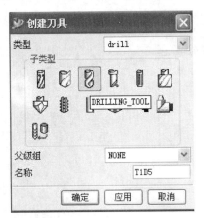

图 20-22　"创建刀具"对话框

（2）确定刀具类型。在"类型"下拉列表框中选择"drill"选项。在"子类型"中选择"DRILLING_TOOL"按钮 ，在"父级组"下拉列表框中选择"NONE"选项，在"名称"文本框中输入"T1D5"，单击"确定"按钮，系统弹出如图 20-23 所示的"钻刀"对话框。

（3）设置刀具参数。在"钻刀"对话框中设置如图 20-23 所示的刀具参数。单击"确定"按钮，完成刀具的创建。

4. 创建型腔铣操作

（1）创建操作

① 单击 （创建操作）按钮，系统弹出如图 20-24 所示的"创建操作"对话框。

② 在"类型"下拉列表框中选择"drill"选项，在"子类型"中单击"DRILLING"按钮，其他设置如图 20-24 所示。单击"确定"按钮，弹出如图 20-25 所示的"DRILLING"对话框。

图 20-23　"钻刀"对话框

图 20-24　"创建操作"对话框

图 20-25　"DRILLING"对话框

（2）设置安全平面

① 单击"避让"按钮，弹出如图 20-26 所示的对话框。

② 单击"Clearance Plane-无"按钮，弹出如图 20-27 所示的"安全平面"对话框。

图 20-26　"避让"对话框

图 20-27　"安全平面"对话框

③ 单击"指定"按钮，弹出如图 20-28 所示的"平面构造器"对话框。

数控编程与操作项目教程

④ 点取几何体的上表面，如图 20-29 所示。设置偏置值为 10。连续单击 3 次"确定"按钮，即设定好了安全平面。系统返回到"DRILLING"对话框。

图 20-28 "平面构造器"对话框

图 20-29 安全平面的设定

（3）设置进给率

① 单击"进给率"选项。弹出"进给和速度"对话框。

② 在"速度"和"进给"选项卡中分别设置如图 20-30 和图 20-31 所示的参数。

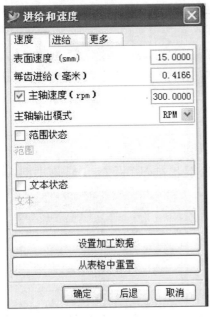

图 20-30 速度参数设置

图 20-31 进给参数设置

（4）设置循环

① 在如图 20-25 所示的"DRILLING"对话框中间的下拉列表框中，选择"标准钻"选项。弹出"指定参数组"对话框。其中的"Number of Sets"文本框设置为"2"，如图 20-32 所示。

② 单击"确定"按钮，系统弹出"Cycle 参数"对话框，选择"Depth-模型深度"选项，如图 20-33 所示。

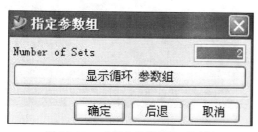

图 20-32 "指定参数组"对话框

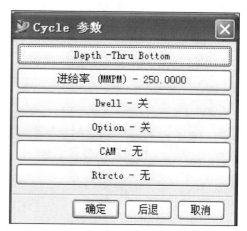

图 20-33 "Cycle 参数"对话框

③ 单击"确定"按钮，系统弹出"Cycle 深度"对话框，选择"穿过底面"选项，如图 20-34 所示。

④ 单击"确定"按钮，系统弹出"Cycle 参数"对话框，选择"复制上一组参数"选项，如图 20-35 所示。

图 20-34 "Cycle 深度"对话框

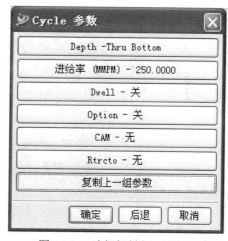

图 20-35 选择复制上一组参数

⑤ 单击"确定"按钮，系统返回"DRILLING"对话框，

5. 生成刀位轨迹并仿真

（1）在"DRILLING"对话框中单击 按钮，在图形中生成如图 20-36 所示的刀位轨迹。

（2）使用 2D 仿真，在刀位轨迹生成后，单击 按钮，然后单击 2D 动态，再单击"播放"按钮 ，开始仿真。最后结果如图 20-37 所示。

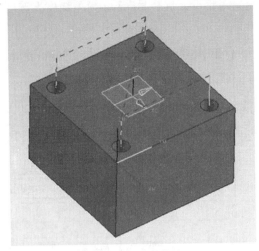

图 20-36 刀位轨迹

图 20-37 仿真结果

6. 保存文件。

20.3 课堂实训

下面以如图 20-38 所示的模型为例,介绍平面铣的一般操作过程。

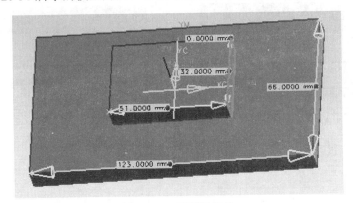

图 20-38 平面铣零件

1. 打开模型并进入加工环境

(1) 打开模型文件。

(2) 进入加工环境。选择下拉菜单 起始 · / 加工(0) 命令,系统弹出如图 20-39 所示的"加工环境"对话框,在"加工环境"对话框的 CAM 设置: 列表中选择"mill_planar"选项,单击 初始化 按钮,进入加工环境。

2. 创建几何体

(1) 创建机床坐标系

① 单击 按钮,进入创建几何体界面,如图 20-40 所示。在"类型"下拉列表框中选择"mill_planar"选项。

图 20-39 "加工环境"对话框

图 20-40 "创建几何体"对话框

② 在"子类型"选项中选择 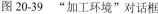 按钮，单击"确定"按钮，系统弹出如图 20-41 所示的"MCS"对话框。

（2）创建部件几何体

① 在"创建几何体"对话框中选择"MILL_GEOM" 选项，其他选项默认设置，单击"确定"按钮，弹出"MILL_GEOM"对话框，如图 20-42 所示。

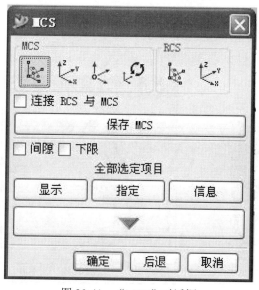

图 20-41 "MCS"对话框

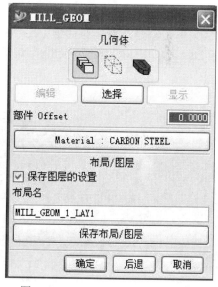

图 20-42 "MILL_GEOM"对话框

② 单击"部件" 按钮，再单击下方的"选择"按钮，弹出"工件几何体"对话框，如图 20-43 所示。单击该对话框中的"全选"按钮，系统自动选取全部零件为部件几何体，选取结果如图 20-44 所示。

③ 单击部件几何体中的"确定"按钮，返回到"MILL_GEOM"对话框。

（3）创建毛坯几何体

① 在"MILL_GEOM"对话框中单击"隐藏" <kbd></kbd> 按钮，然后单击下方的"选择"按钮，弹出如图 20-45 所示的"毛坯几何体"对话框。

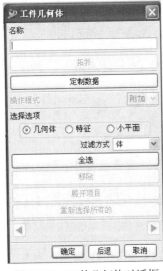

图 20-43　工件几何体对话框

图 20-44　部件几何体

图 20-45　"毛坯几何体"对话框

② 确定毛坯几何体。在"选择选项"区域中选择"自动块"单选项，在图形区域中显示如图 20-46 所示的毛坯几何体，单击"确定"按钮，系统返回到"MILL_GEOM"对话框。

③ 单击"MILL_GEOM"对话框中的"确定"按钮。

（4）确定切削区域

① 单击创建几何体对话框中的"MILL_AREA" <kbd></kbd> 按钮，单击"确定"按钮。系统弹出如图 20-47 所示的"MILL_AREA"对话框。

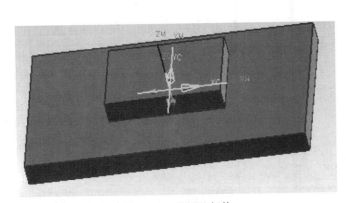

图 20-46　毛坯几何体

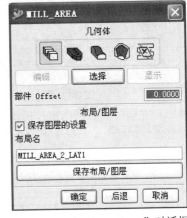

图 20-47　"MILL_AREA"对话框

②单击"切削区域" <kbd></kbd> 按钮，再单击下方的"选择"按钮。系统弹出如图 20-48 所示的"切削区域"对话框。选取台阶面的上表面，如图 20-49 所示。然后单击"确定"按钮，系统返回到"MILL_AREA"对话框。

图 20-48　"切削区域"对话框

图 20-49　指定切削区域

③单击"MILL_AREA"对话框中的"确定"按钮，完成切削区域的制定。

3. 创建刀具

（1）单击"创建刀具" 按钮，系统弹出如图 20-50 所示的"创建刀具"对话框。

（2）确定刀具类型。在"类型"下拉列表框中选择"mill_planarr"选项。在"子类型"中选择"MILL"按钮 ，在"父级组"下拉列表框中选择"NONE"选项，在"名称"文本框中输入 D5R0，单击"确定"按钮，系统弹出 "Milling Tool-5 Parameters"对话框。

（3）设置刀具参数。在"Milling Tool-5 Parameters"对话框中设置如图 20-51 所示的刀具参数。单击"确定"按钮，完成刀具的创建。

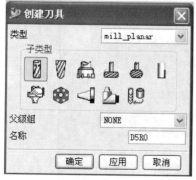

图 20-50　"创建刀具"对话框

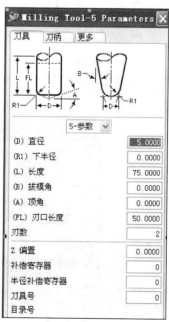

图 20-51　"Milling Tool-5 Parameters"对话框

4. 创建平面铣操作

（1）创建操作

① 单击 ![icon]（创建操作）按钮，系统弹出如图 20-52 所示的"创建操作"对话框。

② 在"类型"下拉列表框中选择"mill_contour"选项，在"子类型"中单击"FACE_MILLING"按钮![icon]，其他设置如图 20-52 所示。单击"确定"按钮，弹出如图 20-53 所示的"FACE_MILLING"对话框。

图 20-52　"创建操作"对话框

图 20-53　"FACE_MILLING"对话框

③ 在"切削方式"下拉列表中选择切削类型为 ![icon]zig-zig.

④ 在"步进"下拉列表中选择"刀具直径"，百分比为 35。

（2）设置切削参数

① 在"FACE_MILLING"对话框中单击"切削"按钮，弹出如图 20-54 所示的"切削参数"对话框。

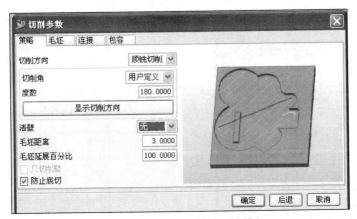

图 20-54　"切削参数"对话框

② 单击"策略"选项卡，勾选"防止底切"复选框。

③ 在"连接"选项卡中的相关参数设置如图 20-55 所示。单击"确定"按钮，系统返回"CAVITY MILL"对话框。

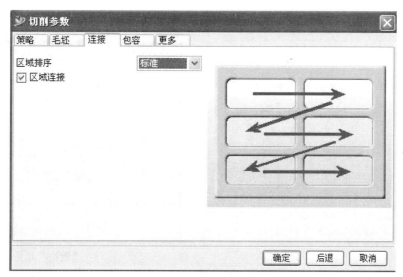

图 20-55　"连接"选项卡参数设置

④ 单击"毛坯"选项卡，设置如图 20-56 所示的参数。

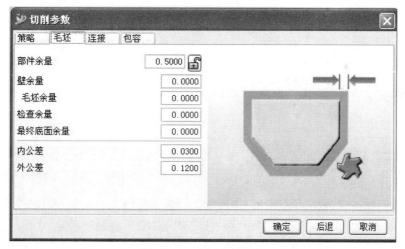

图 20-56　毛坯余量设定

（3）设置进刀/退刀参数

单击如图 20-57 所示的"进刀/退刀"区域中的"方法"按钮，设置如图 20-57 所示的参数。单击"确定"按钮，系统返回"FACE_MILLING"对话框。

（4）设置安全平面

① 单击"避让"按钮，弹出如图 20-58 所示的对话框。

② 单击"Clearance Plane-无"按钮，弹出如图 20-59 所示的"安全平面"对话框。

③ 单击"指定"按钮，弹出如图 20-60 所示的"平面构造器"对话框。

图 20-57　进刀/退刀设置

图 20-58　"避让"对话框

图 20-59　"安全平面"对话框

图 20-60　"平面构造器"对话框

④ 点取几何体的上表面，如图 20-61 所示。设置偏置值为 20。连续单击 3 次"确定"按钮，即设定好了安全平面。系统返回到"FACE_MILLING"对话框。

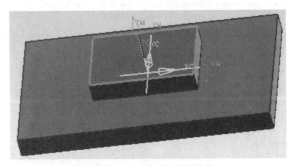

图 20-61　安全平面的设定

（5）设置进给率

① 单击"进给率"选项。弹出"进给和速度"对话框。

② 在速度和进给选项卡中分别设置如图 20-62 和图 20-63 所示的参数。

图 20-62　进给速度设置

图 20-63　进给率设置

5. 生成刀位轨迹并仿真

（1）在型腔铣对话框中单击 ⤴ 按钮，在图形中生成如图 20-64 所示的刀位轨迹。

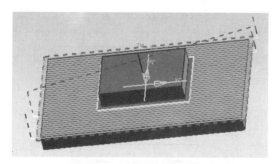

图 20-64　生成刀位轨迹

（2）使用 2D 仿真，在刀位轨迹生成后，单击 ⤴ 按钮，然后单击 2D 动态，再单击"播放"按钮，开始仿真。最后结果如图 20-65 所示。

图 20-65　仿真结果

20.4 习题

1. 简述创建平面铣削基本流程。

2. 在平面铣加工时，几何边界创建主要有哪些内容？

3. 根据如图 20-56 和图 20-57 所示的工件，建模并应用平面铣各个子类型完成该零件的加工。

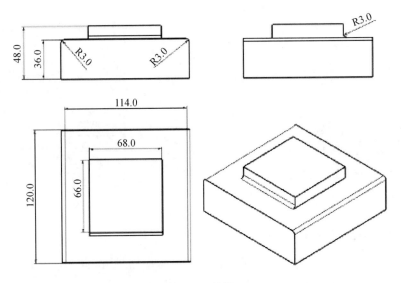

图 20-56 工件图 1

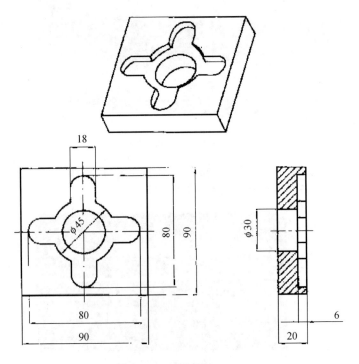

图 20-57 工件图 2

4. 完成如图 20-58 所示的工件的钻削。

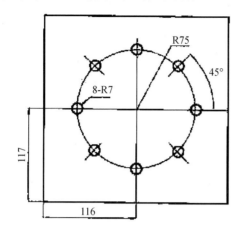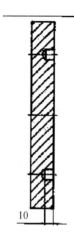

图 20-58　工件图

第 21 章　型腔加工

知识目标

☑ 掌握型腔铣操作步骤。

☑ 掌握固定轴曲面轮廓加工操作步骤。

能力目标

☑ 能够独立完成型腔铣与固定轴曲面轮廓零件的加工过程。

21.1　型腔加工基础

1. 型腔加工特点

型腔加工操作可移除平面层中的大量材料，最常用在精加工操作之前对材料的粗铣。型腔加工还可用于切削具有带锥度的壁以及轮廓底面的部件。它根据型腔或型芯的形状，将要切除的部位在深度方向分成多个切削层进行切削，每个切削层可指定不同的切削深度，并可用于加工侧壁与底部不垂直的部位，但在切削时，要求刀具轴与切削层垂直。型腔加工的特点是刀轴固定，底面可以是曲面，侧壁可以不垂直于底面。

2. 创建型腔的步骤

创建型腔加工的一般步骤如下：

（1）准备模型。工件几何体模型可以由 UGNX 系统生成，也可以是其他系统生成的几何数据，几何体的类型可以是任意曲线、片体、实体模型和小平面几何体。

（2）初始化加工环境。指定【CAM 会话配置】为"cam_general"，【CAM 设置】为"mill_contour"。

（3）编辑和创建父级组。包括程序组、刀具、几何体组、加工方法组，在默认情况下，系统已生成各个父级组，用户应该根据实际情况决定是否需要创建新的父级组，但无论如何，用户都应生成刀具、指定机床坐标系和安全平面。

（4）创建型腔加工操作。指定合适的加工模板、子操作和父级组，输入操作名字。

（5）指定各种几何体。实体加工有自动防过切作用，所以尽可能地选择实体进行加工。

（6）设置切削层参数。指定切削层的定义方法及其每一层的切削深度值。

（7）指定切削模式以及切削步距。根据当前操作的用途、几何体的特点，指定合适的切削模式和步进距离。

（8）设置切削移动参数。设置合理余量、切削顺序和刀轨的优化。

（9）设置非切削移动参数。设置进退刀类型和参数。

（10）设置主轴转速和进给。或者直接设置主轴转速和进给，或者调用库的参数。

（11）指定刀具号及补偿寄存器。如果没有应用自动换刀功能，则此步骤可忽略。

（12）编辑刀轨的显示。此步骤只是改变刀轨的显示以方便观察刀具的移动，不会改变刀轨中的刀具定位，故此步骤不是必需的。

（13）生成和确认刀轨。

3. 创建几何体

在型腔加工中用户必须定义的加工几何体包括部件几何体、毛坯几何体和切削区域，所选择的对象可以是面、曲线、小平面实体等。

根据其子操作类型的不同，型腔加工操作允许用户指定部件几何体、毛坯几何体、检查几何体、切削区域和修剪边界，但由于深度加工轮廓的子操作属于精加工应用范畴，所以在这类操作中不能指定毛坯几何体。

型腔加工几何体的类型和用途与平面加工相似，但平面加工的几何体主要通过指定曲线、点和面创建边界来定义加工几何体，而型腔加工的几何体则主要通过实体、曲面来定义加工几何体。

4. 参数设置

除加工几何体以及切削层的深度设置方式与平面铣有根本区别之外，型腔铣的其他操作参数基本与平面铣的相同，但也有一些参数不同，如切削模式（缺少标准驱动）、切削层和切削参数等。

型腔加工参数包括切削过程的刀具切削运动与非切削运动参数以及零件材料参数，具体有切削参数、切削层、非切削参数、拐角控制、进给与转速以及机床控制等选项，下面主要说明切削参数与切削层含义。

（1）切削参数

切削参数是指刀具做切削运动的参数，根据选择的切削方法不同，其切削参数也有差别，弹出的对话框也不一样。

切削参数包括毛坯距离、修剪由、处理中的工件（IPW）、使用刀具夹持器、IPW 碰撞检查、最小移除材料、最小体积百分比、重叠距离、参考刀具、陡角、容错加工、防止底切等。

（2）切削层

"切削层"选项为多层切削指定平行的切削平面。切削层由切削深度范围与每层深度定义，一个范围包含两个垂直于刀轴的平面，通过这两个平面来定义切削的材料量。

一个操作可以定义多个范围，每个范围切削深度均匀地等分。

21.2 固定轴曲面轮廓加工

1. 固定轴概念

固定轴曲面轮廓铣简称固定轴铣。在固定轴铣中，刀轴与指定的方向始终保持平行，即刀轴固定。固定轴铣是用于半精加工或精加工由轮廓曲面形成的区域加工方法。它允许通过选择最佳的切削路径和切削方法，精确控制刀轴和投影矢量，使刀轨沿着复杂的曲面轮廓移动。

2. 参数设置

在创建固定轴轮廓铣时，应首先定义需要加工的几何体，然后指定合适的驱动方式，投影矢量与刀轴，再设置必要的加工参数，最后生成刀具路径，根据需要可对刀具路径进行切削模拟。

其加工参数包括加工方法、切削参数、非切削运动参数、进给和速度、避让几何、机床控制等参数，有些参数可以采用默认值，有些需要用户指定。

固定轴面轮廓铣的进给率和机床控制参数的设置方法与平面铣加工的设置的方法相似，可参考前面的内容。

3. 常用驱动方法

固定曲面轮廓铣操作中提供了 12 种驱动方法，分别为"未定义"、"曲线/点"、"螺旋式"、"边界"、"区域铣削驱动"、"曲面区域"、"流线"、"刀轨"、"径向切削"、"清根"、"文本"、"用户定义"。

下面以如图 21-1 所示的鼠标模型为例，简述固定轴曲面轮廓铣的加工过程。

1. 打开模型并进入加工环境

（1）打开模型文件。

（2）进入加工环境。选择下拉菜单 起始·/ 加工(0)... 命令，系统弹出如图 21-2 所示的"加工环境"对话框，在"加工环境"对话框的 CAM 设置: 列表中选择 mill_contour 选项，单击 初始化 按钮，进入加工环境。

图 21-1　鼠标模型

图 21-2　加工环境对话框

2. 创建几何体

（1）创建机床坐标系

① 单击 按钮，进入创建几何体界面。如图 21-3 所示。在"类型"下拉列表框中选择"mill_contour"选项。

② 在"子类型"选项中选择 按钮，单击"确定"按钮，系统弹出如图 21-4 所示的"MCS"对话框。

图 21-3 "创建几何体"对话框

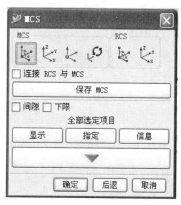

图 21-4 "MCS"对话框

（2）创建部件几何体

① 在"创建几何体"对话框中选择"MILL_GEOM" 选项，其他选项默认设置，单击"确定"按钮，弹出 "MILL_GEOM"对话框，如图 21-5 所示。

② 单击"部件" 按钮，再单击下方的"选择"按 钮，弹出"工件几何体"对话框，如图 21-6 所示。单击 该对话框中的"全选"按钮，系统自动选取全部零件为 部件几何体，选取结果如图 21-7 所示。

③ 单击部件几何体中的"确定"按钮，返回到 "MILL_GEOM"对话框。

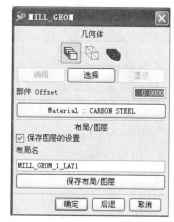

图 21-5 "MILL_GEOM"对话框

图 21-6 "工件几何体"对话框

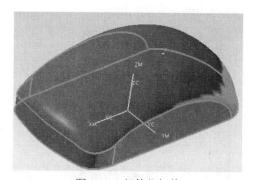

图 21-7 部件几何体

（3）创建毛坯几何体

① 在"MILL_GEOM"对话框中单击"隐藏" 按钮，然后单击下方的"选择"按钮，弹出如图 21-8 所示的"毛坯几何体"对话框。

② 确定毛坯几何体。在"选择选项"区域中选择"自动块"单选项,在图形区域中显示如图 21-9 所示的毛坯几何体,单击"确定"按钮,系统返回到 "MILL_GEOM"对话框。

图 21-8 "毛坯几何体"对话框

图 21-9 毛坯几何体

③ 单击"MILL_GEOM"对话框中的"确定"按钮。

(4)确定切削区域

① 单击"创建几何体"对话框中的"MILL_AREA" 按钮,单击"确定"按钮。系统弹出如图 21-10 所示的"MILL_AREA"对话框。

② 单击"切削区域" 按钮,再单击下方的"选择"按钮。系统弹出如图 21-11 所示的"切削区域"对话框。选取鼠标零件的上表面,如图 21-12 所示。然后单击"确定"按钮,系统返回到"MILL_AREA"对话框。

③ 单击"MILL_AREA"对话框中的"确定"按钮,完成切削区域的制定。

图 21-10 "MILL_AREA"对话框

图 21-11 "切削区域"对话框

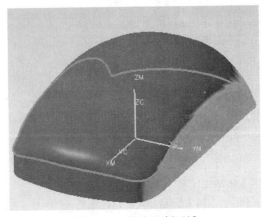

图 21-12 指定切削区域

3. 创建刀具

（1）单击"创建刀具" 按钮，系统弹出如图21-13所示的"创建刀具"对话框。

（2）确定刀具类型。在"类型"下拉列表框中选择"mill_contour"选项。在"子类型"中选择"MILL"按钮，在"父级组"下拉列表框中选择"NONE"选项，在"名称"文本框中输入D5R1，单击"确定"按钮，系统弹出"Milling Tool-5 Parameters"对话框。

（3）设置刀具参数。在"Milling Tool-5 Parameters"对话框中设置如图21-14所示的刀具参数。单击"确定"按钮，完成刀具的创建。

图 21-14　刀具参数

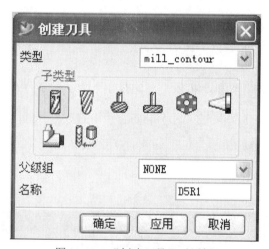

图 21-13　"创建刀具"对话框

4. 创建固定轴曲面轮廓铣操作

（1）创建操作

① 单击 （创建操作）按钮，系统弹出如图21-15所示的"创建操作"对话框。

② 在"类型"下拉列表框中选择"mill_contour"选项，在"子类型"中单击"FIXED_CONTOUR"按钮，其他设置如图21-15所示。单击"确定"按钮，弹出如图21-16所示的"FIXED_CONTOUR"对话框。

③ 设定驱动方式。在"驱动方式"列表框中选择"区域铣削"，系统弹出如图21-17所示的"区域铣削"对话框。

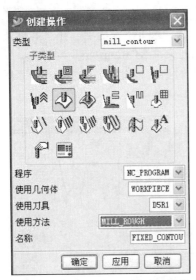

图 21-15　创建固定曲面轮廓铣操作

图 21-16　"FIXED_CONTOUR"对话框

④ 在"区域铣削"对话框中选择"切削类型"为冒zig-zig。

⑤ 在"步进"下拉列表框中选择"刀具直径",百分比为 30。

（2）设置切削参数

① 在"FIXED_CONTOUR"对话框中单击"切削"按钮,弹出如图 21-18 所示的"切削参数"对话框。

图 21-17　"区域铣削"对话框

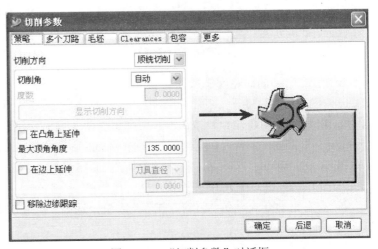

图 21-18　"切削参数"对话框

② 单击"毛坯"选项卡，设置如图 21-19 所示的参数。

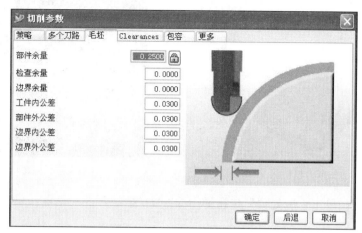

图 21-19　毛坯余量设定

（3）设置进给率

① 单击"进给率"选项。弹出"进给和速度"对话框。

② 在"速度"和"进给"选项卡中分别设置如图 21-20 和图 21-21 所示的参数。

图 21-20　进给速度设置

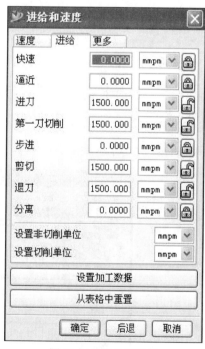

图 21-21　进给率设置

5. 生成刀位轨迹并仿真

（1）在"型腔铣"对话框中单击　按钮，在图形中生成如图 21-22 所示的刀位轨迹。

（2）使用 2D 仿真，在刀位轨迹生成后，单击　按钮，然后单击 2D 动态，再单击"播放"按钮　，开始仿真。最后结果如图 21-23 所示。

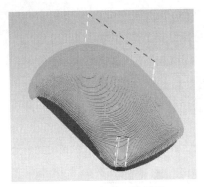

图 21-22　生成刀位轨迹

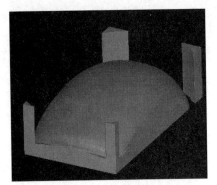

图 21-23　仿真结果

（3）后置处理。单击"后处理"按钮弹出如图 21-24 所示的对话框。单击"浏览"按钮，选择机床文件。

图 21-24　"后处理"对话框

★注意　机床系统控制文件地址如图 21-25 所示，为 UG/POSTBUILD/pblib/controller/mill。

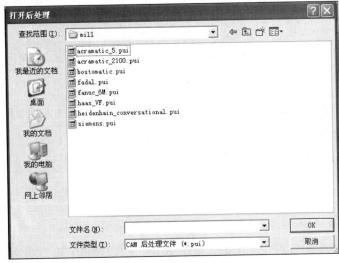

图 21-25　系统控制文件夹

（4）选择合适的机床文件，这里选择西门子文件，单击"siemens.pui"文件即可。单击"OK"按钮，生成能被西门子控制系统所识别的控制系统文件。

> ★**注意** 精加工可以按照粗加工的模式，只是在创建刀具时设置的刀具直径可略小。在切削参数中勾选精加工复选框，并将毛坯余量调整至 0.00 即可。

21.3 课堂实训

下面以图 21-26 所示的模型为例，介绍型腔铣的一般操作过程。

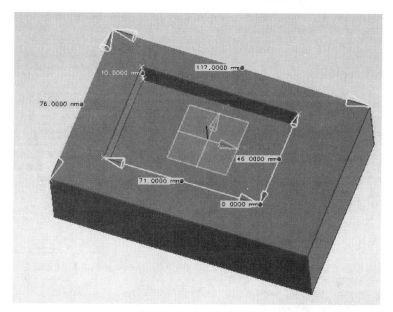

图 21-26 型腔铣模型

1. 打开模型并进入加工环境

（1）打开模型文件。

（2）进入加工环境。选择下拉菜单 起始·/ 加工 00... 命令，系统弹出如图 21-27 所示的"加工环境"对话框，在"加工环境"对话框的 CAM 设置: 列表中选择 mill_contour 选项，单击 初始化 按钮，进入加工环境。

2. 创建几何体

（1）创建机床坐标系

①单击 按钮，进入创建几何体界面。如图 21-28 所示。在"类型"下拉列表框中选择"mill_contour"选项。

②在"子类型"选项中选择 按钮，单击"确定"按钮，系统弹出如图 21-29 所示的"MCS"对话框。

图 21-27 "加工环境"对话框

图 21-28 "创建几何体"对话框

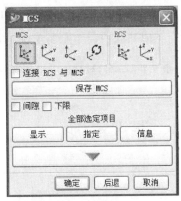

图 21-29 "MCS"对话框

（2）创建部件几何体

① "在创建几何体"对话框中选择"MILL_GEOM"  选项，其他选项默认设置，单击"确定"按钮，弹出 "MILL_GEOM"对话框，如图 21-30 所示。

② 单击"部件" 按钮，再单击下方的"选择"按钮，弹出"工件几何"体对话框，如图 21-31 所示。单击该对话框中的"全选"按钮，系统自动选取全部零件为部件几何体，选取结果如图 21-32 所示。

③ 单击部件几何体中的"确定"按钮，返回到"MILL_GEOM"对话框。

图 21-30 "MILL_GEOM"对话框

图 21-31 工件几何体对话框

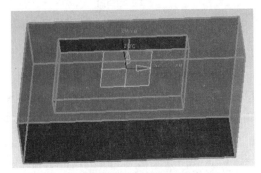

图 21-32 部件几何体

（3）创建毛坯几何体

① 在"MILL_GEOM"对话框中单击"隐藏"按钮，然后单击下方的"选择"按钮，弹出如图 21-33 所示的"毛坯几何体"对话框。

② 确定毛坯几何体。在"选择选项"区域中选择"自动块"单选项，在图形区域中显示如图 21-34 所示的毛坯几何体，单击"确定"按钮，系统返回到 "MILL_GEOM"对话框。

图 21-33 "毛坯几何体"对话框

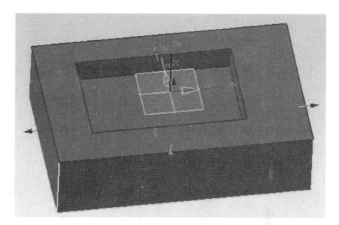

图 21-34 毛坯几何体

③ 单击"MILL_GEOM"对话框中的"确定"按钮。

（4）确定切削区域

① 单击创建几何体对话框中的"MILL_AREA"按钮,单击"确定"按钮。系统弹出如图 21-35 所示的"MILL_AREA"对话框。

② 单击"切削区域"按钮，再单击下方的"选择"按钮。系统弹出如图 21-36 所示的"切削区域"对话框。选取长方体内部小槽的 5 个面，如图 21-37 所示。然后单击"确定"按钮，系统返回到"MILL_AREA"对话框。

③ 单击"MILL_AREA"对话框中的"确定"按钮，完成切削区域的制定。

图 21-35 "MILL_AREA"对话框

图 21-36 "切削区域"对话框

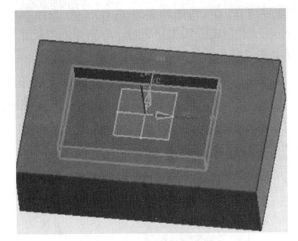

图 21-37 指定切削区域

3. 创建刀具

（1）单击"创建刀具" 按钮，系统弹出如图 21-38 所示的"创建刀具"对话框。

（2）确定刀具类型。在"类型"下拉列表框中选择"mill_contour"选项。在"子类型"中选择"MILL"按钮 ，在"父级组"下拉列表框中选择"NONE"选项，在"名称"文本框中输入"D3R0"，单击"确定"按钮，系统弹出 "Milling Tool-5 Parameters"对话框。

（3）设置刀具参数。在"Milling Tool-5 Parameters"对话框中设置如图 21-39 所示的刀具参数。单击"确定"按钮，完成刀具的创建。

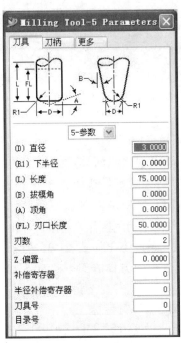

图 21-39 "Milling Tool-5 Parameters"对话框

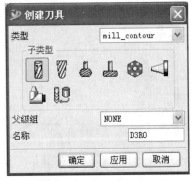

图 21-38 "创建刀具"对话框

4. 创建型腔铣操作

（1）创建操作

① 单击 （创建操作）按钮，系统弹出如图21-40所示的"创建操作"对话框。

② 在"类型"下拉列表框中选择"mill_contour"选项，在"子类型"中单击"CAVITY_MILL"按钮 ，其他设置如图21-40所示。单击"确定"按钮，弹出如图21-41所示的"CAVITY_MILL"对话框。

图21-40 "创建操作"对话框

图21-41 "CAVITY_MILL"对话框。

③ 显示刀具。单击"组"选项卡，弹出如图21-42所示界面。单击"刀具：D3R0"单选项，再单击右下方的"显示"按钮，则可以在绘图区中显示当前的刀具形状和大小。如图21-43所示。

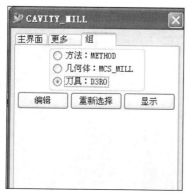

图21-42 显示的刀具

图21-43 绘图区中显示的刀具

（2）设置刀具轨迹参数

① 在"型腔铣"对话框中选择"切削方式"为 跟随周边。

② 在"步进"下拉列表框中选择"刀具直径"，百分比为30。

③ "在每一刀的全局深度"文本框中输入6。

（3）设置切削参数

① 在"CAVITY_MILL"对话框中单击"切削"按钮，弹出如图 21-44 所示的"切削参数"对话框。

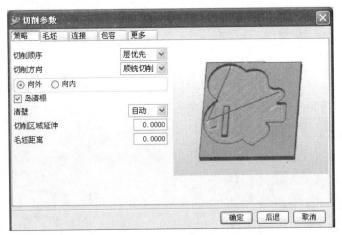

图 21-44　"切削参数"对话框

② 单击"策略"选项卡，勾选"岛清根"复选框，在"清壁"下拉列表框中选择"自动"。

③ "连接"选项卡中的相关参数设置如图 21-45 所示。单击"确定"按钮，系统返回"CAVITY MILL"对话框。

（4）设置进刀/退刀参数

单击进刀/退刀区域中的"方法"按钮，设置如图 21-46 所示的参数。单击"确定"按钮，系统返回"CAVITY_MILL"对话框。

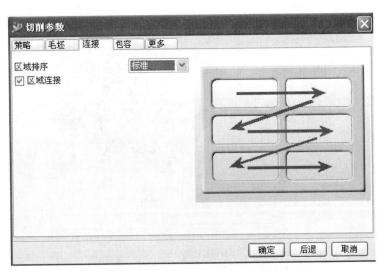

图 21-45　"连接"选项卡参数设置

图 21-46　进刀/退刀设置

（5）设置安全平面

① 单击"避让"按钮，弹出如图 21-47 所示的对话框。

② 单击"Clearance Plane-无"按钮，弹出如图 21-48 所示的"安全平面"对话框。

图 21-47　"避让"对话框

图 21-48　"安全平面"对话框

③ 单击"指定"按钮，弹出如图 21-49 所示的"平面构造器"对话框。

④ 选取几何体的上表面，如图 21-50 所示。设置偏置值为 10。连续单击 3 次"确定"按钮，即设定好了安全平面。系统返回到"CAVITY_MILL"对话框。

图 21-49　"平面构造器"对话框

图 21-50　安全平面的设定

（5）设置进给率

① 单击"进给率"选项。弹出"进给和速度"对话框。

② 在"速度"和"进给"选项卡中分别设置如图 21-51 和图 21-52 所示的参数。

图 21-51　速度参数设置

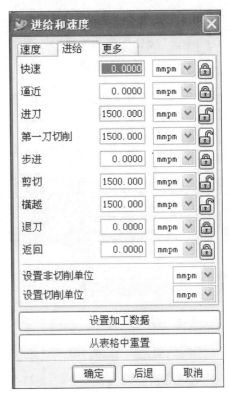

图 21-52　进给参数设置

5. 生成刀位轨迹并仿真

（1）在"型腔铣"对话框中单击 按钮，在图形中生成如图 21-53 所示的刀位轨迹。

（2）使用 2D 仿真，在刀位轨迹生成后，单击 按钮，然后单击 2D 动态，再单击"播放"按钮 ，开始仿真。最后结果如图 21-54 所示。

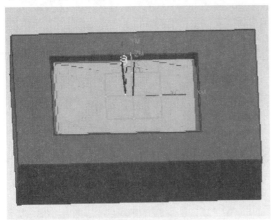

图 21-53　刀位轨迹

图 21-54　仿真结果

6. 保存文件。

21.4 习　　题

1. 简述型腔加工的特点。
2. 简介创建型腔的步骤。
3. 简述型腔加工参数主要内容。
4. 完成如图 21-55 所示零件的加工过程。

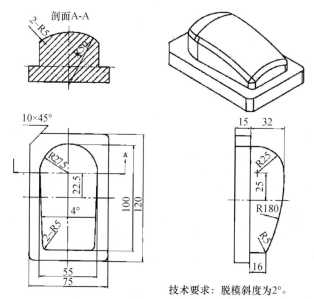

图 21-55　零件图

技术要求：脱模斜度为2°。

5. 完成如图 21-56 所示零件的加工过程。

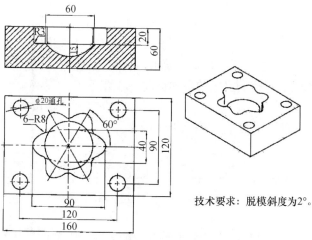

技术要求：脱模斜度为2°。

图 21-56　零件图

习题参考答案

第1章

一、选择题

1. D   2. D   3. A   4. A   5. C

二、判断题

1. ×   2. ×   3. √   4. ×   5. ×

三、简答题

1. 答：数控机床由控制介质、人机交互设备、计算机数控装置、进给伺服驱动系统、主轴伺服驱动系统、辅助装置、可编程序控制器、反馈装置和适应控制装置等部分组成。

进给伺服驱动系统由伺服控制电路、功率放大电路和伺服电动机组成，把数控装置送来的微弱指令信号，放大成能驱动伺服电动机的大功率信号。

机床主轴的运动是旋转运动，机床进给运动主要是直线运动。

辅助控制装置包括刀库的转位换刀、液压泵、冷却泵等控制接口电路。电路含有的换向阀电磁铁、接触器等强电电气元件。

可编程序控制器的作用是对数控机床进行辅助控制，把计算机送来的辅助控制指令，经可编程序控制器处理和辅助接口电路转换成强电信号。

反馈系统的作用是通过测量装置将机床移动的实际位置纠正所产生的误差。

2. 答：开环进给伺服系统中没有测量装置。

闭环进给伺服系统进给速度快、精度高，是数控机床的发展方向。

半闭环的数控的进给速度低于闭环数控机床，高于开环数控机床。

3. 答：按照零件加工的技术要求和工艺要求，编写零件的加工程序，然后将加工程序输入到数控装置，通过数控装置控制机床的主轴运动、进给运动、更换刀具，以及工件的夹紧与松开、冷却、润滑泵的开与关，使刀具、工件和其他辅助装置严格按照加工程序规定的顺序、轨迹和参数进行工作，从而加工出符合图纸要求的零件。

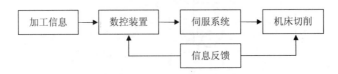

4. 答：点位控制：点位控制数控机床的特点是机床的运动部件只能够实现从一个位置到另一个位置的精确运动，在运动和定位过程中不进行任何加工工序。如数控钻床、数控坐标镗床、数控焊机和数控弯管机等。

直线控制：点位直线控制的特点是机床的运动部件不仅要实现一个坐标位置到另一个位置的精确移动和定位，而且能实现平行于坐标轴的直线进给运动或控制两个坐标轴实现斜线进给运动。

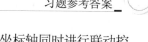

轮廓控制：轮廓控制数控机床的特点是机床的运动部件能够实现两个坐标轴同时进行联动控制。它不仅要求控制机床运动部件的起点与终点坐标位置，而且要求控制整个加工过程每一点的速度和位移量，即要求控制运动轨迹，将零件加工成在平面内的直线、曲线或在空间的曲面。

5. 答：（1）分析零件图样和工艺要求，数值计算；（2）根据零件图样几何尺寸编写加工程序单，程序检验；（3）编制好的程序试切加工，在留有余量的情况下进行。

6. 答：数控车床主要用于轴类回转体零件的加工，能自动完成内外因校面、圆锥面、母线为圆弧的旋转体、螺纹等工序的切削加工，并能进行切槽，钻、扩、铰孔及攻螺纹等工作。

第 2 章

一、选择题

1. B　　　2. B　　　3. B　　　4. A　　　5. B

二、判断题

1. √　　　2. √

三、简答题

1. 答：数控车床的机床坐标系是以机床本身的极限位置作出，是固定的。工件坐标系是编程时按照不同的零件跟习惯设置的，是变化的。两者没有必然的联系。

2. 答：机床坐标系又称机械坐标系，是机床运动部件的进给运动坐标系，其坐标轴及方向按标准规定。其坐标原点由厂家设定，称为机床原点（或零件）。工件坐标又称编程坐标系，供编程用。

第 3 章

一、选择题

1. A　　　2. D　　　3. B　　　4. D　　　5. B　　　6. D　　　7. D

二、判断题

1. ×　　　2. √　　　3. ×　　　4. ×　　　5. ×　　　6. ×　　　7. ×　　　8. √

三、简答题

1. 答：均为暂停指令，M01 是在操作面板的选择停止键按下时才生效。

2. 答：有 M00、M01、M02、M03、M04、M05。

3. 答：可以。

4. 答：因为改动程序很繁琐，所以就有了刀具补偿功能。刀具在实际加工中加工出来的工件尺寸与想要的有偏差时，调整刀具的走刀位置，就用到刀补。

5. 答：通常在 G00、G01 移动指令下生效。

四、数控编程（略）

第 4 章

一、选择题

1. B　　　2. B　　　3. C

二、判断题

1. √   2. ×   3. ×   4. √   5. √   6. √

三、综合题（略）

第 5 章

一、填空题

1. 每天 半年
2. 急停按钮
3. 手轮
4. 快速倍率
5. 工件坐标系工件坐标系
6. 显示器
7. 正转 停止 反转

二、简答题

1. 答：① 严格按机床说明书中的开机顺序进行操作。

② 一般情况下开机过程中必须先进行回机床参考点操作，建立机床坐标系。

③ 开机后让机床空运转 15min 以上，使机床达到平衡状态。

④ 关机以后必须等待 5min 以上才可以进行再次开机，没有特殊情况不得随意频繁进行开机或关机操作。

2. 答：① 加工过程中，不得调整刀具和测量工件尺寸。

② 自动加工中，自始至终监视运转状态，严禁离开机床，遇到问题及时解决，防止发生不必要的事故。

③ 定时对工件进行检验。确定刀具是否磨损等情况。

④ 关机时，或交接班时对加工情况、重要数据等做好记录。

⑤ 机床各轴在关机时远离其参考点，或停在中间位置，使工作台重心稳定。

⑥ 清楚机床，必要时涂防锈漆。

3. 答：① 检查机床是否机床回零。若未回零，先将机床回零。

② 导入数控程序或自行编写一段程序。

③ 检查控制面板上方式选择旋钮是否置于"自动"档，若未置于"自动"档，则用鼠标左键或右键单击方式选择旋钮，将其置于"自动"档，进入自动加工模式。

④ 点击■按钮，数控程序开始运行。

第 6 章 （略）

第 7 章

一、填空题

1. 立式数控、卧式数控、龙门式数控
2. 控制介质 数控装置 伺服系统
3. 中枢 控制介质 处理运算

4. 主轴转速 背吃刀量 侧吃刀量

5. 加工余量 表面质量

二、选择题

1. B   2. D   3. B   4. A

三、判断题

1. ×   2. ×   3. √   4. √   5. √

第8章

一、填空题

1. 刀具 工件

2. 右手直角笛卡儿

3. 工件在机床上的位置 机床运动部件的特殊位置 运动范围

4. 零件图样 加工工艺

5. 固定 移动

二、选择题

1. C   2. A   3. C

三、判断题

1. √   2. √   3. ×

第9章

一、填空题

1. 快速定位模态

2. 直线插补模态

3. 圆弧半径圆心到圆弧起点的距离

4. XY ZX YZ

5. 左偏半径补偿 右偏半径补偿 刀具半径补偿撤销

6. 刀具半径补偿号

7. 刀具长度补偿+ 刀具长度补偿- 取消刀具长度补偿。

8. 调用子程序 子程序结束，返回主程序

9. 程序停止 程序结束

10. 圆弧的半径 圆弧的张角

11. 程序段中以绝对尺寸输入 程序段中以增量尺寸输入

12. 一定结构语法 格式规则

二、选择题

1. A   2. A   3. B   4. B   5. B   6. A

三、判断题

1. √   2. √   3. ×   4. √   5. √   6. √

四、编程题（略）

第 10 章

一、填空题

1. 返回方式　　 2.（G90/G91）G98/G99G_X_Y_Z_R_Q_P_F_K_
3. G90 G91　　 4. G90　　 5. R 点

二、选择题

1. A　　 2. D　　 3. B　　 4. B　　 5. B　　 6. B　　 7. A

三、判断题

1. √　　 2. √　　 3. ×　　 4. √　　 5. ×

四、编程题（略）

第 11 章

一、填空题

1. 正确的　　 2. 复位　　 3. 替换　　 4. 插入　　 5. 删除

二、操作题（略）

第 12 章（略）

第 13 章

一、选择题

1. C　　 2. D　　 3. B　　 4. C　　 5. A　　 6. A　　 7. C　　 8. B　　 9. D　　 10. A

二、判断题

1. √　　 2. √　　 3. ×　　 4. ×　　 5. √　　 6. ×　　 7. √　　 8. ×　　 9. √　　 10. ×

三、问答题

1. 答：与数控铣床相比，加工中心有了刀库和自动换刀装置，通常自动换刀装置由驱动机构和机械手组成。加工中心一次安装工件可以完成多工序加工，避免了因多次安装造成的误差，减少机床台数，提高了生产效率和加工自动化程度。

2. 答：加工方法、加工阶段、划分工序、安排加工顺序、确定走刀路线。

3. 答：（1）先打开数控机床电柜门上的开关，即机床总电源。

（2）必须检查各开关按钮和按键是否正常。

（3）按下机床控制面板上的系统启动按钮，CNC 装置得电，数控系统启动。

（4）手工回参考点。

4. 答：（1）在确认程序运行完毕后，机床已停止运动；手动使主轴和工作台停在中间位置，避免发生碰撞。

（2）关闭空压机等外部设备电源，空气压缩机等外部设备停止运行。

（3）按下操作面板上的急停按钮。

（4）按下操作面板箱右侧的 Power off 红色按钮，这时 CNC 断电。

（5）关掉机床电箱上的空气开关，机床总电源停止。

（6）锁上总电源的启动控制开关（钥匙）。

（7）关闭总电源。

第14章

一、选择题

1. D   2. C   3. D   4. B   5. C   6. B   7. B

8. A   9. B   10. B   11. A   12. A

二、判断题

1. √   2. √   3. ×   4. ×   5. √   6. ×   7. √   8. √   9. ×   10. √

三、编程题（略）。

第15章

一、选择题

1. B   2. C   3. C   4. B   5. C   6. C   7. D   8. D   9. B   10. D

二、判断题

1. √   2. √   3. ×   4. ×   5. √   6. ×   7. √   8. ×   9. ×   10. ×

第16章 （略）

第17章

一、判断题

1. √   2. √   3. √   4. ×

二、填空题

1. 高速走丝电火花线切割机 低速走丝电火花线切割机 床中速走丝电火花线切割机床
2. 床身 工作台 运丝装置 线架 工作液装置 机床电器 夹具
3. 水类工作液煤油工作液皂化液乳化型工作液
4. 机床清洁 防锈

三、选择题

1. B   2. C   3. C   4. A

四、简答题

1. 答：（1）高速走丝电火花线切割机床，其电极丝作高速往复运动，电极丝可重复使用，加工速度较高，但快速走丝容易造成电极丝抖动和反向时停顿，使加工质量下降，是我国生产和使用的主要机种。

（2）低速走丝电火花线切割机床，其电极丝作低速单向运动，电极丝放电后不再使用，工作平稳、均匀、抖动小、加工质量较好，但加工速度较低，是国外生产和使用的主要机种。

（3）中速走丝电火花线切割机床，中走丝线切割机床属往复高速走丝电火花线切割机床范畴，是在高速往复走丝电火花线切割机上吸收了慢走丝机床多次切割的特点，对数控柜、主机加工工艺进行较大改进，使成为性能趋近于慢走丝，又有快走丝特性的新型往复走丝电火花线切割机，被俗称为"中走丝线切割"。其原理是对工件作多次反复的切割，开头用较快丝筒速度、较强高频来切割，最后一刀则用较慢丝筒速度、较弱高频电流来修光，从而提高了加工光洁度。

2. 答：电火花线切割的基本工作原理是利用连续移动的细金属丝（称为线切割的电极丝，常用钼丝）作为电极，对工件进行脉冲火花放电蚀除金属，由计算机控制，配合一定的水基乳化液进行冷却排屑，将工件切割加工成型。

3. 答：（1）加工范围宽，只要被加工工件是导体或半导体材料，无论其硬度如何，均可进行加工。

（2）由于线切割加工线电极损耗极小，所以加工精度高。

（3）除了电极丝直径决定的内侧角部的最小半径（电极丝半径+放电间隙）的限制外，任何复杂形状的零件，只要能编制加工程序就可以进行加工。该方法特别适于小批量和试制品的加工。

（4）能方便调节加工工件之间的间隙，如依靠线径自动偏移补偿功能，使冲模加工的凸凹模间隙得以保证。

（5）采用四轴联动可加工上、下面异型体、扭曲曲面体、变锥度体等工件。

4. 答：① 广泛应用于加工各种冲模。

② 可以加工微细异形孔、窄缝和复杂形状的工件。

③ 加工样板和成型刀具。

④ 加工粉末冶金模、镶拼型腔模、拉丝模、波纹板成型模。

⑤ 加工硬质材料、切割薄片，切割贵重金属材料。

⑥ 加工凸轮，特殊的齿轮。

⑦ 适合于中小批量、多品种零件的加工，减少模具制作费用，缩短生产周期。

5. 答：

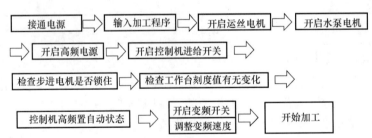

6. （1）定期维修。

当机床累计工作 5 000h 以上（两年时间），应进行检查和必要的维修一次。

（2）日常保养。

① 机床应保持清洁，飞溅出来的工作液应及时擦除。停机后，应将工作台面上的蚀物清理干净，特别是运丝系统的导轮、导电块、排丝轮等部位，应经常用煤油清理干净，保持良好的工作状态。

② 防锈。当停机 8h 以上时，除应将机床擦净外，加工区域的部分应涂油防护。

五、编程（略）

第 18 章

一、填空题

1. 具有一定绝缘性能的液体介质

2. 放电加工（EDM）电热

3. 机床主体 脉冲电源 自动进给调节系统 工作液过滤

4. 单电极平动 多电极更换 分解电极加工

5. 电加工成型机床 电火花成型机床 机床工作台的宽度为 320mm。

6. 工作油槽 工作液油箱

二、简答题

1. 答：（1）保证有合理的放电间隙。

（2）火花放电必须是瞬时的脉冲性放电。

（3）火花放电必须在具有一定绝缘性能的液体介质中进行。

（4）脉冲放电要有足够的能量。

2. 答（1）电火花成型加工的优点：

① 能加工用切削的方法难以加工或无法加工的高硬度导电材料。

② 便于加工细长、薄、脆性的零件和形状复杂的零件。

③ 工件变形小，加工精度高。

④ 易于实现加工过程的自动化。

（2）电火花成型加工的缺点：

① 只能对导电材料进行加工。

② 加工精度受到电极损耗的限制。

③ 加工速度慢。

④ 最小圆角半径受到放电间隙的限制。

3. 电火花成型加工过程：工艺分析；选择加工方法；选择与放电脉冲有关的参数；选择电极材料；设计电极；制造电极；加工前的准备；热处理安排；编制、输入加工程序；装夹与定位；开机加工；加工结束。

4. 电火花成型机床维护保养的主要内容包括：机床的润滑；工作场地安全；检查过滤器；主轴头维护保养；维护保养工作台、托板；检查工作液槽；检查工作液质量。

第 19 章 （略）

第 20 章 （略）

第 21 章 （略）

参 考 文 献

1. 顾京. 数控加工编程及操作. 北京：高等教育出版社，2003.
2. 顾京. 数控机床加工程序的编制. 北京：机械工业出版社，2003.
3. 张超英. 数控编程技术. 北京：中央广播电视大学出版社，2008.
4. 郝继红. 数控车削加工技术. 北京：航空航天大学出版社，2008.
5. 李东君. 数控加工技术项目教程. 北京：北京大学出版社，2010.
6. 钱东东. 实用数控编程与操作. 北京：北京大学出版社，2009.
7. 刘宏军. 模具数控加工技术. 大连：大连理工大学出版社，2007.
8. 曹凤. 数控机床与数控编程技术. 重庆：重庆大学出版社，2004.
9. 周晓宏. 数控铣床操作与编程培训教程. 北京：中国劳动与社会保障出版社，2004.
10. 宋小春. 数控车床编程与操作. 广州：广东经济出版社出版，2003.
11. 罗良玲，刘旭波. 数控技术及应用. 北京：清华大学出版社，2005.
12. 毕敏杰. 机床数控技术. 北京：机械工业出版社，1997.
13. 马立克，张丽华. 数控编程与加工技术. 大连：大连理工大学出版社，2004.
14. 严文良. 数控机床编程. 北京：机械工业出版社，2002.
15. 胡育辉. 数控加工中心. 北京：化学工业出版社，2005.
16. 王洪. 数控加工程序编制. 北京：机械工业出版社，2006.
17. 夏凤芳. 数控机床. 北京：高等教育出版社，2005.
18. 韩鸿鸾，宋维芝. 数控机床加工程序的编制. 北京：机械工业出版社，2004.
19. 蒋建强. 数控加工技术与实训. 北京：电子工业出版社，2003.
20. 尤光涛. 数控铣削编程与考级. 北京：化学工业出版社，2007.
21. 陈志雄. 数控机床与数控编程技术. 北京：电子工业出版社，2007.